한국해양수산개발원 학술총서 ❽

해양책략

OCEAN STRATAGEM

홍승용 지음

1

들어가는 말

　앞선 책략과 앞선 창의가 앞선 문명을 만든다. 해양에 대한 창의적 책략은 인류의 문명 발달과 흐름을 같이 한다. 고대로부터 현대에 이르기까지 해양책략가들은 있는 바닷길을 간 것이 아니라, 없던 바닷길을 열어서 새로운 흐름을 만들었다. 특히 15세기 초부터 17세기 초까지 대항해시대에 그들은 창의적 책략으로 항로를 개척하고 대륙을 연결하고 상업무역을 열었다. 그들이 있었기에 지중해에 머물던 유럽의 세계관은 대서양을 넘어 인도양과 태평양으로 확산됐다. 동양과 서양은 육상과 바다의 실크로드로 연결됐다. 상업혁명, 가격혁명, 금융혁명, 그리고 나아가 사회혁명과 정치혁명이 뒤따랐다. 상업의 세계화로 해양패권국가와 식민제국주의가 등장했다. 15세기 대항해시대를 전후로 동양이 서양에 경제적 부의 역전을 허락한 것은 역사상 가장 흥미로운 탐구영역이다. 일부학자들은 정치체제 때문이라고 하지만《사피엔스》의 저자인 유발 하라리는 그 핵심요인을 '지적 호기심과 바다를 향한 대탐험' 때문이라고 분석한다.

　20세기 말인 1994년, 인류는 새로운 해양질서를 담은《바다헌장》을 만들었고 그에 따라 21세기 새로운 대항해시대를 열어가고 있다. 바다헌장은 연안국이 영유권과 배타적 경제권이 인정되는 바다 울타리를 칠 수 있도록 하는 한편 공해의 자유로운 이용과 함께 심해저를 '인류공동의 유산 Common Heritage of Mankind'로 설정했다. 새로운 해양질서와 과학기술의 발달에 따라 21세기 대항해시대는 과거 15세기처럼 새로운 대륙과 섬을 발견하는 것이 아니라, 해양과 섬에서 경제활동, 자원공급, 나아가 국가안보의 새로운 가치를 찾는 것이다.

　육상의 만리장성은 고정적이고 보수적이고 수비적이다. 기원전 3세기 진시황부터 17세기 명나라까지 북방 유목민족의 침입을 두려워한 중국왕조들은 총 길이 2만 ㎞의 만리장성을 세웠다. 현대사에서 가장 긴 장벽은 공산주의와 자본주의가 대립한 냉전시대의 '철의 장막'이다. 소련이 발트 해에서부터 아드리아 해까지 7,650㎞의 장막을 쳤다. 장벽은 '두려움의 전략이고 쇄국의 전략'이다. 중국 북방의 만리장성은 남부 해양으로 침투하는 신흥외세에 무력했다. 소련의 철의 장막은 해양의 힘을 앞세운 미국의 자유민주주의와 시장경제에 의해 스스로 무너졌다. 최근 중국의 시진핑 국가주석은 해상 실크로드와 육상 실크로드 건설을 담은 '일대일로정책'을 야심차게 추진하고 있다. 과거 로마가 모든 길을 통하도록 하고 세계화전략으로 팍스 로마나의 번영을 누렸음에 반해, 중국은 만리장성으로 상징되는 폐쇄정책과 해금정책을 추진함으로써 국력이 위축됐던 역사의 반면교사이다.

　해양의 만리장성은 유동적이고 진보적이고 공격적이다. 현재 전 세계적으로 213개국이 영해나 배타적 경제수역 EEZ의 해양울타리를 설정했고 연안국과 도서국들은 한 치라도 더 넓은 바다를 차지하기 위해 해양의 힘을 강화하고 있다. 이웃 국가나 마주보는 국가 간 해양경계가 중첩되는 경우가 많아 세계적으로 845개의 경계분쟁지역이 있으며 해 마다 해양경계분쟁은 점점 늘어가는 추세다. 200해리 EEZ는 바다는 물론 하늘의 만리장성이다. 바다와 하늘의 공간 크기만큼 육지의 만리장성에 비해 공격도 수비도 훨씬 어렵다. 해양의 힘은 국가의 장기정책과 막대한 투자와 전문 해양인력의 확보로 비교 측정된다. 중국은 EEZ를 넘어 태평양에 '제1·제2·제3 다오롄 島鍊 전략선'으로 이뤄진 만리장성을 설정했다. 일본은 태평양의 무인도 환초에 불과한 오키노토리시마에 40만 km²의 EEZ 울타리를 설정했다. 손자병법의 전승전략이든 클라우제비츠의 총력전략이든 해양 전쟁은 치밀하고 치열한 해양책략이 요구된다.

지정학으로 볼 때 중국·러시아는 대륙 국가이고 영국·미국·일본은 해양 국가다. 한국은 반도국가다. 헬포드 매킨더의 심장부이론과 알프레드 세이어 마한의 해양력 이론이 첨예하게 맞부딪히는 공간이다. 그래서 니콜라스 스파이크만의 림랜드이론이 융통성 있게 적용되어야 할 공간이다. 한반도 주변 해역에서의 해양지정학은 매우 어려운 문제다. 해양 분쟁은 '영토분쟁, 경제분쟁, 자원분쟁'이라는 분쟁의 일반적 특성에 '역사분쟁과 도서분쟁'을 더한 다섯 가지 복잡성을 내포한다. 해양 분쟁은 영토문제이든 해양산업문제이든 관련 상대국의 내셔널리즘을 더욱 공세적으로 만든다. 해양 분쟁은 해양 전쟁으로 이어질 수 있기에 정치지도자들의 포퓰리즘을 위한 상용수단이며, 경제적 이해 못지않게 정치적 이해가 충돌한다. 한편 해양산업은 제1차 산업에서 제4차 산업까지 수직적으로나 수평적으로 넓게 외연하고 있어 국민경제적 파급효과가 크고 전략선택의 복잡성이 크다. 반도국가로서 바다헌장과 해양지정학에 맞는 국가 해양책략을 갖추는 것이 중요하다.

세계사에서 대부분의 해양강국들은 출발시점에는 인구, 면적이 비교적 미약한 나라로 생존전략 차원에서 해양으로 진출했던 국가들이었다. 그

대부분은 반도국가(그리스, 스칸디나비아, 스페인과 포르투갈), 섬나라(영국, 일본), 육지 환경이 척박하여 바다로 내몰린 국가(베네치아 공화국, 네덜란드) 또는 지리적으로 섬나라처럼 떨어져 있는 국가(미국)들이다. 그들은 해양진출에 필수적인 조선능력, 해운능력 그리고 상선대를 호위할 수 있는 대양해군력을 확보하면서 생존전략을 성장전략으로 탈바꿈했고, 그들은 세계 교역과 상업의 중심이 되었다. 해양강국들은 독특한 '해양책략'을 수립했고 추진했다. 해양책략은 국가나 기업의 해양 문제를 명석하게 포착하고, 그 해결대책을 탁월하게 추진하는 뛰어난 지략과 계략이다.

해양책략의 핵심은 방향성과 정체성이다. 방향성은 '우리의 과업은 무엇이며 무엇이어야 하는가?'이다. 정체성은 '목표달성을 위한 구체적인 수단과 정책은 무엇인가?'로 집약될 수 있다. 역동적인 해양강국은 비전이 있었고, 그 비전 위에 성장했으며 국부창출이라는 팽팽한 긴장감을 국민들과 일체감으로 잘 지속하였다. 역사학자 E. H. 카의 말대로 "한 시대의 위인이란 그가 살고 있는 시대의 의지를 표현하고, 시대의 의지를 그 시대를 향해 외치고 실행할 수 있는 인간이다." 국가나 기업은 지도자가 갖는 시선의 높이와 거리만큼 성장하고 발전한다. 국가나 기업이 해양을 통한 번영의 기회이거나 쇠락의 위기에 봉착했을 때 위대한 지도자는 통찰력과 예견력, 용의주도함과 동시에 결단력이 있어야 한다. 수정과 보완이 필요하더라도 백년대계를 위한 해양경영의 나침판과 해양책략의 해도가 명확해야 한다. 무엇보다도 정치지도자들과 기업 CEO들은 해양개척에 대한 끊임없는 지적호기심과 도전, 전문가들에 의한 집단지성 축적, 이를 추진하려는 국민들의 통합의지를 묶고 키워야 한다. 오늘날의 해양책략가는 적응과 인지, 진화의 능력을 개발하여야 내일의 해양책략가가 될 수 있다. '기시감 Deja vu'도 '미시감 Jamai vu'도 아닌 '뷰자데 Vuja de' 방식으로 기존의 것을 새로운 시각으로 보고 느끼고 관념이나 상식에 얽매이지 않고 대상에 접근하는 것이 제4차 산업혁명시대의 해양책략이다.

역사적으로 해양강국을 이룬 국가들은 왕이나 대통령이나 총리의 해양 리더십과 오른팔 노릇을 한 대단한 해양책략가들이 있었다. 지도자가 훌륭한 참모를 만나는 것을 운이라 하지만 운은 지도자의 덕과 기량의 높이와 깊이에 달려있다. 시대는 영웅과 큰 상인을 탄생시킨다. '혼란기에 영웅이 출현하고 안정기는 현군이 지휘한다', '전쟁에서 영웅이 나고 위기에서 큰 상인이 난다', '바다를 장악하는 자가 세계 무역을 장악 한다. 세계의 무역을 장악하는 자가 세계의 부를 장악할 것이며 결과적으로 세계 그 자체를 제패할 것이다'라는 역사적 명제는 불변의 진리이다.

고대 살라미스 해전을 승리로 이끈 테미스토클레스, 15세기 대항해시대를 연 포르투갈의 엔히크 왕자, 신대륙발견과 상업의 세계화를 출범시킨 스페인의 이사벨 1세 여왕과 콜럼버스, 항해조례로 세계무역의 판도를 바꾼 영국의 올리버 크롬웰 호국경, 영국 해군의 아버지인 존 저비스 경과 트라팔가르 해전의 영웅 넬슨 제독, 학익진과 거북선으로 막강 일본을 침몰시킨 23전 전승의 신화를 남긴 이순신 장군, 세계 운하의 아버지 프랑스 드 레셉스의 수에즈 운하건설 책략, 빅토리아 여왕 시대에 수에즈 운하를 접수한 벤저민 디즈레일리 총리와 막강 해군을 정비한 해군대신 조지 해밀턴, 프랑스의 태양왕 루이 14세와 콜베르 총리의 중상주의 전략, 일본 메이지 유신을 선도한 사카모토 료마의 '선중팔책', 네덜란드의 요한 드 비트 총리와 라위터르 해군 제독의 '해상무역 장악전략', 팍스 아메리카나를 설계한 시어도어 루스벨트 대통령과 알프레드 세이어 마한의 '해양력 Sea Power 전략', 이승만 대통령의 평화선 선언, 박정희 대통령과 정주영 회장의 조선업 육성전략 등은 역사를 바꾼 대표적인 해양책략들의 사례이다.

본서의 저술 목적은 책 제목이 말하듯 《해양책략》에 관한 것이다. 외국어 제목으로는 《Ocean Stratagem》이다. 해양을 향한 책략에 관해 두 가지를 살펴보는 것이다. 하나는 주요 해양강국이나 기업들이 해양경쟁력을 키우게 된 상황분석과 지정학, 선택과 집중의 책략을 조명해 보는 것이다. 다른 하나는 해양경쟁력을 키운 주요 해양강국 지도자와 그의 핵심책략가, 기업과 국민에 대한 분석을 통해 우리나라의 해양책략 수립에 참고가 될 지혜와 사례를 제시하는 것이다. '로마는 하루아침에 만들어지지 않았다'는 격언이 말하듯 로마는 '역사는 인간'이라는 명제를 직시했고 로마 제국의 시스템을 이끌 인재를 키웠기에 로마의 번영이 천년 이상 지속될 수 있었다. 국가를 이끌 인재들에게 해양책략의 교육이 그래서 중요하다.

본서는 한 문제에 집중한 학문적 이론 분석보다는 주요 해양책략을 '박이부정' 방식으로 폭넓게 다뤘다. 본서의 일부에 대해서는 전문가들의 견해가 다를 수도 있다. 본서는 시의성과 흥미를 다루는 저널리즘 접근이 아니다. 또한 상상력과 예술성 있는 문학적 접근도 아니다. 다만 해양과 관련된 국가전략과 책략의 호기심을 주요 이슈별로 사실 facts에 중심하되 때로는 책략의 공간을 상상력 fiction으로 가미했다. 해양책략에 관한 글쓰기는 광범한 분야의 지적 섭렵을 요구하고 무한한 상상력을 자극하는 것 같다. 본서의 목적은 행동을 어떻게 하라고 규정하고 지시하려는 것이 아니다.

그보다 본서는 해양 정책 및 해양산업 관련 분야 지도자들과 참모들이 중장기 비전 작성, 신규사업계획서 수립, 전략모형 수립, 쟁점 토론 및 의사결정 시 고려할 수 있는 해양책략의 지적수평을 넓히는 데 있다. 아울러 해양기업가 정신, 해양 전략적 사고의 유연성 및 새로운 아이디어 창출 그리고 리더십 능력 배양을 목적으로 하였다. 세계 3대 전략서의 각종 군사전략과 경영전략을 융합한 국가사례를 분석해보려는 시도가 부분적으로 있었지만 시대를 관통하는 해양책략의 공통패러다임을 인식하는 것은 독자들의 몫으로 넘긴다. 본서에 담길 수 있는 많은 지식과 정보를 주옥같은 글이나 책으로 일깨워준 여러 전문가들에게 특별히 감사드린다. 본서에 실린 자료의 해석과 외국어의 번역은 전적으로 필자의 책임이다. 본서가 출간될 수 있도록 물심양면으로 지원해주고 인내해준 한국해양수산개발원에 감사드린다.

2019년 12월

홍승용

차례

들어가는 말

제1장 책략과 해양리더십 · 13
1. 책략의 정의와 핵심요소 · 15
2. 신상품·신항로·신 시장을 찾는 블루오션전략 · 24
3. 동서양의 경제력을 바꾼 해양혁명과 지적 호기심 · 28
4. 국가 해양책략의 지휘자와 책사 · 38

제2장 세계 3대 전략서와 경영전략 모델 · 45
1. 손무의 《손자병법》 · 47
2. 클라우제비츠의 《전쟁론》 · 64
3. 미야모토 무사시의 《오륜서》 · 70
4. 경영전략과 분석모델 · 73

제3장 대륙지정학과 해양지정학 그리고 한국의 지정학 · 95
1. 핼포드 매킨더의 《심장부이론》과 미국의 봉쇄정책 · 97
2. 알프레드 마한의 《Sea Power 이론》 · 102

CONTENTS

3. 니콜라스 스파이크만의 《림랜드이론》 · 108
4. 조선의 지정학 그리고 대한민국의 지정학 · 111

제4장 세계사를 바꾼 대항해 · 운하 · 해저터널 · 121

1. 향신료 항로가 만든 세계 상업전쟁 · 123
2. 세계지정학과 물류를 바꾼 운하와 해저터널 · 129
  1) 드 레셉스의 《수에즈 운하 책략》 · 131
  2) TR과 마한의 《파나마 운하 책략》 · 140
  3) 중국의 《운하공정책략》과 니카라과 운하 · 147
  4) 영 · 불 해협터널 · 155
  5) 유럽과 아프리카를 이을 지브롤터 해저터널 구상 · 157

제5장 역사를 바꾼 세계 해전과 승전장군의 책략 · 163

1. 아테네 테미스토클레스가 페르시아를 대파한 살라미스 해전 · 167
2. 오스만 제국에 승리한 신성동맹 무적함대의 레판토 해전 · 174
3. 영국의 해적해군이 스페인 무적함대를 깬 칼레 해전 · 181
4. 학익진 · 거북선으로 일본을 침몰시킨 이순신의 한산대첩 · 191
5. 대영 제국을 연 넬슨의 트라팔가르 해전 · 210

차례

제6장 바다 너머를 경영한 나라 · 221
1. 스승 아리스토텔레스와 제자 알렉산더 대왕 · 223
2. 지중해 제국 팍스 로마나 · 234
3. 바이킹의 해양유산 · 245
　1) 덴마크 머스크 라인의 경영전략 · 249
　2) 스웨덴 발렌베리 그룹의 후계자 양성전략 · 257
4. 베네치아 공화국의 해양책략 · 261

제7장 천하의 바다를 양분한 포르투갈과 스페인 · 271
1. 대항해시대를 선도한 포르투갈 《엔히크 왕자의 해양책략》 · 273
2. 스페인 이사벨 여왕이 후원한 《콜럼버스의 해양책략》 · 284
3. 카를로스 1세와 펠리페 2세가 후원한 《마젤란의 해양책략》 · 298
4. 세계해양을 양분한 토르데시야스 조약 · 306

제8장 동방무역과 금융으로 해양패권 이룬 네덜란드 · 313
1. 책임신탁과 신용이 만든 《네덜란드 해양책략》 · 315
2. 암보이나 사건 이후 승자의 저주에 빠진 해양패권 · 324
3. 국운을 건 간척매립과 해운항만사업 · 333
4. '바세나르 협약'과 벤치마킹 대상국가 · 337

참고문헌 / 표 참고 / 그림 참고 / INDEX

제1장
책략과 해양리더십

1. 책략의 정의와 핵심요소
2. 신상품 · 신항로 · 신 시장을 찾는 블루오션전략
3. 동서양의 경제력을 바꾼 해양혁명과 지적 호기심
4. 국가 해양책략의 지휘자와 책사

책략은 힘을 창조하는 기술이다.
책략은 주어진 상황에서 많은 것을 얻어내는 과정이며
책략의 수단은 다양하고 넓다.

제1장 책략과 해양리더십

1. 책략의 정의와 핵심요소

해군장교의 아들인 장 폴 사르트르는 프랑스 실존주의를 대표하는 최고 지성으로 '인생은 B와 D 사이의 C다'라는 명언을 남겼다. 인생은 태어날 때 Birth부터 죽을 때 Death까지 선택 Choice의 연속이란 뜻이다. 개인도 기업도 국가도 선택에 따라 운명과 승패가 좌우된다. 세계적 베스트셀러 작가이자 의학박사인 스펜서 존슨은 "선택과 결정은 도미노와 같다."고 했다. 하나의 선택은 다음 선택에 연쇄효과 내지 나비효과를 가져오기 때문이다. 좋은 선택은 기회 Chance와 변화 Change에서 긍정적 결과를 가져오지만 그 반대의 경우는 엄청난 실패가 초래될 수 있다.

선택이 전략이자 책략이다. 역사는 수많은 탁월한 선택과 천치 같은 선택으로 점철되어 있다. 어떤 선택과 책략은 당시 칭찬받았지만 훗날 비난받는 사례도 적지 않다. 그 반대로 당시에는 비난받았지만 훗날 성공으로 재평가 받은 사례도 많다. 과거가 있기에 현재와 미래가 있다. 현재도 미래도 중요하지만 하버드대 철학교수였던 조지 산타야나의 말처럼 "과거를 기억하지 못하면 과거를 반복하기 마련이다." 과거의 전략과 책략은 그래서 미래를 위한 교과서이자 참고서이다.

'책략'의 사전적 의미는 '어떤 일을 꾸미고 이루어 나가는 교묘한 방법'이지만 필자가 본서에서 의도하는 '책략 策略 stratagem'의 의미는 '어떤 문제를 명석하게 포착하고 그 해결대책을 탁월하게 추진하는 뛰어난 지략과 계략', '기업이나 국가의 명운을 좌우하는 핵심목표의 기획단계와 이행단계를 제어하는 능력'이다.* 조선시대 과거시험에서 당면문제에 대한 해법을 제시하도록 한 '책문 策問'과 '책략 策略'은 같은 의미이며 본서에서 용어의 정의는 전략과 유사하게 사용하기로 한다. 본서 외국어 표기는 《Ocean Stratagem》이다.

미국의 군사역사학자인 에드워드 루트워크는 책략과 전략 strategy의 계보는 5세기 고대 그리스 아테네 때의 '스트라테고스 strategos'에서 비롯된다고 한다. 스트라테고스의 원래 의미는 '장군의 기술 the art of the general' '장군의 지혜'이며 '스트라테고스'의 전반적 업무를 지칭하는 용어는 '스트라테지아 strategia'다.[1] 오늘날 통상적인 정의는 '전략과 책략이란 목적과 방법 및 수단 사이에 일정한 균형을 유지하는 것, 객관적인 실체와 목표를 정확히 파악하는 것 그리고 이 목표를 달성하는 데 필요한 자원과 수단을 파악하는 것'이다. 책략은 힘을 창조하는 기술이다. 책략은 주어진 상황에서 많은 것을 얻어내는 과정이며 책략의 수단은 다양하고 넓다. 위협과 압박뿐만 아니라 협상과 설득, 물리적 또는 심리적 영향력 그리고 행동뿐만 아니라 언어까지 아우른다.[2]

전략이라는 용어는 19세기부터 주로 '전쟁의 기술'이라는 뜻으로 사용됐고 1970년대 이후 정치계 및 경제계 지도자들이 전략이라는 말을 사용하

---

* '전략'의 사전적 의미는 '① 전쟁을 전반적으로 이끌어 가는 방법이나 책략. 전술보다 상위의 개념. ② 정치, 경제 따위의 사회적 활동을 하는 데 필요한 책략'이다. '지략 智略'의 사전적 의미는 '어떤 일이나 문제든지 명철하게 포착하고 분석·평가하며 해결 대책을 능숙하게 세우는 뛰어난 슬기와 계략'이다. '계략'의 사전적 의미는 '어떤 일을 이루기 위한 꾀나 수단'이다.

기 시작했다. 그러나 20세기 후반부터 기업경영과 관련되어 '경영전략'이란 단어가 군사전략보다 더 많이 사용되어 왔다. 현대의 기업은 '계속기업 going concern'이다. 투자원금의 회수로 청산하는 일시적 사업조직과는 달리 기업 본래의 목적을 달성하기 위해 계속적으로 재투자하는 과정 속에서 경영활동을 수행해 나가는 생명력을 가진 조직이다. 경영전략은 변화하며 예측할 수 없는 미지의 세계에 대한 의사결정의 선택과정이다. 단순한 원가절감과 매출액 확대보다 한 차원 높은 단계로 뛰어오르려면 신기술이든 창조적 혁신전략이든 미래를 예측하는 통찰력과 조직의 열정을 이끌어 낼 수 있는 '과정의 철학'이 필요하다. 미국 하버드대학 교수였던 알프레드 챈들러 Alfred Chandler는 1962년 그의 저서《전략과 구조, 1962》에서 "전략은 기업의 기본적인 장기목표를 결정하고, 이러한 목표를 수행하는 데 필요한 자원의 할당과 행동 과정을 채택하는 것"이라고 말한 것이 경영전략의 효시다. '경영전략의 아버지'로 불리는 이고르 앤소프 H. Igor Ansoff가 경영전략의 중요성을 부각시켰다.

책략은 과학이자 예술이다. 책략은 개념과 예술로서 인간이 배운 역량의 산물이며 미래를 상상할 뿐만 아니라 그것에 영향을 줄 수 있다고 느끼는 것이다. '예술로서의 책략'은 전혀 가망 없는 상황에서 예외적인 결과를 이끌어 내는 장군의 대담한 행동이다. 성경 전도서 9장 18절에서 "지혜가 무기보다 나으니라."고 말한 예로 양치기 소년 다윗과 거인 골리앗의 싸움에서 약자인 다윗이 이기는 것이 예술로서의 책략이다. 또한 전쟁자원과 물리적 힘이 우월해야 전쟁을 이긴다는 클라우제비츠의 전략이 아니라 힘과 자원에서 뒤질지라도 계책, 속임수, 속도와 기습으로 전쟁을 이긴다는 손자와 바실 헨리 리델 하트가 선택하는 전략이 예술로서의 책략이다.[3]

책략의 핵심은 '방향성 direction'과 '정체성 identity'이다. 방향성은 과업의 목표와 목적이다. 정체성은 목표달성을 위한 수단과 계획이다. 국가전략의 방향성과 정체성에서 가장 중요한 것은 경제이다. 프랑스 혁명의 대 혼란기에 국민들은 독재적인 구세주를 원했고 부의 분배를 새로운 제도로 조정할 지도자를 원했다. 나폴레옹이라는 정치적 상부구조는 경제적 하부구조의 시대적 요청에 따라 만들어졌다고 볼 수 있다. 미국의 빌 클린턴 대통령의 대선구호인 "바보야, 문제는 경제야!"가 먹힌 것도 같은 이치다. 아시아의 향료를 찾아 나선 15세기 대항해시대도 부에 대한 욕구, 경제가 방향성과 정체성을 촉발했다.

책략은 의사결정으로 '무엇'보다는 '누가'가 더 중요하다. 역사에서 위대한 성공책략의 스토리도 중요하지만, 누가 그것을 했는지가 더욱 회자된다. BC 49년 줄리어스 시저가 "주사위는 던져졌다."라며 루비콘 강을 건넜다. 시저가 강을 건넜다는 것은 시저가 '돌이킬 수 없는 선을 넘었다'는 의사결정과 동의어가 됐다. 1851년 미국의 역사화가인 엠마누엘 로이체의 그림 《델라웨어 강을 건넜다》가 유명한 것은 미국의 국부 조지 워싱턴이 독립전쟁에서 단호하게 결행한 의사결정을 표현했기 때문이다.[4]

책략은 위험과 불확실성에 대비하여 끊임없이 자기관리와 자기정비를 하는 것이다. 파도가 일렁이는 망망대해에서의 선장처럼 전략가는 '지속적인 자기 관리'와 '위험 프리미엄'을 감당하는 것이다. 위험의 영어단어인 'risk'의 어원에 대해 니콜라스 코라스는 고대 그리스 시대의 'rhizikon(항해 중 피해야 할 암초)'에서 비롯됐다고 주장한다.[5] 또 다른 학자는 risk가 아라비아어의 '해도가 없는 항해'에서 비롯됐다고 한다. risk의 어원에서도 보듯이 해양은 위험의 속성을 지닌다. 해군참모총장과 대한해운회장을 역임한 이맹기 회장은 등산을 해군과 해운회사에 비유했다. "산의 정상에 오름은 군함과 선박이 필요할 때 100% 가동하는 것이고 한걸음 한 걸음 착실히 딛는 것은 매일 닦고 조이고 기름 치며 배우고 공부하는 것이다." 끊임없는 자기관리와 자기정비를 해야 위기가 와도 능히 극복한다는 뜻이다.

책략은 결단력이다. 51대 49의 아슬아슬한 상황에서 한쪽을 과감하게 버리고 다른 한쪽을 선택하는 게 결단력이다. 전략가들은 수없이 애매한 상황에서 이거냐, 저거냐를 판단해야 한다. 누구도 원하지 않지만 그 누구도 적극적으로 거부하지 않아서 울며 겨자먹기식으로 동참하게 되는 상황을 '애빌린 역설 Abilene Paradox'이라고 한다. 애빌린 역설을 용감하게 깨는 사람이 바로 '첫 번째 펭귄 First Penguin'이다. 무리를 지어 다니는 남극의 펭귄들은 먹잇감을 구하려고 바다로 뛰어들어야 할 때가 되면 모두 머뭇거린다. 바다표범이나 범고래 같은 천적이 두려워서다. 하지만 용감한 펭귄 한 마리가 먼저 뛰어들면 일제히 따라서 물속으로 들어간다. 불확실한 세계에서 용기 있는 도전자가 '첫 번째 펭귄 First Penguin'이다.

"어느 날 알프스 산맥 깊은 산중에서 독도법을 훈련 중이던 스위스 병사들이 갑자기 닥친 폭설에 길을 잃고 조난당했다. 바로 앞이 안 보일 정도로 평평 쏟아지는 눈에 길을 잃고 여러 날을 헤맨 다음 모두 기진맥진해 더는 한 발자국도 내딛기 어려웠다. 탈진한 대원들이 절망에 직면해 있을 때 어느 병사가 뜻밖에도 자기 배낭에서 지도를 발견했다. 대원들은 그 지도를 바탕으로 가장 가까운 마을 방향으로 무작정 걸었고, 그 결과 모두 구조됐다. 나중에 구조대가 도착해 이들의 생명을 구한 지도를 살펴본 결과 놀라운 사실을 알게 됐다. 그 지도는 스위스의 알프스 산맥이 아닌 스페인의 피레네 산맥 지도였다."

이는 행동경제학으로 2002년 노벨 경제학상을 받은 프린스턴대학교 대니얼 카너먼 교수가 예로 드는 실화이다. 비록 엉뚱한 지도였지만 그 지도가 절망과 비관에 차 있던 병사들에게 믿음을 주고 다시 출발할 수 있는 용기를 북돋아 주었다는 것이다. 신중한 선택도 중요하지만 결정을 빨리 내리지 못하고 고민만 하는 '결정 장애'가 더 큰 문제일 수 있다. 여기서 지도는 책략이며 잘못된 책략이라도 책략 없는 것보다 나을 수 있음을 시사한다. 현대경영의 창시자로 불리는 톰 피터스는 "시장에선 준비-조준-발사(Ready-Aim-Fire)도 늦다. 준비-발사-조준(Ready-Fire-Aim)해야 한다."고 속도의 중요성을 강조한다. 《군주론 The Prince》의 저자 니콜로 마키아벨리도 명언을 남겼다. "최악의 지도자는 잘못된 결정을 하는 게 아니라 아무 결정도 하지 않는 사람이다." 세계역사를 바꾼 '잘못됐지만 성공한 책략'의 한 예는 콜럼버스의 지도이다. 인도로 가는 항로를 발견하려던 콜럼버스의 당초 지도에는 미주 대륙이 아예 없었다.

　책략은 발전하고 변화하며 '뷰자데' 방식의 진화된 접근을 필요로 한다. 급변하는 경제 환경 속에서 성장 정체기에 빠져들고 있는 기업들의 공통점은 기존 성장 동력이 제 역할을 못함으로써 비즈니스 모델의 변신이 불가피하다는 점이다. 기업의 변신은 선택이 아닌 필수조건이다. 100년 이상 장수한 글로벌 기업들을 보면 창업보다 수성이 더욱 어렵다. 130년이 넘는 역사의 GE는 창업 이후 1,800여건의 인수합병과 끊임없는 사업 다각화로 비즈니스 모델 변신에 성공한 교과서적 글로벌 기업이다. 거대 화학기업 듀폰은 3세기에 걸쳐 3차례 변신전략을 추진해온 원조 '트랜스포머' 기업이다. 처음 100년은 화약제조업체로 또 다른 100년은 화학소재·섬유업체로 그리고 이젠 농업 및 생명공학업체로 변신 중이다. 인텔은 일본 기업들의 저가공세에 부딪혀 메모리 분야를 접고 비메모리 반도체분야로 사업 분야를 이동했다. 처음으로 경험한 것들이 이미 과거에 경험한 것처럼 느껴지는 기시감을 '데자뷰 Deja vu'라고 한다. 반대로 이미 경험하거나 잘 알고 있는 상황을 처음 경험하는 것처럼 느끼는 미시감을 '자메뷰 Jamais vu'라고 한다. 데자뷰도 자메뷰도 아닌 용어가 '뷰자데 Vuja de'이며 기존의 것을 새로운 시각으로 보고 느끼고 관념이나 상식에 얽매이지 않고 대상에 접근한다는 뜻이다. 옛것을 본받아 새로운 것을 창조한다는 '법고창신 法古創新'의 의미다.

책략은 지도자의 철학과 조직의 신뢰를 바탕으로 집단지성을 추구하는 것이다. 위대한 결정을 내린 위대한 지도자들은 대개 유능한 참모들의 활발한 토론을 유도하고 토론에서 얻어진 집단지성을 결론으로 추진했다. 책략을 추진하는 지도자의 덕목에서 가장 중요한 것은 조직원들의 자발적인 협조를 이끌어내기 위해 '집요하게 진실을 추구하고 끊임없이 신뢰를 구축하는 것'이다. 공자의 제자 자공이 물었다. "국가 최고지도자가 정치를 통해 이뤄야 할 것은 무엇인가요?" 공자가 답했다. "나라를 지킬 수 있는 충분한 군비, 국민이 굶는 지경에 빠지지 않도록 하는 충분한 식량 확보, 여기에 국민의 신뢰를 얻어야 함"을 강조하였다. 자공이 다시 물었다. "그 중 하나를 버리라면 무엇부터 버려야 하나요?" 공자는 "만약 이 중에서 한 가지를 버려야 한다면 군비를 버려야 하고 다음으로 또 한 가지를 버려야 한다면 식량을 버려야 하고 마지막으로 남겨야 할 것은 국민의 신뢰"라고 답했다. 국민의 신뢰를 잃은 정치, 국민의 신뢰를 잃은 책략은 모든 것을 잃는다. 지도자의 덕목으로 믿음이 없으면 설 수 없다는 '무신불립 無信不立'이 엄중한 이유이다.

책략은 치밀하게 문제와 상황을 진단한 후 추진방침을 정하고 행동으로 들어가는 일련의 과정이다. 따라서 책략이란 오직 하나의 계획이나 선택이라기보다는 준비되고 보정되고 조정된 여러 책략들 중에서 어느 한 책략을 위해 다른 전략을 희생하거나 교환함(trade-offs)으로 문제를 풀어가는 것이다.[6]

전략과 책략은 큰 목표이며 전술은 전략을 구성하는 행동계획이다. 기업에서의 '전략'이란 어떤 시장에 진입할 것인가를 정하는 것과 관련되고 '전술'이란 어떤 식으로 시장에서 활동할 것인가를 정하는 것과 관련된다. 현대 전략 연구의 아버지 카를 폰 클라우제비츠는 군사 전략을 "전쟁의 종결을 이루기 위한 전투적 이용"으로 정의하였다. 1770년 프랑스의 군사사상가 자크 앙투안 기베르 백작은 저서인 《전술학 개론》에서 "전술은 초보적인 단계 내지 적과의 대면이 임박한 시점에 부대를 운용하는 기술이며 전략은 변증법의 영역 즉 인간의 가장 높은 추론의 영역인 웅대한 영역이다"라고 전략과 전술의 의미를 구분했다. 20세기 최고 군사이론가 중 한 명인 영국의 바실 헨리 리델 하트는 그의 책 《전략론, 1938》에서 "전투보다 전략이 중요하며 전략이란 전쟁의 원칙을 상대의 약점에 힘을 집중하는 것"이라고 했으며 비즈니스에서도 적용 가능한 6가지 전략항목을 다음과 같이 정리했다. ① 목적을 달성할 수 있는 수단에 맞추어라. ② 항상 최종목표를 잊지 마라. ③ 항상 상대방이 예측하기 어려운 루트를 선택하라. ④ 가장 저항이 약한 곳을 공격하라. ⑤ 2개 이상의 옵션을 세워 교체 가능한 작전계획을 세워라. ⑥ 계획을 상황에 따라 변경될 수 있도록 유연성을 확보하라.

책략의 원천과 섭리를 해양에서 배울 수 있다. 그리스어로 정치가를 배의 키를 조정하고 항해한다는 뜻의 '키베르니테스 kybernetes'라 한다. 무리를 이끄는 능력을 의미하는 'leadership'이라는 단어는 '선단을 이끄는 선두의 배'라는 그리스어에서 나왔다. 국가를 배에 비유하여 배는 국민의 지지인 물이 있어야 움직이지만 배를 어디로 몰고 갈 것인가 하는 국정은 어디까지나 통치자의 몫이다. '군주민수 君舟民水'는 순자의 《왕제 王制》편에 실린 글이다. '임금은 배, 백성은 물이다. 강물로 배를 뜨게 하지만 강물이 화가 나면 배를 뒤집을 수도 있다'는 뜻이다. 손자는 병법이란 물이 흐르는 모습과 같다고 했다. 땅의 높낮이에 따라 물의 흐름을 통제할 수 있듯이 상대의 강점과 약점에 적절히 대응하는 것 즉 상대의 변화에 따라 승리를 취하는 것이 최고의 전략이라는 말이다. '지자요수 인자요산 知者樂水 仁者樂山'은 《논어》에 나오는 글이다. '지혜 있는 자는 사리에 통달하여 물과 같이 막힘이 없으므로 물을 좋아하고, 어진 자는 의리에 밝고 산과 같이 중후하여 변하지 않으므로 산을 좋아한다'는 뜻이다. '해불양수 海不讓水'는 '바다는 작은 물도 가리지 않고 받아들인다'는 뜻으로 인재를 폭넓게 쓰라는 포용의 리더십을 강조하는 말이다. '바다'라는 한글의 뜻이 '모든 것을 받아들인다'는 뜻이라고 주장하는 학자도 있다. 13세기 페르시아 시인인 잘랄 루딘 루미는 시에서 "겸손과 낮춤을 땅처럼 하라. 인내를 바다처럼 하라."고 충고한다. 전략과 책략의 지혜를 바다로부터 얻는 것은 고대로부터의 진리다.

좋은 책략이란 불확실하고 예기치 않은 상황에서 해결해야 할 문제점을 정확히 인식하면서 기존의 책략이 닫히고 새로운 가능성이 열릴 때마다 매번 책략을 새로이 평가할 수 있어야 한다. 역사적으로 성공한 책략가들은 나아갈 때와 물러날 때, 공격할 때와 방어할 때를 알았다. 아울러 그들은 때로는 독창적인 이론이나 책략을 구사했지만 때로는 여러 사람의 지혜를 널리 받아들여 더 큰 승리와 성공의 발판으로 적극 활용했다. 토마스 프리드먼은 《렉서스와 올리브나무, The Lexus and the Olive Tree, 1999》에서 급변하는 미래세계에서 가장 중요한 직업 두 가지로 책략가와 저널리스트를 꼽았다. 책략가는 변화하는 세계를 만들어 가고 저널리스트는 그 세계를 쉽고 정확하게 전달할 책임이 있기 때문이다. 전략과 책략이란 용어의 출발이 장군이었듯이 국가나 기업에서 대통령이나 CEO의 역할은 그래서 중요하다. 위대한 해양책략가들은 억압으로부터의 자유, 기아로부터의 자유, 공포로부터의 자유를 향해 저 세상너머의 바다 그 '자유의 바다'를 꿈꾸고 앞장서는 사람들이다.

2. 신상품 · 신항로 · 신 시장을 찾는 블루오션전략

역사적으로 볼 때 역동적인 국가, 정체된 국가, 쇠퇴하는 국가 등 여러 종류의 국가가 존재했다. 역동적인 국가는 새로운 비전이 있고, 그 새로운 비전 위에 성장하며 국부창출이라는 팽팽한 긴장감을 국민들과 조화롭게 잘 지속하는 국가를 말한다. 번영의 끝은 곧 쇠퇴의 시작으로 '번영의 역설'에 직면하는 것이다.《강대국의 흥망》의 저자 폴 케네디는 강대국들은 '과잉팽창'으로 몰락한다고 주장한다. 역사작가인 시오노 나나미의 '성자필쇠론 盛者必衰論'은 즉, 레드오션 필연론이다. "번성한 자가 반드시 쇠약하게 됨은 현대에 이르기까지 단 한 번의 예외도 찾아볼 수 없는 역사의 순리다. 그것을 막을 길이 없다. 사람의 지혜로 할 수 있는 것은 오직 쇠퇴의 속도를 가급적 더디도록 지연시키는 일이다."[7]

중국 경제학자 쑹훙빙은 그의 책《탐욕경제, 2014》후반부에서 2천 년 전 로마와 북송의 흥망성쇠를 비교분석했다. "탐욕이 흥하면 부의 집중이 생기고 나아가 국가와 국민의 재력이 고갈되며 결국 내란과 외환이 잇따른다. 정치체제가 자정 능력을 상실하자 로마와 북송에는 토지 겸병, 조세 불균형, 재정적자, 화폐 가치 하락, 내란과 외환 등의 폐단이 똑같이 나타났다. 심지어 위기 발발 순서까지도 똑같았다. 인류의 탐욕이 만고불변하는 한 역사는 계속해서 반복된다." 한 나라도 개국 후 300년을 넘기기 어렵다.

경영학자들은 기업을 생명체에 비유한다. 태어나 성장하다가 어느 순간 성장이 정체되고 늙어서 죽는 것이 생명체의 운명이다. 1935년 미국 'S&P 500'에 포함됐던 기업의 평균 수명은 1935년 기준으로 90년이었으나 1958년 기준 61년에서 2016년은 24년에 불과하며 평균수명은 계속 감축되고 있다. 포춘지는 '포춘지 선정 500개 기업'의 평균수명이 1975년 기준 75년에서 2017년은 15년으로 대폭 감축됐다고 분석했다.《프리미엄 조선》은 장수기업 55곳을 분석한 결과 알파벳 P로 시작하는 세 가지 공통분모를 가졌다고 발표했다.[8] ▲첫째는 사람(people). 장수 기업은 결코 단 한 영웅에게 의존하지 않는다. 엄격한 기준을 세우고 철저한 검증을 거쳐 훌륭한 경영자를 꾸준히 배출해내는 시스템을 갖추고 있다. ▲둘째는 선구자(pioneer) 정신. 기업이 스스로 시장 변화에 발맞춰 핵심 역량을 바꿔나가는 것이다. ▲셋째는 장인 정신(professionalism). 끊임없이 혁신을 찾는 와중에도 전통과 원칙을 지킨다. 3P는 블루오션 전략의 핵심이다.

'블루오션 전략 Blue Ocean Strategy'이란 어부가 많은 고기를 어획할 수 있는 넓고 푸른 바다로 진출하는 전략이다. '차별화'와 '저비용'을 동시에 실현하는 경영전략으로 시장을 선도하는 것이다. 김위찬과 르네 마보안은 매력적인 신규 블루오션시장을 발견하는 6가지 루트를 제시하고 있다.[9] "① 대체산업에서 배운다. ② 업계 내 유사한 다른 전략적 그룹에게서 배운다. ③ 실제 구매자들에게서 배운다. ④ 보완재나 보완 서비스를 생각한다. ⑤ 제품의 기능과 감성 지향을 서로 바꾸어 본다. ⑥ 미래 트렌드를 앞서 나간다." 블루오션의 반대는 '피로 물든 붉은 바다'를 의미하는 레드오션 Red Ocean 이다. 너무 심한 경쟁으로 승자는 없고 피만 흘리는 출혈경쟁시장이다.

클레이튼 크리스텐슨의 '파괴적 혁신'이나 조지프 슘페터의 '창조적 파괴'는 기존 시장을 파괴하면서 새로운 시장을 창출한다는 논리이다. 이에 반해 김위찬과 르네 마보안은 '비 파괴적 창출'을 통해 기존의 것을 파괴하지 않고 새로운 시장을 창출함으로써 기존의 것과 상생하면서 시장을 키워나가는 상생의 방식이다. 두 사람은 경영을 군사전략과 비교해서 군대는 '제한되어 있으며 언제나 존재하는 특정영토'를 놓고 벌이는 싸움에 초점을 두지만 산업은 다르다고 했다. 그러나 사실 전쟁도 블루오션 적용사례가 많다.

블루오션전략은 보다 나은 정보력으로 야수적인 전투를 피하면서도 정치적 목적을 달성하려 했던 손자병법의 '전승전략 全勝戰略'에 다름 아니다.

최근 김위찬과 르네 마보안은 그들의 책 《Blue Ocean Shift, Hachette Books, 2017》에서 블루오션 창출에 성공하기 위한 창조적 역량을 기르는 책략으로 '블루오션 시프트 Blue Ocean Shift'를 제시하였다. '블루오션 시프트'는 치열한 경쟁의 붉은 바다에서 새로운 시장 공간인 푸른 바다에 성공적으로 진입하기 위한 구체적인 실행책략으로 다음 세 가지 핵심 요소에 달려있다. ▲기술혁신보다 가치혁신에 관점 집중 ▲시장 창출 도구로 명확한 로드맵 ▲그리고 프로세스를 추진하는 사람들의 인본주의적 신뢰 구축. 이 중 가장 중요한 것은 기술혁신보다 가치혁신을 달성하는 것이다. 김위찬과 마보안은 블루오션 전략의 틀인 'ERRC 절차'를 통해 '기존 것을 과감히 제거 eliminate 또는 감소 reduce하고 새로운 가치를 증가 raise 및 창조 create하는 것이 중요하다'고 주장한다.

15세기 대항해시대에 가장 인기 상품은 후추, 계피, 정향, 육두구로 대표되는 향신료였다. 인도양 항로는 향신료 상업을 위한 블루오션이었다. 포르투갈과 스페인의 왕들과 바스코 다 가마, 콜럼버스, 마젤란 등 탐험가들이 향신료를 얻기 위해 유럽에서 동남아시아로 이어지는 새로운 항로를 개척했고 새로운 시장, 새로운 교역 파트너를 구하러 과거 지도에 없던 블루오션을 탐험하였다. 이것이 세계사를 바꾼 계기가 되었고 인도양과 아시아 상업전쟁에서 아시아가 유럽에 주도권을 빼앗기면서 세계의 중심은 유럽으로 넘어가게 됐다. 해양을 중심으로 세계사를 개관해 보면, ① '고대의 바다' 지중해가 로마 제국이라는 상업제국을 성장시켰고 ② '이슬람의 바다' 인도양이 이슬람 상권을 확대했고, ③ '유럽의 바다' 대서양이 근대의 세계자본주의를 발전시켰으며 ④ '미국과 아시아의 바다' 태평양이 중국을 중심으로

아시아경제권을 형성하였다.[10]

　인류의 산업혁명은 제2차 및 제3차 혁명을 넘어 제4차 산업혁명시대로 접어들고 있다. 1차(증기기관)·2차(전기·대량생산)·3차(정보화·자동화) 산업혁명 모두 '제품'을 만드는 것이었다. 제4차 산업혁명은 그 제품에 '지능'을 입히는 것이다. 상상력을 혁신으로 바꾸는 것이다. 3차까지는 물리적 힘이 중요했지만 4차부터는 눈에 보이지 않는 힘, '소프트 전략의 힘'이 핵심이다. 세계은행의 분석에 따르면 산업혁명의 원조인 영국은 경제발전 초기에 1인당 소득이 두 배가 되기까지 58년이 소요됐고 미국이 47년, 일본은 34년 소요됐다. 반면 후발국가인 한국은 11년, 중국은 불과 10년 만에 두 배로 도약했다. 제3차 산업혁명까지는 늦게 출발한 개도국들이 '빠른 추격자 fast follower' 전략으로 후발자의 이익을 누렸다.

　그러나 제4차 산업혁명 시대에는 후발자의 이익보다 선두주자의 이익이, 선두주자의 벌금보다 '승자독식 winner takes all'이 두드러질 것으로 전문가들은 전망한다. 이제 제4차 산업혁명이 본격화됨에 따라 국가도 기업도 새로운 블루오션 전략을 찾고 있다. 산업화 시대에는 대량투입과 대량생산에 의해 승패가 결정되었다면 제4차 산업혁명은 혁신과 융·복합 능력에 의해 우열이 갈리기 때문이다. 애플의 스티브 잡스, 마이크로소프트의 빌 게이츠, 아마존의 제프 베조스, 소프트뱅크의 손정의는 현대판 콜럼버스이며 마젤란이다. 21세기 정부나 기업들은 새로운 가치, 새로운 상품과 서비스, 새로운 일자리, 새로운 시장의 블루오션 항로를 찾고 있다.

　20세기 말까지 세계 해운시장은 세계경제가 확장일로에 있었고, 시장의 세계화와 신흥공업국들인 BRICs(브라질·러시아·인도·중국)의 경제성장에 힘입어 블루오션 사업이었다. 21세기 시작 즈음부터 밀려온 세계경제의 장기불황 파고, 선복 과잉과 운임하락 나아가서는 거대선사 중심의 '죽기 아니면 살기 식 치킨게임'으로 세계해운시장은 레드오션이 되었다. 원양어업도 일본과 한국 등 선두국가 원양선사들의 블루오션이었지만 '바다의 헌장'으로 불리는 새로운 제3차 유엔해양법협약이 1982년 채택된 이후 연안국들은 앞다투어 200해리 배타적 경제수역을 선포함으로써 레드오션이 되었다. 이처럼 블루오션은 언제라도 전략적 변곡점을 맞게 되고 레드오션으로 바뀔 수 있다. 영원한 블루오션은 없다. 내가 먼저 개척한 시장이라고 해서 언제까지나 그 안에서 머물다 보면 경쟁자들에 의해 오히려 뒤처질 수도 있다. 책략선택 역시 양자택일 방식이다. 직접적이냐 간접적이냐, 섬멸전이냐 소모전이냐, 마찰이냐 타협이냐, 레드오션이냐 블루오션이냐 등과 같이 둘 중 하나를 선택해야 하는 이유로 시대를 불문하고 책략이 필요하다.

3. 동서양의 경제력을 바꾼 해양혁명과 지적호기심

중세기부터 유럽에서는 해양을 통해 두 차례 혁명이 일어났다. 첫 번째 해양혁명은 14세기의 '르네상스 시대'로 지중해를 무대로 동방으로의 경제와 시장이 확대하였다. 르네상스 시대 이전인 11세기 말에서 13세기 말 사이에 서유럽의 기독교 세력이 성지 팔레스티나와 성도 예루살렘을 탈환하기 위해 8회에 걸쳐 이슬람세력과 격렬한 전쟁을 치렀다. 십자군 전쟁 이후 유럽과 동방과의 무역이 활발해지면서 지중해 연안도시들은 경제적으로 번영해졌다. 향신료 거래 등으로 부의 축적을 이룬 이탈리아의 도시들을 중심으로 14세기 이후 르네상스의 꽃을 피우게 됐다. 르네상스 전인 7세기부터 14세기에는 유목민인 아랍인·터키인·몽골인이 유라시아에 대제국을 건설한 시대였다. 영국의 역사가 아놀드 토인비는 이 시대를 '유목민 폭발의 시대'라고 일컬었다. '팍스 몽골리카 Pax Mongolica'를 건설한 몽골 제국(1206~14세기 중반)이 대표적 유목제국이었다. 유목민들은 곡물을 생산할 수 없었기 때문에 상업의존도가 높았다. 당시 몽골은 유라시아대륙을 석권하면서 유럽에서 중국까지 아우르는 거대한 글로벌 경제권을 형성하였다. 유럽경제와 중국경제를 이어주는 상업 루트가 실크로드였다. 지중해 유럽에 인도의 설탕·쌀·면화, 동남아시아의 향신료가 전해졌고, 중국의 나침반·화약·인쇄술 그리고 중국 및 아시아의 바다에 대한 정보가 유럽에 전해지면서 대항해시대가 막을 열 수 있는 지적 및 물적 체제를 갖추었다.

두 번째 해양혁명은 15세기 대항해시대로 지중해와 대서양을 시발점으로 아시아와 아메리카 등 신대륙으로의 경제와 시장의 확대였다. 유럽의 식탁이 지금처럼 다채로운 색깔과 그윽한 향기를 지닌 음식들로 가득 차게 된 계기는 바로 아시아산 향신료의 도입 때문이었다. 15세기 중반에 오스만제국이 콘스탄티노플을 점령하고 지중해 동부를 장악함으로써 유럽과 아시아 간의 육로무역이 단절되자, 향신료는 원산지인 인도, 동남아시아에서 아랍 상인들을 거쳐 유럽에 수입되는 과정에서 가격이 치솟았다. 그 대안으로 대서양을 이용한 해상무역에 대한 관심이 커지게 되었다. 유럽대륙에서 대서양 연안에 위치한 포르투갈, 스페인이 향신료와 해상무역을 목적으로 한 원양항해의 선봉에 나섰다. 포르투갈의 배는 주로 아시아 방면을, 스페인의 배는 주로 아메리카 신대륙 방면을 향했다. 그들에 의해 상업항로는 바다로 그리고 세계로 멀리 널리 개통됐다. 바다와 바다를 연결하는 실크해로가 이어지기 시작했다.

대항해시대인 두 번째 해양혁명은 유럽에 또 다른 차원의 변화와 혁명을 일으켰다. 이를 요약하면 ① 유럽 세계를 번영하게 하는 중심해역이 지중해에서 대서양과 인도양으로 움직였고, 중심국가도 지중해 국가에서 대서양과 인도양 국가로 바뀌었다. ② 미개발지 대서양이 향료, 설탕, 커피, 노예사업을 토대로 개발되면서 자본주의라는 새로운 경제의 틀이 탄생되었다. ③ 광대한 해외시장과 다량의 값싼 원료공급으로 '상업혁명'이 발생했으며 그로 인해 '가격혁명'과 '화폐혁명'이 발생하였다. ④ 대양 장거리 항해에 적합한 선박과 항해기술이 발전되었고 해도와 나침반 등 과학기술지식이 축적되고 확산되었다. ⑤ 동양과 서양의 문화와 문명이 서로 영향을 주었으며 인적·물적 교류가 전 세계적으로 확대되었다. ⑥ 상업과 식민지를 위한 열강들의 제국주의 경쟁이 시작되었다. ⑦ 유럽의 서세동점으로 유럽 이외 지역은 식민화가 이루어져 주민들이 노예 전락, 굴욕적 상품거래 조건 강요 등 어려움을 겪기 시작하였다. ⑧ 유럽 우월주의 및 유럽중심주의 사고, 크리스트교와 생활문화가 세계적으로 널리 퍼졌다. ⑨ 대항해 벤처사업으로 입신출세 또는 부귀영화에 대한 중산층의 도전이 고양되는 긍정효과와 동시에 거품경제와 허망한 꿈에 투기하는 부정적 측면이 공존했다. 한편, 15세기 대항해시대가 바꾼 세계역사에 몰입하다보면 유럽중심주의 역사관에 빠질 수 있다.

　　미국 일리노이주립대학 교수였던 제임스 블라우트 James Morris Blaut는 세계 역사와 세계 지리에 관련하여 가장 강력한 신념 가운데 하나인 '유럽중심주의'를 비판했다.[11] '유럽중심주의'에 따르면 유럽은 '역사의 창조자'로서 늘 자생적으로 진보하고 근대화하는 문명인 반면 나머지 세계는 늘 정체되어 있었다는 것이다. 유럽 중심주의를 비판한 제임스 블라우트는 "유럽이 1492년 콜럼버스의 신대륙 발견 이후 유럽의 아메리카 자원 장악은 상인, 자본가 계급과 그 보조세력들이 정치권력을 잡게 해주었고 동시에 직간접 방식으로 유럽인들이 유럽 바깥의 세계에도 눈을 뜨게 만들어 결국 유럽 사회와 경제를 완전히 바꾸어버렸다."고 주장했다.

두 번째 해양혁명은 15세기 이후 19세기까지 유럽의 해양패권과 연계되었다. 16세기는 포르투갈과 스페인에 의해 시작된 대항해시대였고, 세계의 바다를 《토르데시야스 조약》에 의해 양분할 정도로 두 나라가 세계 해상패권을 장악했던 시기였다. 해상패권의 주목적은 신항로 개척, 향신료 및 식민지 확보였다. 17세기는 네덜란드의 해양패권시대로 중계무역으로 세계 해상무역의 절반 이상을 독점했다. 중계무역을 가능케 한 힘은 해운업과 조선업이며 세계 최초의 주식회사 형태인 동인도회사 운영을 통해 향신료와 커피공급을 독점하다시피 했다. 동남아는 물론 미주대륙의 맨해튼과 뉴욕을 식민하였다. 18세기와 19세기는 영국이 자본주의 경제와 삼각무역으로 해상패권을 장악했다.

유럽의 후발국이었던 영국은 스페인 무적함대를 깬 트라팔가르 해전, 나폴레옹과의 유럽패권다툼에서 승리하고 산업혁명의 발원지가 되어 해가 지지 않는 영국이 되었다. 영국의 막강한 해군력과 중상주의를 표방한 윌리엄 크롬웰의 항해조례를 무기로 네덜란드와 중계무역 전쟁에서 이겼고, 네덜란드에게 잃은 커피시장 대신 홍차시장을 개척했다. 영국은 커피와 홍차 소비에 동반한 설탕농장을 위해 중남미와 아프리카를 식민했다. 동남아시아와 북미대륙 식민에 선봉이었던 네덜란드는 영국과의 세계상권 쟁패에서 암보이나 사건 이후 뉴욕 맨해튼의 월가를 잃는 등 해외 식민 활동이 위축되기 시작하였다. 승승장구하던 영국은 세계 경영에 필요한 재정에 어려움을 겪게 되었고 재정확보를 위한 방안으로 영국의 프레데릭 노스 총리는 '차 조령'을 제정하게 되었다. 그러나 영국의 '차 조령'은 실패한 책략으로 식민국인 미국의 보스턴 홍차사건을 유발했고 이 사건은 '찻잔의 폭풍처럼' 미국 독립에 결정적 동기를 공여했다.

16~17세기 이후 동양이 서양에 추월당한 이유는 무엇일까? 종이, 화약, 인쇄술, 도자기 등 수세기 동안 세계를 이끌었던 중국문명이 산업혁명과 자본주의를 중세에 못한 이유는 무엇일까? 이에 대해 영국 케임브리지대 과학사회학 교수인 조지프 니덤은 역사상 가장 흥미로운 수수께끼라고 했다. 일부학자들은 정치체제의 차이로 '동양은 왕권체제·서양은 분권체제'였기 때문이라고 주장한다. 동양의 왕권체제는 피라미드 구조에서 무한권한을 가진 왕과 소수 지배계층의 서민층에 대한 끝없는 착취와 약탈사회이며, 사회가 경쟁심이 없다는 점을 이유로 들고 있다. 서양의 분권체제는 각 지역이 독자적인 경제체제를 이루고 비교적 우수한 해상운송조건은 유럽시장을 발달시켰고, 서양의 기사도정신은 공정하고 합리적인 상업정신의 토대가 되어 산업혁명과 시장경제를 이루었다고 분석한다.[12]

퓰리처상을 두 번 수상한 뉴욕타임스 기자 니콜라스 크리스토프와 그의 부인 쉐릴 우던은 그들의 저서《동쪽으로부터의 천둥 Thunder From the East, 2000》에서 1700년의 세계 GDP 비중은 아시아 경제가 압도적으로 컸다고 주장했다. 그들은 표 1.1에서 보듯이 1820년 초부터 아시아 경제가 후퇴하기 시작했으며 당시 아시아 경제가 세계 GDP에서 58%, 유럽과 미국 경제가 29%를 점유했다고 분석했다. 제2차 세계대전 직후인 1952년에는 아시아 경제가 17%, 유럽과 미국 경제가 58%로 최대 격차가 벌어졌다. 그러나 1980년대 초부터 태평양 횡단 무역이 대서양 횡단무역을 누르면서 1998년 아시아 경제가 33%, 유럽과 미국 경제는 44%로 아시아 경제가 강세를 회복하고 있다고 분석했다.

흥미롭게도 이들은 한때 세계경제의 중심이었던 중국과 인도가 쇠락한 이유를 해양에 대한 시각과 가치관 때문이라고 평가했다. 예컨대 콜럼버스보다 100여 년이나 앞서 아프리카의 동안까지 항해를 했던 명나라의 해양

탐험가 정화와 중국의 몰락은 결국 바다로 향한 진출을 닫은 쇄국주의와 비효율적인 관료주의 때문이었다고 했다. 인도의 경우도 과학기술에 일찍이 눈 떴지만 영국의 식민지로 전락한 것은 소극주의 때문이었다는 것이다. 그들의 기본적인 논지는 인류역사상 로마 제국 시대를 제외하고 16세기에 이르기까지 세계를 움직인 축이었던 아시아가 폐쇄주의(중국)나 소극주의(인도) 등에 의해 쇠락했지만 미래에는 이들이 다시 세계의 주도적 위상을 되찾을 것이라고 전망했다. 즉 아시아는 가족을 중심으로 한 도덕적 결속력, 수치심을 앞세운 사회적 제재수단이라는 '아시아 특유의 가치'를 통해 경제와 사회가 건강해질 수 있다고 보았다.

한국에 대해서도 외환위기를 극복한 순간들, 민주적 정권 교체 그리고 사회경제개혁에도 상당한 점수를 주었다. 한국인이 안고 있는 가장 큰 문제는 민족주의와 외국인 혐오(제노포비즘)이며 한국이 가진 잠재력을 실현하려면 파벌주의를 해체해야 한다고 분석하였다. 그들의 주장에서 흥미로운 점은 아시아는 현재 리더십의 공백을 겪고 있으며 만일 한국이 리더 역할을 한다면 동서양의 공동이익에 이바지하면서 아시아 전체를 이끌고 한국 스스로도 장기적인 도약을 기약할 수 있다고 주장했다.[13]

표 1.1. 아시아 경제와 서유럽·미국 경제 비교 (GDP, % 점유율)

연도	아시아 경제	미국 & 서유럽 경제
1700	62	23
1820	58	29
1952	17	58
1998	33	44

영국 옥스퍼드 대학의 스테픈 브로드베리 교수 등이 2017년 4월에 발표한 논문「중국과 유럽의 큰 일탈 – 역사적 국가재정연구, 980년~1850년」에 따르면 표1.2에서 보듯이 중국 송나라는 1020년에 1인당 GDP가, 1,000달러(1990년 미국 달러가치 기준)를 돌파했다.[14] 이에 반해 영국 Great Britain이 1,000달러를 돌파한 것은 이로부터 약 400년이 지난 1400년대부터였다. 북송시대(960~1127) 인구는 중국 역사에서 처음으로 1억 명을 돌파했다. 송나라의 산업 발전은 당대 유럽 어느 국가도 따라잡기 어려운 수준이었다. 가령 1078년 송나라의 철강 생산량은 12만 5,000톤이었는데 이는 1788년 영국 산업혁명 당시 철 생산량을 약간 밑도는 수준이었다.

이 때문에 많은 서양 학자들은 송나라 이후 중국이 산업혁명 목전까지 가고도 결국 도달하지 못한 것을 역사의 미스터리로 본다. 영국보다 약 500년 앞선 이때 산업혁명을 시작했다면 세계사의 흐름이 완전히 달라질 수 있었을 것이다. 마르코 폴로가 《동방견문록, 1298년 완성》에서 몽골 제국과 동양을 부러워한지 무려 500년 뒤인 1776년에 영국의 애덤 스미스는 《국부론》을 완성했다. 국부론은 자유방임주의를 표방한 최초의 경제학 서적이다.

표 1.2. 중국과 영국 GDP 수준 비교(1990년 미국 달러 가치 기준)

연도	중국	영국	중국/영국(영국=100)
1020	1,006		
1090	878	754	116.4
1400	1,032	1,090	94.7
1500	858	1,114	77.0
1600	865	1,123	77.0
1700	1,103	1,563	70.6
1800	614	2,080	29.5
1850	600	2,997	20.0

애덤 스미스는 생애 동안 3개의 혁명을 경험했다. 하나는 영국의 중상주의적 식민체제의 붕괴를 의미하는 미국의 혁명과 독립선언이다. 다른 하나는 프랑스 대혁명으로 봉건제 붕괴가 세계사적 추세임을 예견했다. 또 하나는 영국의 산업혁명으로 국부론의 개막을 예고했을 뿐 아니라 영국은 그 높은 생산성을 배경으로 자유무역정책을 추진하게 된다. 이 3개의 혁명에 대해 《국부론》은 세계사적 필연과정으로 근대 시민사회의 생산력 구조를 해명함으로써 봉건제와 중상주의적 통제정책을 비판하고 자유주의의 합리성을 논증했다. 애덤 스미스는 산업혁명에 성공한 영국과 그렇지 못한 중국의 차이를 비교했다. 경제는 송나라 때까지 영국을 앞설 정도로 발전했지만 그럴듯한 유학적 명분을 앞세울 뿐 군사력이나 산업정책에선 무기력한 중국이었다. 애덤 스미스의 '보이지 않는 손'에 의한 경제체제를 이끄는 정확한 규정이나 법령 대신 중국은 도학적 관료들의 도덕적 기준에 발목이 잡혔다고 분석했다.[15]

"중국은 사법정책의 집행에서 공정성과 일관성을 상실한 결과, 성장 잠재력을 잃고 정체되고 말았다. 국민들이 재산의 소유에서 불안함을 느끼는 국가, 계약이 법률에 의하여 보호받지 못하는 국가, 지불할 능력을 지닌 사람들로 하여금 채무를 변제하도록 강제할 수 없는 그러한 국가에서 상업과 제조업이 장기적으로 번성한다는 일은 거의 있을 수 없다. 영국은 선진적으로 상업의 자유와 형평성 있는 사법 집행 제도가 정착됨으로써 경제적 측면에서 경제 주체들에 의한 근면과 생산적 자원개발 노력을 자극할 수 있었으며 이 점이 유럽국가 중에서 가장 빠른 경제성장의 토대로 작용했다."

한편 이스라엘 히브리대학교 역사교수인 유발 하라리도 그의 책 《사피엔스 Sapiens, 2015》에서 "1775년 아시아는 세계경제의 80%를 차지했고, 중국과 인도의 경제규모를 합친 것만으로도 세계 총생산의 3분의 2에 이르렀다. 이에 비해 유럽은 경제적 난쟁이였다."고 주장했다.[16] 세계경제의 중심이 유럽으로 이동한 것은 1750년에서 1850년 사이에 이르러서다. 이때 유럽제국들은 일련의 전쟁을 통해 아시아 강대국들에 모욕을 안기고 그 영토와 땅을 대부분 점령했다. 1900년대에 유럽은 대부분의 세계경제 활동 무대를 지배했다. 동양이 서양에 부의 역전을 허락한 핵심요인을 유발 하라리는 '지적 호기심과 바다를 향한 대탐험'이라고 분석했다. 그의 논리는 식물을 찾는 식물학자와 식민지를 찾는 해군장교는 비슷한 사고방식을 가졌다는 것이다.[17]

"과학자와 정복자는 둘 다 무지를 인정하는 데서 출발했다는 공통점을 갖는다. 이들은 둘 다 밖으로 나가서 새로운 발견을 해야 한다는 강박관념을 느꼈다. 로마인, 몽골인, 아랍인들은 탐욕스럽게 정복하고 권력과 부를 취했지만 유럽인들은 새 영토뿐 아니라 새로운 지식을 획득하려는 희망을 안고 해양을 향해 떠났다. 포르투갈의 엔히크 왕자와 바스코 다 가마는 아프리카 해를 탐사하고 섬과 항구의 지배권을 강탈했다. 콜럼버스는 아메리카를 발견하자 즉시 스페인 왕의 통치권을 선포했다. 마젤란은 세계 일주 항로를 찾아냈고, 동시에 스페인이 필리핀을 정복할 기초를 놓았다."

　유발 하라리의 말대로 인류가 기억하는 유명한 배들인 콜럼버스의 '산타마리아'나 청교도들의 '메이플라워' 못지않게 과학·철학사적으로는 어쩌면 더 중요한 배가 영국 왕립해군의 '비글호 HMS Beagle'다. 영국의 로버트 피츠로이 선장이 지휘하는 범선 비글호는 1831년 12월 27일 영국 데번포트를 출항했다. 비글호의 임무는 남미에 대한 식민지 강화를 위해 남미 해안과 포크랜드 섬, 갈라파고스 제도의 지도를 작성하는 것이었다. 비글호의 항해는 새로운 땅을 발견하는 대신 '발견의 항해'로 기록되었는데 찰스 다윈 Charles Robert Darwin(1809~1882)이 승선했기 때문이다. 영국 케임브리지대학에서 바다 생물과 곤충을 수집하는 일에 관심을 가졌던 다윈은 1831년 22세 되던 해에 식물학 교수 J. 헨슬로의 권고로 비글호에 박물학자로서 승선하였다. 남아메리카·남태평양의 여러 섬 특히 갈라파고스제도와 오스트레일리아 등지를 5년간 항해·탐사하고 귀국하였다. 다윈은 비글호 항해를 통해 그동안 화석으로만 보던 동물들을 실제로 관찰하면서 몇 가지 결론을 내릴 수 있었다. 종 種이 시간과 지역에 따라 서로 다르다는 점을 확인했고 종의 진화를 입증할 방대한 증거와 자료들을 수집했다. 피츠로이 선장도 여러 가지 장비를 이용해 지도와 해도를 그리고 여러 지역을 정밀하게 측량하면서 다윈의 자료수집에 큰 도움을 주었다. 찰스 다윈이 살던 시대의 사람들은 대부분 창조론을 믿었다. 다윈은 '창조론'에 도전하는 이론인 '진화론'을 완성했고, 1859년에 《종의 기원》을 발표했다. 그 후 찰스 다윈의 『진화론』은 16세기말 코페르니쿠스의 『지동설』이나 뉴턴의 『만유인력』에 버금가는 학문의 반열에 올려졌다.

　독일의 게오르크 헤겔의 말처럼 바다는 정복과 무역을 위해 인류를 불렀다. 19세기 말 미국 시어도어 루스벨트 대통령 재임 시 국무장관 존 헤이

John Milton Hay(1838~1905)는 "지중해는 과거의 바다요, 대서양은 현재의 바다이며 태평양은 미래의 바다이다."라는 말로 20세기 태평양시대의 도래를 예견했고 정확하게 적중했다. 21세기에 접어들면서 중국과 인도의 재부상으로 다시 역사의 중심 추는 태평양에서 인도양으로 서서히 움직이고 있다. 20세기가 '태평양시대'라면 21세기는 '인도양·태평양시대'로 접어들었다는 것을 의미한다.

4. 국가 해양책략의 지휘자와 책사

 유엔회원국이 되려면 1933년에 제정된 『국가의 권리의무에 관한 몬테비데오 권리 및 의무 공약』에 규정한 '국가의 지위 Statehood'의 요건인 다음 네 가지를 충족해야 한다. ▲지속적으로 거주하는 인구 ▲정의된 영토 ▲정부 그리고 ▲타 국가와 관계를 맺는 외교력이 그것이다. 이 네 가지의 국가요건에 하나를 더한다면 주권국가 국민들의 심장과 두뇌에 각인된 공통분모는 '애국심'일 것이다. 국가대항전인 스포츠 경기에서 시작 전에 애국가를 부르는 것은 국가를 대표하는 애국심을 상기시키는 예식이라 할 수 있다. 애국심은 추상명사이기보다 실천동사이다. 더 넓은 땅과 바다 경제영토 개척, 부강한 나라 만들기, 더 똑똑한 국민을 만드는 교육이 정부가 기획하고 추진해야 할 애국심 정책이다.
 국가에 문제가 있다는 사실을 알려주는 신호 가운데 하나는 국민들이 과거가 참 좋았다고 말할 때이다. 추억이 꿈보다 많으면 끝이 가깝다는 얘기다. 정말 성공하는 국가의 특징은 성공을 가져온 요인을 버리고 새롭게 출발하려는 의지이다. 국가의 운명은 주어진 상황과 기회에 의해서가 아니라 선택한 전략과 책략에 의해서 달라진다. 국가나 기업의 최고지휘자가 세계화를 추진하고 세계화의 길인 바다를 경영하고 지배하기 위해서는 무엇보다도 해양책략과 해양리더십이 필요하다. 역사적으로 바다로 진출한 민족이나 기업들은 상대적 시각에서 세상을 넓게 보고, 손자병법이 말한 상대적 포지셔닝을 객관화하는 '지피지기'와 '오사칠계 五事七計'의 판단력이 명석하다. 따라서 자신의 강점과 기회를 활용하여 역량을 키우는 당위론과 방법론에도 익숙하다.

바다를 경영하려면 정부의 해양 거버넌스와 기업인들의 해양 앙트러프러너십 entrepreneurship, 항만 및 선박, 해양인력, 해양문화와 국민성 등 하드웨어와 소프트웨어는 물론 스피리트웨어 spiritware에 대한 장기 지속적 점검과 강화가 필수적이다. 육지와 다른 환경에서의 기회와 강점을 발휘하고 위협과 약점을 극복할 줄 알아야 한다. 대양해군, 해양산업의 3대 축인 해운업·조선업·수산업, 해양과학기술을 갖추고 해도와 나침판인 중장기 해양 전략과 단기 해양 전술이 명확해야 한다. 무엇보다도 지도자나 국민들은 바다 너머의 새로운 세상 개척에 대한 끊임없는 지적 호기심, 전문가들에 의한 집단지성, 역사의 흐름을 바꿀 담대한 용기가 뭉쳐야 한다.

역사의 흐름을 바꾼다는 것은 무엇이며 그것은 어떤 시점에서, 어떤 의지에 의해 일어날까? 역사학자 E. H. 카는 《역사란 무엇인가?》에서 "한 시대의 위인이란 그가 살고 있는 시대의 의지를 표현하고, 시대의 의지를 그 시대를 향해 외치고 그것을 실행할 수 있는 인간이다."라고 강조했다. 어떤 국가가 위기에 봉착했거나, 존립과 멸망에 처해 있을 때, 위대한 지도자는 통찰력과 선견지명, 대담성 그리고 예상할 수 있는 위험을 감내할 만한 강한 의지력이 있어야 한다. 운도 따라야 하지만 기량을 갖춰야 한다.

세계사에서 대부분의 해양강국들은 출발시점에는 인구, 면적이 비교적 미약한 나라로 생존전략 차원에서 해양으로 진출했던 국가들이었다. 그 대부분은 반도국가(그리스, 스칸디나비아, 스페인과 포르투갈), 섬나라(영국, 일본), 육지 환경이 척박하여 바다로 내몰린 국가(베네치아 공화국, 네덜란드) 또는 지리적으로 섬나라처럼 떨어져 있는 국가(미국)들이다. 그들은 해양진출에 필수적인 조선능력, 해운능력, 그리고 상선대를 호위할 수 있는 대양해군력을 확보하면서 생존전략은 성장전략으로 탈바꿈되었고 활동무대는 지역에서 세계로 넓어졌다. 그들은 유사시를 대비하여 멀리 외국의 중요 지점에 보급과 대양해군의 작전을 위한 기지를 운영했고 필요시 동맹국 망을 만들었다. 그들은 세계 교역과 상업의 중심이 되었으며 세계무역과 상거래규칙을 좌우했다. 그처럼 해양을 이용한 국가목적 달성을 위해서는 종합적이고 중장기적인 구상이 필요하며, 그러한 구상이 '해양책략'이다.

뛰어난 해양사관을 이해하고 추진했던 걸출한 영도자들이 역사를 만들었다. 해양강국을 이룬 국가들은 왕국이건 대통령제 국가이건 위대한 왕이나 대통령의 지근거리에 어김없이 명석한 해양 전략가나 해양책략가들이 있었다. 참모라는 용어 대신 전략가나 책략가라는 용어가 좀 더 어울릴 수 있다. 참모는 왕이나 대통령에게 정책을 건의하는 스태프 staff의 의미를 지닌다면 전략가나 책략가는 일선에서 왕이나 대통령의 정책을 기획하고 집행하여 구체화하는 사람으로 해석될 수 있다. 고전적 단어로 책사 策士가 있지만 책략가는 단지 세력가의 꾀주머니 역할에 그치는 것이 아니라 역사를 이끌어가는 주도적 세력이다.

본서에서 필자가 의도하는 책략의 의미는 '어떤 문제를 명석하게 포착하고, 그 해결대책을 탁월하게 추진하는 뛰어난 지략과 계략', '군사전략이나 기업경영전략보다 큰 국가전략이며 국가의 명운을 좌우하는 핵심목표를 제어하는 능력'이다. 책략가는 일반적인 멘토나 기획참모보다 정세를 좌우하는 능력을 보유한 사람이며 지근거리에서 왕이나 대통령의 귀와 입이 되어 위대한 성공과 참담한 실패를 좌우할 수 있다. 이 같은 관점에서 보면 주 周문왕의 스승인 태공망, 한 漢의 유방을 보필한 장량, 유비의 군사 제갈량 등은 책략가에 속한다고 할 수 있다. 한국에서는 조선의 태조 이성계를 도운 정도전 등이 대표적인 인물이다.

세계사에서 해양책략을 추진한 예는 많다. 대영 제국의 유명한 탐험가이며 엘리자베스 1세 여왕의 해양 전략 참모였던 월터 롤리 Walter Raleigh (1552~1618)경은 "바다를 장악하는 자가 세계 무역을 장악한다. 세계의 무역을 장악하는 자가 세계의 부를 장악할 것이며 결과적으로 세계 그 자체를 제패할 것이다."라는 역사적 명제를 주장했다. 이 '해양력이 국력'이라는 명제는 역사를 바꿔왔던 중요한 강국의 해양책략이었다. 살라미스 해전을 승리로 이끈 아테네의 명장 테미스토클레스, 영국 해군의 아버지인 존 저비스 경과 트라팔가르 해전의 영웅 넬슨 제독, 막강 일본을 학익진과 거북선으로 침몰시키고 23전 23전승의 신화를 이룩한 이순신 장군, 15세기 대항해시대를 연 포르투갈의 엔히크 왕자의 해양책략, 신대륙발견과 해외식민지 시대를 출범시킨 스페인의 이사벨 1세 여왕과 콜럼버스의 해양책략, 책임신탁과 신용이 만든 네덜란드 해양책략, 미국을 잃은 영국 노스 수상의 차 조령 책략, 세계 최강의 해양력으로 '팍스 브리태니카 시대'를 연 빅토리아여왕, 영국 크롬웰의 항해조례 책략, 프랑스의 태양왕 루이 14세와 중상주의자 콜베르의 해양책략, 프랑스 드 레셉스의 수에즈 운하 책략, 미국의 시어도어 루스벨트 대통령과 알프레드 세이어 마한의 해양력 Sea Power 책략, 일본 메이지 유신을 이끈 사카모토 료마의 '선중팔책', 이승만 대통령의 평화선 책략, 박정희 대통령과 정주영 회장의 조선강국 책략은 역사를 바꾼 대표적인 해양책략이요, 해양책략가들이다.

인류의 역사는 전쟁과 분쟁의 역사다. 전쟁과 분쟁의 종류는 '영토·경제·자원'으로 대별될 수 있다. '해양 전쟁과 분쟁'은 이 세 가지에 '역사문제와 섬 문제'를 더한 다섯 가지 복잡성이 특징이다. 시대는 영웅과 큰 상인을 탄생시킨다. '혼란기에 영웅이 출현하고 안정기는 현군이 지휘한다', '전쟁에서 영웅이 나고, 위기에서 큰 상인이 난다' 영웅의 주된 위업은 어둠 속의 괴물을 이기는 것이다. 무의식을 극복한 의식의 승리다. 국가나 기업의 역사에는 당대에 불꽃처럼 일어났다가 차세대 지도자가 빈약하여 국가나 기업이 멸망한 경우들이 비일비재하다. 부자가 3대 가기 어렵듯 보수정권이든 진보정권이든 정권도 3대 가기가 쉽지 않다. 창업보다 어려운 것이 수성이고 공격보다 어려운 것이 수비이다. 체계적인 리더 발굴과 육성, 검증 시스템, 현장경험이 확립되어야 조직은 세대를 이어서 영속할 수 있다. 아놀드 토인비는 문명의 쇠퇴 요인을 세 가지인 '창조적 소수 지도층의 상실, 이들을 따르는 다수 대중의 모방 철회 그리고 그 결과로 발생하는 사회전체의 사회적 통일의 상실'로 요약했다. 사회를 이끄는 창조적 소수 지도층의 가치와 중요성을 강조한 말이다.

'로마는 하루아침에 만들어지지 않았다'는 말처럼 로마가 천년 이상이나 계속된 것은 운이 좋아서도 아니고 그들의 자질이 우수해서도 아니다. 로마인들은 국가시스템을 끊임없이 개선했고 '역사는 인간'이라는 명제에 따라 로마를 이끌 인재를 키우려는 육성과정에서 탁월했기 때문이다. 미래 로마를 책임질 리더는 군사·재무·행정 분야에서 단계별로 경험을 쌓으면서 능력을 시험받았다.[18] 로마 지도자의 사회 경력은 군대에서 시작됐다. 20대 초반에 로마군에 입대해 최소한 3~4년 이상 장교로 근무했다. 전쟁터에서 상사와 동료 장교 및 부하 병사들에게 인정받는 도전적 상황을 이겨낸 리더 후보들은 재정을 관리하는 회계감사관을 맡았다. 여기서 효율적 재정 운영과 회계의 중요성을 배웠다. 다음 단계는 법무관으로 도시의 치안·사법절차를 담당하며 법치의 일선 실무를 익힌다. 이후 단위 조직 책임자인 지방관이나 군 간부 역할을 수행한 후 대개 40세가 넘어야 최고위 관직인 집정관에 출마할 자격이 주어졌다.

독일의 역사가 몸젠이 말한 '로마가 낳은 최고의 창조적 천재'인 율리아스 카이사르를 비롯한 대부분의 지도층이 이런 단계별 인재 양성 시스템을 거쳐 성장하고 배출됐다. 로마는 개혁의 속도는 늦지만, 한번 개혁을 하겠다고 결정하면 시행착오를 거듭하면서도 적재적소의 인재들이 끈기 있게 추진해 나갔다. 높은 이상을 추구하되 냉혹한 현실을 다룰 줄 아는 역량 있는 인재를 양성했기 때문이다. 이런 점에서 급성장을 이룬 다음 쇠퇴도 성장만큼 빨랐던 그리스와 매우 대조적이다.

지도자와 책략가가 뛰어나도 뒷받침할 강한 조직과 부하들이 있어야 역사적 과제를 수행하거나 역사를 바꿀 수 있다. 국가나 기업의 경우, 강한 지도자 다음에 보통 또는 보통 이하의 지도자로 계승될 때 조직이 와해되는 경우가 많다. '파킨슨의 법칙'이 이를 명쾌하게 설명한다.

"조직의 마비가 일어나는 첫 번째 단계는 아무런 생각 없이 관행대로 움직이며 바보처럼 위에서 시키는 대로 고분고분 말을 잘 듣는 사람들이 모여 있는 조직 증후군이다. 그 결과 두 번째 단계는 이류의 인물이 승진하고 그 이하는 삼류 또는 사류의 인물로 채워지게 된다. 모든 조직의 구성원이 바보가 되기 위한 경쟁을 벌리게 된다. 마지막 단계는 위에서 아래까지 전혀 지성이 발견되지 않게 되고 혼수상태에 빠지게 된다. 그런 상태가 20년이나 지속되는 경우도 있지만 그 조직은 얼마 안가 자연적으로 붕괴된다."

제2장
세계 3대 전략서와 경영전략 모델

1. 손무의 《손자병법》
2. 클라우제비츠의 《전쟁론》
3. 미야모토 무사시의 《오륜서》
4. 경영전략과 분석모델

전략과 책략에서
전쟁과 병법을 빼놓고 이야기하는 것은
뿌리 없는 나무를 세우는 것과 같다.

제2장 세계 3대 전략서와 경영전략 모델

1. 손무의 《손자병법》

　전략과 책략에서 전쟁과 병법을 빼놓고 이야기하는 것은 뿌리 없는 나무를 세우는 것과 같다. 국가지도자나 기업경영 CEO들이 동서양의 고전 전략서적을 즐겨 찾는 이유이다. 동양의 대표적 전략서는 손무의 《손자병법》과 미야모토 무사시의 《오륜서》이며, 서양의 대표적 전략서는 나폴레옹을 이긴 전략의 천재 클라우제비츠의 《전쟁론》이다. 손자병법은 BC 5세기경 춘추시대 말 오나라의 명장 손무가 지은 것으로 알려진 현존하는 동양 최고의 병서이다. 중국의 한서 《예문지》에는 《오 吳 손자병법》 82편과 《제 齊 손자병법》 89편에 대한 기록이 있다. 《오 손자병법》은 손무의 저작이라 하고 《제 손자병법》은 손무의 후손인 손빈의 저작이라 한다. 현재 전해지는 손자병법 13편은 삼국시대 위나라의 조조가 《오 손자병법》 82편의 핵심을 간추려 만들었다고 한다. 손자병법은 춘추시대 말기의 군사이론과 전쟁사례를 묶은 전략의 바이블로 통치자나 군사전략가뿐 아니라 인생전반에 적용될 수 있는 지혜가 담겼다. 손자병법에 버금가는 병서로 태공망과 황석공이 저자로 알려진 《육도삼략 六韜三略》이 있다. 육도는 문도 文韜 · 무도 武韜 · 용도 龍韜 · 호도 虎韜 · 표도 豹韜 · 견도 犬韜 등 6권 60편으로 이루어져 있다. '도 韜'는 '감추다', '비결' 등의 뜻이며 육도 六韜는 '군사와 관련된 여섯 가지 비법'으로 해석할 수 있을 것이다. 삼략 三略은 상략·중략·하략의 3편으로 이루어졌다. 주로 '육도'가 전술적인 내용이라면 '삼략'은 전략적인 내용이다.

병서는 전쟁하라고 가르치지 않는다. 정말로 피할 수 없을 때 최후의 방법이 전쟁이라고 가르친다. 모략의 책인 병서에서 모략보다는 대의명분을 강조한다. 병서에는 전쟁 없는 세상을 그리는 이상이 있다. 손자병법에서 '전쟁이란 국가의 중대사로 백성의 생사가 좌우되며, 국가의 존망이 기로에 서게 되므로 신중히 살펴야 할 일'이라고 정의한다. 손자병법은 병서로서는 모순되게 비호전적인 내용이 특징이다. 핵심내용을 단계별로 정리하면 ▲첫 단계로 전쟁은 국가가 취할 수 있는 방법 중 하나일 뿐이며 전쟁 이전에 정치·외교적 방법을 통해 전쟁을 일으킬 상황을 만들지 않고 원하는 목표를 달성하는 것이 중요하다. ▲둘째 단계는 최상의 승리란 싸우지 않고 이기는 것, 미리 이기고 싸우는 것이다. 미리 전략적으로 유리한 상황을 만들어서 승리가 확정된 상황을 만들고 싸우는 것이 최상의 방법이다. ▲셋째 단계는 전쟁을 결심했다면 전쟁의 명확한 목표와 그로 인한 이득이 있어야 한다. 상대방의 전력과 나의 전력을 파악해 이길 수 있는지를 먼저 살펴보고 직접 군사력을 전개하기 전에 계략으로 싸우지 않거나 상대방을 무력화시켜야 하며 어쩔 수 없이 싸우게 된다면 최대한 빠르고 피해 없는 승리를 거두는 것이 손자병법이 설파하는 핵심내용이다.

손자병법은 13편으로 구성되어 있으며, 그 내용은 (1) 시계 始計 (2) 작전 作戰 (3) 모공 謀功 (4) 군형 軍形 (5) 병세 兵勢 (6) 허실 虛實 (7) 군쟁 軍爭 (8) 구변 九變 (9) 행군 行軍 (10) 지형 地形 (11) 구지 九地 (12) 화공 火功 (13) 용간 用間 으로 구성되어 있다.[1]

(1) 시계편 始計編

시계편의 핵심내용은 '전쟁의 다섯 가지 조건, 상대방과 비교계산의 일곱 가지 기준, 12가지 속임 전술 궤도, 승산여부 판단' 등이다.

전략의 기본을 다섯 가지 조건과 일곱 가지 기준인 <오사칠계 五事七計>로 비교 계산하여 피아의 상황을 정확히 파악해야 한다. 손자병법의 전략에는 두 가지 중요한 포인트가 있다. 하나는 경쟁할 때에는 적이 힘들어 지는 곳을 공격한다. 또 하나는 상대방의 강점이 발휘될 수 없는 곳에서 승부한다. 이 두 가지 전략은 영국 군사전략가인 리델 하트가 강조한 핵심전략인 '간접적으로 적을 무력화 시키는 법'과 '상대의 약점에 집중하라'와 흡사하다. 손자병법의 <오사칠계>는 피아의 상황을 정확히 탐색해야할 때 고려해야 할 사항으로 오늘날 전략을 수립할 때 SWOT분석이나 게임이론 같은 정량적 분석이나 정성적 분석의 내용이다.

▲'다섯 가지 조건(오사 五事)'은 '도 道 · 천 天 · 지 地 · 장 將 · 법 法'으로 ① 지도자의 능력 ② 기상조건 ③ 지형조건 ④ 장군의 능력 ⑤ 법제도이다. 지도자의 정치능력 중 제일 중요한 것은 백성들이 지도자와 한마음 한 몸이 되어 뜻을 같이 하는 것이다. 더불어서 생사를 같이 할 때 위험을 두려워하지 않는다. 장군의 능력은 '지혜, 신뢰감, 인간애, 용기, 엄격함'이다. 법제도는 '곡제 曲制 · 관도 官道 · 주용 主用'을 내용으로 한다. 곡제는 의사소통을 위한 신호체계, 관은 관리자, 도는 병참 보급로, 주용은 주력부대의 운용에 필요한 제반비용을 말한다. 이상 다섯 가지를 알면 승리하고, 모르면 승리할 수 없다.

▲'일곱 가지 계산 기준(칠계 七計)'은 ① 지도자의 능력 비교우위 ② 장군의 능력 비교우위 ③ 기상, 지형조건의 상대적 조건 ④ 법령과 조직체계 운영 비교우위 ⑤ 병사들의 수와 무기 비교우위 ⑥ 장교와 병사의 훈련 비교

우위 ⑦ 신상필벌의 비교우위이다.

▲속임 전술인 '궤도 詭道'는 12가지이며, 첫 4가지는 '시형 示形'이고, 다음 8가지는 '권변 權變'이다. ① 능력이 있어도 없는 듯하고 ② 용병을 하면서도 용병하지 않는 듯하며 ③ 가까이 있어도 멀리 있는 것처럼 보이고 ④ 멀리 있어도 가까이 있는 척 해야 한다. ⑤ 이익으로 유혹하고(이이유지 利而誘之) ⑥ 상대를 교란시킨 다음 취하고(난이취지 亂而取之) ⑦ 상대의 태세가 충실하면 서두르지 말고 수비하고(실이비지 實而備之) ⑧ 상대가 강하면 정면충돌을 피하고(강이피지 强而避之) ⑨ 적을 분노케 하여 혼란스럽게 하고(노이요지 怒而橈之) ⑩ 자신을 낮추어서 상대를 교만하게 만들고(비이교지 卑而驕之) ⑪ 적이 쉬려하면 피곤하게 하고(일이노지 佚而勞之) ⑫ 적이 친하면 갈라지게 만든다(친이이지 親而離之). 방비하지 않은 곳을 공격하고, 의식하지 못하는 곳에 나아간다. 궤도는 병법에서 승리하는 전술이므로 내부나 외부에 미리 알려서는 안 된다.

그리스의 명장 테미스토클레스는 살라미스 해전에서 크세르크세스 1세 측에 자신의 노예 시킨노스를 보내 "아테네 해군이 배신하고 페르시아 측에 붙을 것이다."는 거짓정보를 흘리도록 했다. 손자병법 《시계편》에 나오는 '전쟁은 일종의 속임수이다'라는 계략을 쓴 것이다.

전쟁 전에 오사칠계의 묘산 廟算을 해봐서 승리했다면 승산이 많다. 승산이 많은 자가 이기고 승산이 적은 자는 이길 수 없는데 하물며 묘산도 하지 않는 경우 이미 승패는 뻔하다. 전쟁에서 이긴다고 해도 국가가 막대한 재정 부담을 지게 되거나 전쟁에서 승리해도 얻은 것이 없다면 오히려 승리의 가치가 없다. 패전이나 다름없는 많은 희생을 지불한 승리를 '피로스의 승리'라고 말한다. 이겼지만 결국 패배로 귀결될 수 밖에 없는 비싼 대가를 치른 승리를 뜻한다. 현대 경영에서 말하는 '승자의 저주'와도 일맥상통한다.

상전에서 이기긴 했지만 승자의 혜택을 누리지 못하고 오히려 몰락되거나 퇴출되는 결과를 낳지 않도록 오사칠계의 묘산은 전략에서 중요하다.

(2) 작전편作戰編

작전편의 핵심내용은 '막대한 전쟁비용, 속전속결의 중요성, 병참의 중요성, 승리의 가치' 등이다. 군대를 운용하기 위해서는 말이 끄는 전차 천대, 수레 천대, 갑옷 입은 병사 10만 명, 천리 길의 식량수송 등에 매일 천금이 소모되는 막대한 전쟁비용이 필요하다. 이처럼 막대한 전쟁비용과 군대를 써서 싸우는 것은 이기기 위해서이다. 그러나 군대가 둔하면 기세가 꺾이고 성을 공격하면 힘이 다하고 오랫동안 무리해서 군대를 쓰면 국가의 재물이 부족해진다. 그러므로 병법에서 다소 미흡한 점이 있더라도 속전속결해야지 오래 오래 끌어서 승리한 사례가 없다. 전쟁의 피해를 알지 못하는 자는 전쟁의 이익을 알지 못하는 자이다.

손자병법은 병참의 중요성을 작전편의 핵심으로 강조하였다. 뛰어난 장군은 단기간의 전쟁을 수행하므로 장정 한 명을 두 번 동원하지 않고 군량을 세 번 수송하지 않는다. 쓸 물건은 자국에서 동원하고 부족한 식량은 적에게서 취하면 군량은 부족하지 않다. 국가가 가난해지는 것은 전쟁을 하면서 원거리로 병참하기 때문이다. 지혜로운 장수는 식량을 적에게서 얻으려고 노력한다. 적의 식량 1종은 아군의 20종에 해당하고, 사료 1석은 아군의 20석에 해당한다. 전쟁으로 백성들은 수입의 10분의 7을 세금으로 빼앗기고 국가재정의 10분의 6이 소진된다. 전쟁은 승리하는 데 가치가 있지 결코 오래 끄는 데 가치가 있는 것이 아니다. 그러므로 전쟁의 비용과 궁극적 가치를 아는 장군만이 국민의 목숨과 국가의 안위를 책임질 수 있다.

(3) 모공편 謨功編

　모공편의 핵심내용은 '승리의 방식, 전쟁방법, 승리를 판단하는 다섯 가지, 지피지기 백전백승' 등이다. 손자병법의 하이라이트는 모공편이다. 손자병법은 막대한 전쟁비용을 지불하지 않고 승리할 수 있는 방식을 지혜롭게 제시한다. 백 번 싸워서 백 번 이기는 것이 최상이 아니다. 싸우지 않고 적을 굴복시키는 것이 최상이다. 그러므로 최상은 병력으로 적의 싸우려는 의도 자체를 깨는 것이고, 다음은 적의 외교를 깨는 것이고, 그 다음은 적의 병사를 깨는 것이고, 성을 공격하는 것은 최악이다. 전쟁을 하는 방법은 적군보다 10배의 병력이면 포위하고 5배의 병력이면 공격하고, 2배의 병력이면 적을 분리시킨 후 차례로 공격하고 맞먹는 병력이면 최선을 다하여 싸우고, 적보다 적은 병력이면 도망치고 승산이 없으면 피한다. 소수의 병력으로 무리하게 싸우면 강대한 적의 포로가 될 따름이다.

　적을 알고 나를 알면 백 번 싸워도 위태롭지 않고 '지피지기 백전불태 知彼知己 百戰不殆', 적을 모르고 나만 알면 한 번 이기고 한 번 질 것이며, 적을 모르고 나도 모르면 싸울 때마다 위태롭다. 싸울지 말지의 여부를 아는 자가 승리한다. 손자는 어떤 장수가 승리하는지를 예측할 수 있는 다섯 가지를 말했다. 첫째, 전쟁을 해야 하는지 전쟁을 해서는 안 되는지를 아는 자는 승리한다. 둘째, 병력규모에 맞게 전법을 운용하는 자는 승리한다. 셋째, 장수와 병사 상하 간에 한 뜻으로 뭉쳐 있는 쪽이 승리한다. 넷째, 준비가 더 잘 된 쪽이 승리한다. 다섯째, 장수가 유능하고 군주의 간섭을 받지 않는 쪽이 승리한다. 마지막 다섯 번째는 최일선에서 전쟁에 임하는 장수에 대한 군주의 전적인 신뢰와 권한부여라는 측면에서 중요하다.

　손자는 싸움의 승패를 결정하는 것은 도덕률·기후·지형·장수·훈련 등 다섯 가지이며 이들은 서로 영향을 주면서 모든 상황을 만들어 낸다고 했다. 손자병법의 핵심은 '전승전략 全勝戰略'이다. 전승전략의 요체는 "싸우지 않고 적을 굴복시키는 높은 차원의 전승전략과 싸우고 이겨야 할 경우에는 최소의 비용으로 최대의 승리를 얻는 낮은 차원의 전승전략이 있다." 전(全)은 부분이 아닌 온전한 승리이며, 그리고 전쟁을 하더라도 최소비용으로 승리한다는 뜻이다. 즉 우리 편의 피를 흘리지 않고 이길 수 있다면 가장 좋은 전략이라는 것이다. 클라우제비츠의 저서인 《전쟁론》의 핵심은 '파승전략 破勝戰略' 또는 '총력전략 總力戰略'이다. 파승전략 또는 총력전략은 "적의 중심을 찾아 총력으로 최대한 빨리 파괴하여 승리하는 것"이다. 전승전략은 블루오션전략에 가깝고 총력전략은 레드오션전략에 가깝다.

(4) 군형편 軍形編

군형편의 핵심내용은 '적에게 달려있는 승패, 공격과 방어, 승산이 확실할 때 하는 전쟁' 등이다. 전쟁에 능한 자는 먼저 적이 이길 수 없도록 만전의 태세를 갖추고 승리가 가능한 때를 기다렸다. 적이 승리하지 못하게 하는 상황은 우리 편에 존재한다. 우리가 승리할 수 있는 상황은 적군에게 달려있다. 승리하는 군대는 먼저 승리할 수 있는 상황을 구해놓은 후에 전쟁을 하고 패배하는 군대는 덮어놓고 전쟁을 일으킨 이후에 승리를 구한다. 이길 수 없는 자는 지키고 이길 수 있는 자는 공격한다. 군사를 움직일 때는 질풍처럼 날쌔게 하고 나아가지 않을 때는 숲처럼 고요하게 있고 적을 치고 빼앗을 때는 불이 번지듯이 맹렬하게 하고 적의 공격으로부터 지킬 때는 산처럼 묵직하게 움직이지 않아야 하며, 숨을 때는 검은 구름에 가리어 별이 보이지 않듯이 하되 일단 군사를 움직이면 벼락 치듯이 신속하게 해야 한다. 용병을 잘하는 자는 지도력을 잘 수양하고 법과 제도를 잘 보전하므로 승패를 다스릴 수 있는 능력이 있다. 손자는 병법을 구성하는 다섯 가지 요소를 강조했다. 첫째 국토의 크기, 둘째 자원과 생산량, 셋째 인구, 넷째 군사력, 다섯째 승리. 지형에서 국토의 크기가 생성되고, 국토의 크기에서 자원과 생산량이 생성되고, 생산량에서 인구의 수가 발생하고, 인구수에서 군사력의 우위가 결정된다. 전력의 우위로 승리가 결정된다.

(5) 병세편 兵勢編

병세편의 핵심내용은 '진형과 의사소통, 정공법과 기습작전, 기세와 절도, 기만술, 추세의 조정' 등이다. 적은 병력을 통치하듯이 대규모의 병력을 통치하려면 병력수를 분리하여야 한다. 대규모의 병력이 전투를 하려면 군대의 효율적인 진형과 정확한 의사소통이 중요하다. 승패를 가름하는 기본 원칙은 정공법과 기습의 두 가지에 불과하지만 정공법과 기습의 융·복합 변화로 비롯되는 전략과 전술은 천지처럼 무궁무진하며 강물처럼 고갈되지 않는다. 잘 통치된 군대에도 혼란이 발생한다. 통치와 혼란을 결정하는 것이 병력수의 적절한 편성이다. 용감한 군대에도 비겁함은 생겨난다. 용맹과 비겁을 결정하는 것이 기세다. 막강함과 나약함을 결정하는 것이 진형이다. 전쟁을 잘하는 자는 전쟁의 승패를 기세에서 구하지 병사들을 문책하지 않는다. 능력 있는 자를 택하여 임명하고 그에게 기세를 준다. 기세를 만들어 전쟁을 잘 하는 자는 원형의 돌을 천길 높이의 산에서 회전시키는 것과 같다. 이것이 기세다.

(6) 허실편 虛實編

허실편의 핵심내용은 '주동적 제어, 집중과 분산, 적정분석, 물과 같은 군대형태' 등이다. 전쟁에서 좋은 거점을 선점하여 적군을 상대하는 군대는 편안하며 뒤늦게 도착하여 좋은 거점을 놓친 군대는 피로하다. 전쟁을 잘

하는 자는 적을 내 의도대로 제어하며 적에게 제어되지 않는다. 공격을 잘하는 자는 적이 수비해야 할 장소를 알지 못하게 한다. 수비를 잘하는 자는 적이 공격해야 할 장소를 알지 못하게 한다. 적이 쉬려고 하면 피로하게 하고 포만감이 들 정도로 배부르다면 기아에 허덕이게 하라. 적이 편안하게 있다면 쉬지 못하고 움직이게 만들어라. 한번 전쟁에서 승리한 방법은 다시 사용하면 안 된다. 무궁한 형세의 변화를 끝없이 응용하여야 한다. 군 형태의 극치는 무형이다. 무형의 전술이 되면 간첩도 지모 있는 상대도 전략을 꾸미기 어렵다. 군대의 형세는 물의 형상을 닮아야 한다. 물의 형세는 고지대를 피해 아래로 흘러간다. 군대의 형세도 적의 견실한 곳을 피하고 적의 허점을 공격해야 한다. 물이 지형의 생긴 원인에 의해 제어가 되듯이 군대 또한 적의 상황에 따라 승리의 방법을 통제하여 변화시켜야 한다.

(7) 군쟁편 軍爭編

군쟁편의 핵심내용은 '우직의 전략, 지형파악, 전쟁의 기만술, 군기와 통제, 심리작전 허점공략' 등이다. 적보다 유리한 위치를 얻기 위한 군대의 경쟁이 어려운 것은 우회하면서 직진하는 효과를 만들어야 하고 나의 환란을 이득으로 전환시켜야하기 때문이다. 적보다 후에 출발하여도 유리한 곳을 먼저 선점할 수 있다. 그것이 '우직전략 迂直戰略'이다. 지형을 잘 아는 자를 이용하지 못하면 지리적인 이득을 얻을 수 없다. 분산과 집합을 통해 변화에 적응해야 한다. 병사의 이목을 일치시키기 위하여 야간 전투에서는 불과 북을 다량으로 사용하고 주간 전투에서는 깃발을 많이 사용한다. 병사들에게 신호를 전달하여 일치시키면 용감한 자는 독단으로 진격하지 않고 겁쟁이는 독단으로 퇴각하지 않는다. 용병을 잘하는 자는 예리한 기세를 가진 적병을 피하고 안이하게 귀로만 생각하는 적을 공격한다. 이것이 사기를 다스리는 것이다. 잘 정비된 군대로 혼란한 군대를 대적하고, 정숙한 군대로 화급한 적병을 대적한다. 이것이 심리전을 잘하는 것이다. 유인하는 미끼를 탐식하지 말 것이며 포위된 군사는 필히 도망갈 길을 터주고 궁지에 몰린 적을 압박하지 말라.

(8) 구변편 九變編

  구변편의 핵심내용은 '전술의 활용, 권모술수, 장수가 빠지기 쉬운 위험' 등이다. 지형이 좋지 못하여 작전이 곤란한 곳에는 주둔하지 말아야 하며 사방이 트인 교통의 요지로 외세가 침투된 곳에서는 외교관계를 잘 맺어야 하며 본국과 연락이 불편한 곳에서는 오래 머물지 말아야 한다. 황무지에서는 오래 유영하지 말고 포위될만한 지형에서는 빠져나갈 책모를 세워둔다. 진퇴양난의 사지에서는 죽기 살기로 전투를 해야 한다.

  ▲장수가 하지 말아야 할 것이 다섯 가지다. 가서는 안 되는 길이 있다. 공격해서는 안 되는 군대가 있다. 공격해서는 안 되는 성이 있다. 투쟁해서는 안 되는 지형이 있다. 군주의 명을 수락해서는 안 되는 때가 있다.

  ▲장수가 빠지기 쉬운 다섯 가지 위험요소가 있다. 첫째, 필사적으로 싸우는 자는 죽기 마련이다. 둘째, 기어코 살겠다는 자는 포로가 될 것이다. 셋째, 분노하고 성미가 급한 자는 수모를 당할 것이다. 넷째, 청렴과 결백함만을 생각한다면 모욕을 당할 것이다. 다섯째, 백성과 병사를 너무 아끼는 장수는 번민에 빠진다.

(9) 행군편 行軍編

  행군편의 핵심내용은 '지형에 따른 전투법, 양지와 음지, 위험한 지형, 외부와 내부 동태 파악' 등이다. 산을 넘을 때는 산과 계곡에 의탁하여 이동하고 고지대를 점거하여 시야를 확보한다. 군대가 주둔할 때는 고지대를 선호하고 낮은 곳은 피하라. 물을 건너면 반드시 물에서 떨어져야 한다. 하류에서 상류를 공격해서는 안 된다. 늪지는 가급적 빨리 지나가고 평지에서는 편리한 곳에 위치해야 한다. 양지를 귀중하게 생각하여 주둔하고 음지는 피하라. 양식이 생기는 곳에 거처하며 견실한 곳에 병사를 거처하게 한다. 이렇게 되면 군대에 질병이 없어지고 필히 승리하게 된다. 아무런 생각 없이 적을 쉽게 보는 자는 필히 사로잡힐 것이다.

(10) 지형편 地形編

지형편의 핵심내용은 '여섯 가지 지형의 특성, 장수의 과실에 따른 여섯 가지 군대, 공격과 퇴각, 병사를 너무 후대하지 말 것' 등이다.

▲지형에는 통형通形, 괘형掛形, 지형支形, 애형隘形, 험형險形, 원형遠形의 여섯 가지가 있다. 아군과 적군이 모두 왕래할 수 있는 곳이 '통형'이다. 통형에서는 태양이 비추는 고지대를 선점하여 주둔한다. 양식 보급로를 잘 이용하면 전쟁에서 유리함을 얻는 지형이다. 전진은 쉽지만, 반대로 후퇴는 곤란한 곳이 '괘형'이다. 괘형에서는 적의 방비가 없으면 출진하여 승리할 수 있고 만약 적이 대비를 하고 있다면 출격하여도 승리할 수 없는 후퇴가 곤란한 지형이다. 아군이 출격해도 불리하고 적군이 출진해도 불리한 곳이 '지형 支形'이다. 길이 좁은 '애형'에서는 아군이 선점하여 주둔하고 필히 아군을 배치하여 대적한다. '험형'에서는 아군이 선점하여 주둔하고 필히 태양이 비추는 고지에 주둔하여 대적한다. '원형'에서는 적과 세력이 균등하면 도전하기 곤란하고 직접적인 전쟁은 불리하다.

▲장수의 과실로 여섯 가지 종류의 군대가 생겨난다. 군대에는 도주하는 자, 기강이 해이한 자, 함정에 빠지는 자, 붕괴되는 자, 혼란한 자, 패배하는

자가 있다. 장수가 나약하고 규율에 엄격하지 않으면 교육과 훈련이 안 된다. 장교와 병졸의 기상이 없다면 종횡무진 제멋대로이니 군대가 혼란하게 된다. 장수의 병졸 보는 시각이 어린 영아를 돌보듯이 하면 병사들이 심산유곡의 계곡으로 용감하게 전진한다. 장수의 병졸을 보는 시각에 사랑이 넘치면 병사들이 죽음을 무릎쓰고 전진한다. 그러나 장수가 병사를 후덕하게만 대우하면 노역을 시킬 수 없고 사랑하기만 해서는 명령을 내릴 수 없다. 이를 비유하여 말하면 교만한 자식이 되는 것이니 쓸모없는 군대가 되는 것이다. 적을 공격할 때를 알고 아군의 병졸 상황이 공격이 가능한 것을 알지만 지형이 공격하기에 불가능하다는 것을 모르면 승리의 확률은 반이다.

세계 해전에서 지형편에 통달하여 전략적 승리를 이끈 이순신 장군이 대표적이다.

(11) 구지편 九地編

구지편의 핵심내용은 '아홉 가지 입지조건, 솔연 같은 장수, 기선제압, 장수의 임무, 전략과 정략' 등이다.

▲용병의 방법 중에서 전쟁을 하게 될 지형을 분류하면 아홉 가지로 산지 散地, 경지 輕地, 쟁지 爭地, 교지 交地, 구지 衢地, 중지 重地, 비지 圮地, 위지 圍地, 사지 死地가 있다. 제후가 자국의 땅에서 싸울 경우를 '산지'라 한다. 적의 영토를 공격하지만 깊이 들어가 있지 않은 경우를 '경지'라 한다. 아군이 점령하면 아군에게 이득이 있고 적군이 점령하면 역으로 적군에게 이득이 있는 지형은 '쟁지'다. 아군도 적군도 왕래가 가능하여 피아 간의 교전이 예상되는 곳이 '교지'다. 여러 나라가 관련되어 있어 누구든 선점하면 이득이 있는 천하의 백성들을 모으게 될 제후의 땅이 '구지'다. 적국의 땅에 깊숙이 쳐들어가 점령한 지역 뒤에 적의 성읍이 많은 지역은 '중지'다. 산림

이 험하고 늪이 많은 택지로서 행군하기 곤란한 지역은 '비지'다. 추종하여 군대가 유입되는 길이 협애하고 추종하여 되돌아 나오는 길이 우회할 수밖에 없어 적군이 소규모에 불과한 병력으로 아군을 공격할 수 있는 곳은 '위지'다. 질풍처럼 빨리 싸우면 생존할 수 있고 오래 싸우게 되면 멸망하는 지역은 '사지'다. '경지'에서는 아군이 정지해서는 안 된다. '구지'에서는 외교로 연합하는 것이 중요하다. '중지'에서는 침략하여 군수물자를 현지에서 조달한다. '비지'에서는 즉시 행군하여 탈출하고 '위지'에서는 책모를 이용하여 벗어난다. '사지'에서는 오로지 싸울 뿐이다. 로마와 카니에 전쟁을 벌인 한니발 장군은 손자가 '사지'라고 칭한 자리까지 들어가서 로마의 간담을 서늘하게 만든 인물이었다.

전쟁은 신속함이 중요하며 적국이 급히 출진하지 못할 때를 노리고 적이 고려하지 못한 길로 출격하며 적이 경계하지 아니한 곳을 공격한다. 전투를 잘 하는 자를 비유하면 솔연과 같다. 솔연이란 상산에 사는 뱀을 말하는데 머리를 공격하면 즉시 꼬리가 덤비고, 꼬리를 공격하면 즉시 머리가 덤벼든다. 가운데 허리를 공격하면 즉시 머리와 꼬리로 덤벼든다. 타고 되돌아갈 말을 사방에 묶어놓고 싣고 돌아갈 수레바퀴를 땅에 매장하여 강압적으로 죽기를 각오하는 것은 만족스러운 결과를 만들 수 없다. 전군을 통제하여 용감하게 하나로 일치시키기 위해서는 정치지도자가 필요하다. 장군은 심산유곡처럼 냉정하고 엄정하게 통치해야 한다. 장병들의 이목을 가지고는 중요한 군사계획을 알지 못하도록 하며 용병술을 역으로 바꾸어 그 책모를 개혁하고 병사들이 고급정보를 감히 알지 못하게 해야 한다. 아홉 가지 입지조건에 따라 전진과 후퇴에 따른 이해득실을 계산하며 상황에 따른 병사들의 심리변화를 세심히 관찰해야 한다. 사병들의 심리란 포위를 당하면 스스로 방어하고, 어쩔 수 없게 되면 용감히 싸우고 위험이 크면 따르기 마련이다.

(12) 화공편 火功編

화공편의 핵심내용은 '화공의 다섯 가지 형태, 화공의 다섯 가지 방법 등이다.

▲화공에는 다섯 가지 형태가 있다. 첫째, 적병을 불로 공격한다. 둘째, 축적해 놓은 적의 군수물자를 불태운다. 셋째, 병참 수송 차량을 불태운다. 넷째, 적의 창고를 불태운다. 다섯째, 적병이 많이 운집한 주력 부대를 불태운다. 화공을 실행할 때는 필히 일정한 조건이 있으니 불을 연소시킬 수 있는 도구를 필히 준비해 두고 불을 발화시킬 적당한 때가 있고 불을 지필 알맞은 날이 있다. 적당한 때란 천지의 날씨가 건조할 때이다. 알맞은 날이란 달의 운행이 기, 벽, 익, 진의 별자리에 존재하는 날로 바람이 크게 일어날 수 있는 날이다.

▲화공은 다섯 가지 방법으로 인하여 일어나는 상황변화에 적절히 대응해야 한다. 첫째, 적진 내에서 발화가 되면 즉시 외부에서도 호응하여 공격한다. 둘째, 발화가 되었는데도 적진이 정숙하여 동요가 없다면 공격하지 말고 대기한다. 화력이 극에 이르렀을 때 공격이 가능하다면 공격하고 그렇지 않다면 공격을 중지한다. 셋째, 외부로부터 발화할 수 있을 때에 적의 내부 상황에 개의치 말고 적당한 때에 불을 지른다. 넷째, 바람이 부는 쪽에서 불길이 출발했을 때에는 바람을 안고 공격하지 않는다. 다섯째, 주간에 바람이 오래 불면 야간에 이르러 바람이 멎게 된다. 군대는 필히 다섯 가지 상황에 따른 화공법의 변화를 알고 화공의 조건이 맞을 때까지 수비하며 기다릴 수 있어야 한다.

현명한 군주는 전쟁을 신중히 결정하고 우수한 장수는 전쟁을 경계한다. 이것이 국가를 안전하게 하고 군대를 완전하게 유지하여 적의 침략에 대비하는 길이다. 해전에서 화공법을 쓴 대표적인 예는 1571년 영국이 스페인 무적함대를 물리칠 때 사용한 칼레 해전이다.

(13) 용간편 用間編

　용간편의 핵심내용은 '첩보활동 내용, 간첩의 다섯 종류, 이중간첩 활용' 등이다. 적군을 상대하여 수년 동안 전쟁에 대비하여도 전쟁의 승패는 하루 아침에 결정된다. 작위, 봉록, 세금 등을 아까워하여 적의 정보를 수집하는 데 소홀하다면 백성을 위한 장수라 할 수 없으며 통치자에 대한 보좌도 아니고 승리의 주체가 될 수 없다. 적정을 안다는 것은 귀신에게 알 수 있는 것이 아니며, 유사한 사례나 상황을 유추하여 알 수 있는 것도 아니며, 오직 적정을 알고 있는 자에게서 얻어야 하는 것이다.

　▲간첩을 이용하는 다섯 가지 방법은 향간 鄕間, 내간 內間, 반간 反間, 사간 死間, 생간 生間이다. '향간'은 적국의 사람을 유인하여 활용함이고 '내간'은 적국의 관리를 포섭하여 이를 활용함이며 '반간'은 적의 간첩을 포섭하여 이중간첩으로 활용함이고 '사간'은 아군의 허위사실을 탐문한 적의 간첩이 이를 적장에게 잘못 전달하게 하는 것이고 '생간'은 반대로 돌아와 그 결과를 보고하는 것이다. 아군의 정보를 수집하려고 왕래하는 적국의 간첩은 반드시 찾아내야 하고 더 큰 이득으로 유인하여 포섭하고 잘 인도하여 적지로 보내어 반간으로 역이용 할 수 있다. 통치자는 다섯 종류의 간첩활동을 반드시 알고 있어야 한다. 간첩에게 주는 포상은 후해야 하고 간첩의 운용은 비밀스럽게 해야 한다. 사람을 알아보는 지혜가 없으면 간첩을 이용할 수 없고 인의가 없으면 간첩을 부릴 수 없다. 간첩을 이용하는 것은 미묘하고도 교묘한 일이다. 간첩의 성과야말로 전쟁의 가장 중요한 요소로서 전군이 그 활동을 믿고 기동하게 되는 것이다. 전쟁에선 간첩을 이용하지 않는 곳이 없다. 간첩이 발견되어 미리 알려지면 간첩은 물론 그 정보를 발설

한 자도 모두 죽게 된다.

역사적 해전에서 간첩이 중요하게 역할을 한 사례는 많다. 칼레 해전 직전 영국의 간첩이 스페인 무적함대의 총사령관 변경을 비롯한 전쟁준비 동정파악으로 영국 함대가 승리했다.

중국 광고계의 '미다스의 손'이라 불리는 화산 華杉이《손자병법》을 비즈니스와 관련하여 명쾌하게 해설하였기에 요약 소개한다.[2]

첫째, 손자병법은 강으로 약을 이기라는 것이지 약으로 강을 이기라는 것이 아니다.《손자병법》의 첫 편인《시계편》의 '계'는 음모가 아니라 '계산 計算'의 계이다. 비교할 것은 다섯 분야이고 계산할 것은 일곱 항목이기에 <오사칠계 五事七計>라 했다. 승산이 높으면 이기고 낮으면 이기지 못한다. 손자는 약으로 강을 이길 수 있다고 믿지 않았다. 전쟁이란 국가의 대사로서 생사존망이 걸려 있어 지극히 낮은 확률의 도박에 '올인' 할 수 없다.

둘째, 전쟁은 이겨도 대가를 지불해야 한다. 이극 李克이 위 문후 魏文侯에게 했던 말은 '삭승필망 數勝必亡' 이었다. 여러 번 이기면 필히 망한다는 것이다. 백전 百戰을 겪으면 병졸은 피폐해지고, 백승 百勝을 거두면 군주는 교만해진다.

셋째, 정병 正兵으로 교전하고 기병 奇兵으로 승리한다. '기병 奇兵'은 따로 빼놓은 예비 병력을 가리킨다. 손에 쥐고 있되 아직 펼치지 않은 카드이니 결정적인 순간에 예비 병력, 즉 기병을 투입하여 승리를 결정짓는 것이다. 이것을 일러 '분전법 分戰法'이라 하며 가장 기본적인 용병술이다. 한신이 모든 병력을 강가에 몰아넣고 배수진을 쳤던 것이 아니다. 한신은 병력의 일부를 미리 떼어내 매복시켰다가 결정적인 순간에 내보내어 승리를 결정지었다.

넷째, '선승후전 先勝後戰' 먼저 이긴 후에 싸우라. 먼저 적이 나를 이길 수 없게 만들고 이어서 내가 적을 이기게 될 때를 기다린다. 전쟁을 잘하는 자는 미리 이겨놓고 싸운다. 먼저 나를 강하게 단련하여 허술한 구석이 없게 하면 적이 나를 이길 수 없다. 그런 후에 적이 허술해질 때를 기다리는 것이다. 이길 수 있음은 적에게 있다.

다섯째, 대부분의 경우 기다림과 참음은 최고의 전략이다. 일본 전국시대의 도쿠가와 이에야스는 기다림의 화신이다. 오다 노부나가가 패권을 잡았을 때 그는 부하로 버텼다. 도요토미 히데요시가 패권을 잡았을 때 그는 제후로 견뎠다. 그는 기다렸고, 기다릴 수 없는 상황에서는 타협했다. 도요토미가 죽고 17년이 지난 뒤에야 비로소 세상을 접수했고, 그의 가문은 일본을 265년 동안 통치했다.

여섯째, 한 방에 끝내라. 이겨도 끝내지 못하면 의미가 없다. 전쟁에서 승리는 수단일 따름이지 목적이 아니다. 목적은 평정이다. 백승을 했는데도 평정하지 못해 계속 싸워야 한다면 지금까지 백 번이나 싸운 게 별 의미가 없다. 손자는 보전사상을 중시했다. '보전'이란 자신을 보전하고, 백성을 보전하고, 성을 보전하고, 재산을 보전하라는 것이다. 심지어 적의 병사까지도 온전히 보호하고 이어서 굴복시켜 아군으로 수용하는 것이 가장 좋다고 했다.

일곱째, 속임수는 중요하지 않다. 《손자병법》에서 "전쟁이란 속이는 것이다."라는 말을 많은 사람들은 오해하고 있지만 핵심은 아니다. 아무리 속임수를 쓴다 해도 상대방이 걸려들지 않으면 아무런 소용이 없다.

여덟째, 지피지기의 관건은 나를 아는 데 있다. 상대를 알고 나를 알면 백 번 싸워도 위태롭지 않다 知彼知己, 百戰不殆. '지피지기'에서 관건은 '지기', 나를 아는 데 있다. 일단 나를 잘 파악하여 나를 불패의 위치에 올려놓으면 상대방이 나를 어떻게 할 수가 없다. 나를 모른 채 방법과 수단을 다 동원하여 상대방을 알려고 해봐야 자칫 상대방의 속임수에 걸려들 뿐이다.

2. 클라우제비츠의 《전쟁론》

서양의 대표적 전략서는 프로이센의 카를 폰 클라우제비츠 Carl von Clausewitz(1780~1831)의 《전쟁론 Vom Criege, 1832》과 스위스 태생 앙리 조미니 Henri Jomini(1779~1869)의 《전쟁술 The Art of War, 1837》이다. 베를린 사관학교를 수석 졸업한 클라우제비츠는 프로이센군 개혁의 기수였던 학교장 샤른호르스트 장군을 만났고 두 사람의 관계는 '정신적인 아버지이자 친구'였다. 1806년 나폴레옹이 프로이센을 대파하고 베를린으로 입성한 '예나 Jena전투'에서 패배한 클라우제비츠는 프랑스의 포로생활을 했고 귀환 이후는 프로이센군 개혁에 주도적인 역할을 했다. 절치부심한 클라우제비츠는 1815년 프로이센의 제3군단 참모장으로 워털루전투에서 프랑스 군단을 묶어놓는 역할을 성공함으로써 연합군 승리에 결정적인 기여를 하였다. 육전에서 나폴레옹을 이긴 클라우제비츠의 명성은 이 때문이다.

《전쟁론》은 프로이센 육군대학 교장으로 재직하고 있던 1818~1830년에 집필한 것으로 그가 사망한 후 그의 부인 폰 마리에 의해서 편집된 《전쟁과 작전술에 관한 카를 폰 클라우제비츠 장군의 유고집》 10권 중의 첫 3권으로 되어 있다. 그는 《전쟁론》에서 전쟁의 본질 문제들에 대해 19세기의 이상주의 철학과 자신의 경험을 적절히 결합해서 이론을 개발했다. 1권은 전쟁의 본질과 전쟁이론, 전투력 등 주로 전쟁의 철학에 대해 논하고 있다. 2권은 전투력과 방어, 3권은 공격과 전쟁계획에 대해 논하고 있다. 이 책이 전쟁의 바이블, 고전의 자리에 오른 이유와 그의 주장을 정리해본다.[3]

첫째, 전쟁은 정책의 연속성을 위한 수단이다. 전략은 의지의 지속적인 행동이고 전쟁의 불확실성을 극복하는 데 필요한 것이다. 승리란 단지 전투가 벌어진 공간을 누가 최종적으로 점령하는가 하는 것뿐만 아니라 적의 물리적이고 심리적인 전투력을 얼마나 파괴하는 것에도 달려있다.

둘째, 전쟁은 다른 여러 수단들에 의한 정책과 외교의 연속성이다. 전쟁의 정치적인 목적을 강조한 것은 전쟁을 분별없는 폭력에서 분리한다는 내용이기에 전략가들에게 핵심적인 헌장이다. 전쟁은 외교문서를 작성하는 대신에 전투로 하는 정치다. 나폴레옹은 전투에서는 천재였지만 정치적인 민감한 감각에서는 많이 부족했다. 그 이유는 적대국에 대해서 징벌적 협상만 요구했지 동맹 강화라는 군사외교에는 서툴렀기 때문이다.

셋째, 전략가라면 승리를 거머쥐기 위한 계획을 가지고 전쟁을 시작하라. "계획은 단순하게 하라." "무력이냐 속임수냐 하는 선택에서는 무력을 선택하라." "수비가 보다 강력한 공격의 한 방식이다. 수비의 시간이 축적될수록 수비자가 유리해진다." "어떤 강한 국가가 공격하면 침공당하는 주변 국가들은 연합한다." "공격할 때는 적 병력의 무게중심을 공격하라." "위대한 사령관의 능력은 병력을 두 배로 만들 수 있다." "국가가 위협에 처했을 때 국가를 지원하기 위해 나서는 일반 국민의 협력이 전쟁의 승패를 가른다." "적의 숨통을 끊어 놓지 못하는 승리의 가치는 제한적이다."

넷째, 전쟁에서 물질적인 요소들보다 중요한 것은 사기, 용기, 희생, 리더십 등 정신적 요소들이다. 선택과 집중으로 적의 중심을 유린해야 승리를 얻을 수 있다. 준비된 전략이 의도대로 수행될 수 있다는 자신감은 세 가지 이유로 설명할 수 있다. ▲각종의 예측 불가능성에도 불구하고 모든 것이 수수께끼는 아니다. 전쟁을 준비하는 과정에서 대담함은 조심스러움보다 낫고 적극성은 수동성보다 낫고 그리고 명석함은 어리석음보다 낫다. ▲정보의 불확실성에 대한 인식이 중요하다. 전쟁 시에는 모순된 정보, 비관적인 정보가 많으며 이런 상황에서 지휘관은 확률법칙을 믿고 지식과 상식을 바탕으로 비관주의가 불러올 두려움을 떨쳐야 한다. ▲계획과 현실의 괴리에서 비롯되는 갈등상황에 취약하기는 양측 모두 마찬가지다. 예상치 못한 일이 발생했을 때 평정심을 유지하면서 그 상황을 돌파하는 것이 훌륭한 지도자가 갖추어야 할 기량이다.

다섯째, 전쟁은 이론 전쟁과 실제 전쟁의 이중적 특성을 지니며 전쟁을 구성하는 3대 요소인 폭력성·우연성·정치적 종속성은 역동적인 삼위일체를 이룬다. 전쟁이란 이론적으로는 극한 상태의 절대 전쟁에 이를 수 있으나 실제적으로는 교전국들의 특수성과 정치·경제·사회적 요인들의 영향을 받아 제한전쟁의 속성을 갖고 있다. 나아가 전쟁은 하나의 정치적 수단이다. 전쟁은 독특한 '삼위일체 즉 삼중성 trinity'의 역동적인 상관관계로 형성되어 있다. 전쟁의 첫째 속성은 맹목적이고 원초적인 폭력과 증오와 적개심이며, 둘째 속성은 우연성이고, 셋째는 정책의 도구로서의 종속성이다. 이 삼위일체 이론은 정치가 전략의 핵심이라는 기존이론을 대신했다. 두 민족 및 국가 사이에 대중적 차원의 적대감이 존재할 수 있으며 '폭력과 적개심'이라는 맹목적인 요소가 전쟁을 유발할 수 있다고 했다. 국가생존이라는 커다란 목적이 아니라 소소한 이익을 위해서도 전쟁이 일어날 수 있다고 주장했다. 따라서 탁월한 전략가라면 해결해야 할 과제는 적 그리고 마찰 및 우연성의 모든 요소들이 논리적 합리성과 다른 우발적 상황을 대비해야 한다는 것이다.[4]

여섯째, 최고사령관은 군사천재여야 하며 천재야말로 가장 훌륭한 법칙이다. 군사천재는 전쟁이 요구하는 것과 적의 성격을 파악하는 것 그리고 냉정함을 유지하는 사람이다. 승리하는 것 이상으로 패배했을 경우 빠른 판단으로 퇴각, 후퇴하는 것이 어찌 보면 진정한 지휘관으로서의 능력을 가늠할 수 있다. 나폴레옹의 천재성은 파상적 공격 때가 아니라 연합국에 포위 공격당하는 때에 냉정을 잃지 않고 차분하게 대처해 나갔기 때문이라고 분석했다. 클라우제비츠가 나폴레옹이라는 군사천재를 무찌를 수 있었던 이유는 프랑스 군대체제를 모방하여 프로이센군대의 군제를 개혁했고 천재 나폴레옹을 신비의 존재로 내버려두지 않았던 치열한 탐구심 때문이었다. 클라우제비츠의 프로이센군이 사용한 전략은 ▲각개격파 당하지 않으면서 대 부대로 포위하는 작전 ▲측면 공격을 받으면 버티지 말고 즉시 퇴각하는 작전을 썼다. 나폴레옹의 전략을 클라우제비츠가 역이용한 셈이다. '천재야말로 가장 훌륭한 법칙'이라는 말도 역설적으로 그 법칙을 간파하면 이길 수 있다는 것을 의미한다.[5]

클라우제비츠의 ≪전쟁론≫은 전쟁의 목적, 목표, 수단의 기능과 관계를 명확히 정립했다. 정치적 목적이 없는 전쟁은 있을 수 없으며 전쟁에서 군사적 목표와 수단은 정치적 목적에 따라 결정된다. 클라우제비츠의 말이다. "전쟁은 필연적으로 정치적 성격을 띠고 있으며 정치적 잣대로 평가되어야 한다. 따라서 전쟁지도는 대국적인 관점에서 볼 때 정치 자체이며 펜 대신에 칼을 든 정치다. 그러나 그렇다고 해서 정치가 고유의 법칙에 따라 생각하는 것을 중단한 것은 아니다." 무엇보다도 ≪전쟁론≫의 가장 큰 가치는 전쟁 연구에 있어 무조건 전쟁을 배척하는 인도주의 시각이나 또는 전략의 효율만을 높이는 실용주의적 시각에서 과감히 탈피하여 전쟁을 하나의 확고한 과학적 학문 대상으로 삼은 것이다. 클라우제비츠는 일반 사람들에게는 전쟁과 평화의 관계에 대하여 보다 크게 눈을 뜨도록 했으며, 군인들에게는 합리적이고 전략적인 사고의 계발을 위한 단단한 기초를 제공했고, 국가 지도자들에게는 전쟁과 안보에 대한 책임 있는 정책 수립의 중요성을 깨

달도록 했다.[6]

　앙리 조미니와 카를 폰 클라우제비츠 이 두 사람의 이론은 상호보완적인 부분이 많고, 최초로 현대전의 기초이론을 정립함으로써 당대뿐만 아니라 그 후 오랫동안 세계적으로 군사전략에 지대한 영향을 미쳤다. 앙리 조미니는 파리에서 은행원으로 근무하던 중 나폴레옹의 제갈공명이 되겠다는 포부와 함께 시대를 초월하는 전쟁법칙을 정리하려는 큰 꿈을 갖고 프랑스 군에 입대했다. 그러나 조미니의 능력을 나폴레옹이 인정했음에도 불구하고 나폴레옹의 수석 책략가인 루이 알렉산드르 베르티에 원수의 방해로 출세의 벽에 부딪쳤다. 그러자 그는 1813년 프랑스의 적인 러시아로 망명하였고 1826년 대장으로 승진한 그는 니콜라이 1세의 부관을 거쳐 1830년에는 러시아 육군사관학교를 창설했다. 그는 전쟁과 전략에 대해 기술적으로 분석했으며 군인들의 주 관심주제를 명쾌하게 정리함으로써 큰 호응을 얻었다. 결정적 지점에 적시에 병력을 집중하라는 등 그가 강조한 전쟁원칙은 각국 군사교리의 기초를 이루었다.

　조미니는 그의 책 《전술의 요점 Summary of the Art of War, 1838》에서 '전술의 단계는 처음에는 개별요소들을 하나하나 따져보고 그 다음에는 그 개별요소들의 연관성을 파악하고 최종적으로는 그 모든 것을 하나의 전체 전략으로 만드는 것'이라고 했다. 조미니가 나폴레옹의 전략에 대해 분석한 것들 중 핵심을 요약하면 ① 전투장소의 선정 ② 결단의 순간 및 전체적 작전방향의 결정 ③ 병참기지의 구축 ④ 목표지점의 선정 ⑤ 전진과 배치 등이며 군사전략이나 경영전략 수립에 필요한 급소들이다.[7] 전략과 전술의 구분을 처음으로 명확히 한 앙리 조미니는 '전략이란 누구와 싸울지를 결정하는 정치적인 부문과 실제 전투가 이뤄지는 전술적인 부문 사이에 존재하는 것이다. 또한 전략이란 지도 위에서 전쟁을 수행하는 기술'이라고 주장했다.

특히 조미니는 나폴레옹이 절정기에 있을 때 그의 곁에서 이론을 개발했기 때문에 나폴레옹을 존경하는 많은 군인들에게 조미니는 마치 나폴레옹의 전도사처럼 보였다. 그러나 여러 가지 원칙과 도해를 통해 전쟁수행을 너무 과학적으로 다룬 나머지 자기가 설정한 개념과 이론으로는 설명할 수 없는 역사적인 사례들을 검증하는 데는 실패했다. 조미니의 전략이론처럼 전쟁을 지배하는 절대적이고 확실한 법칙이라는 것은 존재하지 않으며 현실전쟁에서는 너무나 많은 불확실하고 예상하지 못한 요인들로 전략가들이 고민하게 마련이라는 비판이 따랐다.

한편 미국 육군전쟁대학의 마이클 한델 Michael I. Handel은 《손자병법》과 클라우제비츠의 《전쟁론》에서 제시된 패러다임 차이를 《전쟁의 대가들 Masters of War, 2001》에서 다섯 가지로 비교분석했다.[8]

▲이상적 승리 관점 – 손자병법은 전승전략, 전쟁론은 총력전략

▲적 중심 파괴방법 – 손자는 비군사적 수단, 클라우제비츠는 최대한 군사력 동원 타격

▲군사력 행사 – 손자는 심리전으로 전쟁의지를 분쇄하는 것이 먼저고, 군사력은 최후의 수단. 클라우제비츠는 군사력이 가장 효과적 수단

▲전쟁수행 입장 – 손자는 '넓은 의미의 전쟁', 클라우제비츠는 '좁은 의미의 전쟁' 추구. 손자는 국가최고전략가의 입장이며, 클라우제비츠는 전쟁지휘관의 입장

▲장·단점 차이 – 손자병법의 장점은 싸우지 않고 이기거나 최소비용으로 승리, 단점은 외교·속임수·정보에 지나치게 의존, 전쟁기술에 소홀할 수 있다. 전쟁론의 장점은 현실적이고 군사전쟁에 타당, 단점은 병력 희생이 크며 정보, 속임수 등 비군사적 수단을 경시. 손자병법은 전략을 전쟁론은 전쟁기술을 중시한다.

3. 미야모토 무사시의 《오륜서》

미야모토 무사시 宮本武蔵(1584~1645)는 아즈치·모모야마 시대와 에도 시대의 검객이다. 그는 두 개의 칼을 사용하는 '니텐이치류 二天一流 검법'을 창시하였다. 그는 29세가 될 때까지 다른 유파의 쟁쟁한 고수들과 60여 차례 결투했고 단 한 번도 패배를 맛본 적이 없었다고 한다. 미야모토 무사시는 1643년 전쟁을 접하지 못한 후세들에게 병법을 전수하기 위해《오륜서 五輪書, The Book of Five Rings》를 집필하던 도중에 생을 마감하였다. 미완성된《오륜서》는《병법 35개조》,《독행본》과 함께 그의 제자들에게 양도되었다.[9]

《오륜서》는 '땅 地, 물 水, 불 火, 바람 風, 하늘 空'의 5장으로 구성되어 있다. 제1장은 땅의 장으로 기초를 위한 장이다. 경쟁 속에서 이겨 살아남아야 함을 처음부터 말하며 병법에 대해 서술한다. 제2장은 물의 장으로 제1장에서 말한 병법을 기본으로 유연성에 대해 설명한다. 여기서 유연성은 기초를 바탕으로 응용력을 기르고, 기본에 집착하지 않으며, 이기기 위해 다양한 생각을 하는 것이다. 제3장은 불의 장으로 평정심을 다룬다. 장수가 갖춰야 할 리더십, 적의 심리를 이용한 전술, 나보다 강한 적을 상대하는 방법 등이다. 제4장은 바람의 장으로 남을 통해 자신을 비춰보는 장이다. 그는 자신이 만든 '니텐이치류 二天一流 검법'만이 최고라 생각하지 않고 다른 유파를 통해 병법을 되돌아보고 무사의 기본에 대해 이야기한다. 마지막으로 제5장 하늘의 장은 몸과 마음을 바르게 하고 끊임없이 수련하는 것이 새로운 경지를 추구하는 방법이라고 주장한다.

《오륜서》에 나오는 결투장면 세 가지 사례를 보자.[10] 첫째 사례는 1605년 마타시치로 요시오카와의 결투다. 무사시는 결투 약속시간보다 일찍 결투

장소로 가서 매복했다. 무사시가 과거 결투 장소에 늦게 나타난다는 습관을 알고 상대방 적들은 미리 매복할 작정이었다. 그러나 그들이 매복을 준비할 무렵, 무사시가 숲에서 벼락같이 소리를 지르면서 등장했고 예상 밖의 상황에 놀라움과 공포에 질린 요시오카를 단칼에 베었다. 두 번째 결투는 쉬시도 바이켄과의 결투였다. 바이켄은 낫 모양의 창에 철환을 단 신 무기를 쓰는 무적의 무사였다. 무사시는 장검과 단검 두 개의 칼로 결투했다. 승리는 무사시의 것이 됐는데 전투방식에서 그는 먼저 단검을 던져 수비하느라 당황한 바이켄을 장검으로 찔러 쓰러뜨렸다. 세 번째 사례는 1612년 간류 섬에서 보검을 잘 쓰는 사사키 고지로와의 '간류지마 결투'이다. 무사시는 약속시간보다 늦게 나타나서 상대방을 화나게 만들었고 칼 대신 나무로 만든 긴 목검과 청결하지 않은 머리 수건을 매고 나타나 상대방을 조롱했다. 더욱이 결투에 들어가면서 고지로가 칼집을 모래에 던지며 칼을 뽑자 무사시는 "네 보검의 칼집을 바닥에 던지는 바보"라고 조롱하며 화가 머리끝까지 솟아 이성을 잃은 상대방을 향해 목검으로 눈을 찔렀다. 고지로는 뒤늦게 보검을 휘둘렀으나 무사시의 목검에 의해 사망하였다.

무사시의 《오륜서》에 담긴 무사시의 결투승리 요인은 하나로 귀결될 수 있다. 그는 결투 상대방과 결투환경에 따라 '창의적 전략'을 택한 것이다. 요시오카와는 항상 결투시간에 늦었던 이전 결투방식과 달리 미리 도착하여 기습과 놀라게 함으로 적을 이긴 것이다. 그를 대다수 적이 둘러쌓아 환경이 조성되기 전에 대신 그가 선제공격을 할 수 있는 결투환경을 조성하고 상대방 우두머리를 먼저 벰으로써 수적 열세를 극복했다. 두 번째는 두 개의 검을 전광석화처럼 사용하여 진기한 장비로 공격을 머뭇거리는 상대방을 물리쳤다. 세 번째는 오만과 허세로 무장한 적을 목검과 상대방을 조롱하는 언어로 혼동케 하고 눈을 공격했다. 무사시의 결투상대들은 하나같이 우월한 기량, 보검, 비전통적 신무기를 갖췄고 그들 모두는 오만과 편견으로 그들의 과거 결투방식을 고집했다. 무사시는 그들의 약점을 파악했고, 그들을 감정적 공황상태에 빠뜨리는 변칙전법과 창의적 전법으로 결투를 이겼다. 《오륜서》에서 얻을 수 있는 교훈 중 하나는 만약 전쟁을 준비한다면 기존의 신화와 선입관에서 벗어나야 한다는 점이다. 과거의 현상과 경험에 사로잡혀 있는 것은 패배를 자초하는 것과 같다. 전략은 음식을 만드는 조리법처럼 일련의 정해진 생각이나 움직임이 아니며 승리는 어떠한 마법적 공식이 없다. 전략적 사고는 전략기획의 토양을 위한 영양제이며 전쟁의 승리를 위해서는 전쟁의 방향과 적절한 대응을 위해 지략을 최대한 활용하는 것이 중요하다.[11]

미야모토 무사시의 《오륜서 五輪書》가 세계적 전략서라는 점에 찬반의 견이 갈린다. 먼저 긍정적 평가를 보자. GE의 전설적 CEO인 잭 웰치는 《오륜서》를 위대한 세계적 군사이론, 나아가 경영전략서로 극찬했다. 하버드 대학 MBA와 미 육군사관학교의 교재로도 쓰이는 《오륜서》는 단순한 검법서나 병법서의 차원을 넘어, 그리고 시간과 공간의 차원을 넘어 인간의 삶과 승부의 세계, 경영의 세계에 대한 본질을 통찰하고 있기 때문이다.[12] 약 60회의 결투에서 승리한 미야모토 무사시의 비법만을 담고 있는 듯하지만 《오륜서》에서 말하는 적이 바로 오늘날의 우리가 말하는 나와 경쟁하는 라이벌 혹은 성공을 위한 목표임을 알 수 있다. 무사시는 칼싸움이라는 좁은 공간에서 출발해 승부사의 사생관, 개인은 물론 조직의 리더로서 상대방을 이기는 전략, 심신을 갈고 닦는 자기계발에 이르는 폭넓은 주제로 확장한다. "천 千일의 연습을 단 鍛이라 하고, 만 萬일의 연습을 련 鍊이라 한다. 이 단련 鍛鍊이 있고서야만 승리를 기대할 수 있는 것이다." 같은 문구 등이 회자된다. 한편 미야모토 무사시에 대해 부정적 비판도 적지 않다. 무사시가 남긴 《오륜서》는 명저이긴 하나 《손자병법》 수준은 아니라는 것이다. '최강의 검객 미야모토 무사시'라는 것도 과대평가라는 비판이 있다. 세계경제를 이끄는 일본의 승부정신을 신비한 사무라이정신으로 해석하려는 서양 CEO들의 판단과 영웅을 만드는 기술이 뛰어난 일본인들의 창의가 합작된 전략서라는 논쟁이 있다.

4. 경영전략과 분석모델

최근 수십 년 동안 경영전략의 발달과정을 요약해 보면, '전략적 위치 Positioning학파'가 1960년대에서 1980년대까지 군림했고 1980년 대 중반 이후 '내부역량 Capability학파'가 우세했고, 다시 1990년대 후반 '전략적 위치 학파'가 역습을 시작했고, 2000년대 이후는 '상황조합 Configuration 학파'가 등장했다.[13] 전략적 위치학파는 "외부환경이 중요하다. 이익이 나는 시장에서 이익이 나는 위치를 차지하면 경쟁에서 승리할 수 있다. 경영전략은 정량적 분석이나 정형적 계획 프로세스를 통해 이해할 수 있으며 해결가능하다."고 주장하는 대 테일러 Taylor주의자들이다. 이들은 '앤소프 매트릭스', 'SWOT분석', 'TOWS분석', '경험곡선', '성장점유율 매트릭스 PPM', '비즈니스 시스템', '5 Forces' 분석 같은 분석도구들을 만들었다. 내부역량학파는 "내부 환경과 역량이 중요하다. 자사의 강점을 보이는 곳에서 경쟁하면 승리할 수 있다. 기업 활동은 인간적인 측면이 강하기 때문에 오직 정성적 논의만이 의미가 있다"라고 주장하며 대 메이요 Mayo주의자 들이다.

두 개 학파가 논쟁할 때 나타난 것이 헨리 민츠버그 Henry Mintzberg로 대표되는 '상황조합학파'로 "경영은 그 때 그 때 상황에 따라 다르다. 외부환경이 중요할 때는 전략적 위치방향으로 내부 환경이 중요할 때에는 내부역량 방향으로 접근하는 것이 정답이다."라고 주장했다. 기업의 발전단계 (발전→안정→적응→모색→혁명)에 맞춰 전략과 조직형태를 조합해야 한다고 주장했다. 발전기에는 전략적 위치를 중시하고, 안정기에는 내부역량을 강화하며 모색기에는 학습론으로 방향성을 모색하고 혁명기에는 앙트러프러너십론으로 단숨에 혁명을 지향하는 식이다. 민츠버그는 학자이면서도 철저히 실무를 중시하면서 "좋은 전략은 책상 위에서 정형적으로 패턴화할 수 없고 상황에 따라 조합해야 한다."고 주장한다. 2010년 이후 상황조합학파에서 주장하는 것이 '적응 Adaptive 전략'이다.

그러나 경영전략의 마지막 발전이론인 '상황조합학파' 이론은 경영전략의 시조라 할 수 있는 앤소프 매트릭스가 《이고르 앤소프의 경영전략, 1979》에서 기업의 '전략적 추진력'과 '능력'은 환경에 맞춰 정합되어야 한다는 것과 맥을 같이 한다. 그는 '환경'은 그 난기류의 정도에 따라 5단계인 '안정적', '반응적', '선행적', '탐구적', '창조적'으로 나뉜다고 주장했다. 결국 경영전략은 돌고 돌아 기본으로 돌아온 것 같다. 그래서 학문적 이론을 배울 때 "오리지널이 중요하다. 역사는 반복한다."고 한다.[14] 경영전략의 세 가지 키워드는 '전략적 위치 · 내부역량 · 상황적합'으로 대별할 수 있으며, 키워드에 따라 전략수립 시 계량적 및 정성적 전략기법들을 사용할 수 있다. 국가나 기업에서 전략이나 책략 수립 시 사용될 수 있는 경영전략의 기초기법들을 일부 소개한다.

(1) SWOT & TOWS 분석

스탠포드 연구소의 앨버트 험프리 Albert S. Humphrey는 기업의 중장기 계획이 왜 실패하는가를 분석하는 프레임워크로 'SOFT 분석'을 만들어냈다. 이 SOFT 분석이 나중에 SWOT 분석으로 바뀌게 된다. 그 후 SWOT 분석은 샌프란시스코 대학의 하인츠 웨이리치 Heinz Weihrich교수에 의해 'TOWS 분석'으로 발전하였다. SOFT 분석은 긍정요소 Positive와 부정요소 Negative로 대별된다. SOFT는 기업이 현재 상황에서 갖고 있는 좋은 것 Satisfactory, 미래에 기대되는 좋은 기회 Opportunity 그리고 현재 상황에서 기업이 갖고 있는 나쁜 약점 Fault와 미래에 예상되는 나쁜 위협 Threat의 대문자를 따서 만든 것이다. SOFT 분석은 얼마 후에 오늘날 기업들이 많이 사용하고 있는 SWOT 분석의 형태로 바뀌게 된다. SWOT 분석은 강점 Strengths, 약점 Weaknesses, 기회 Opportunities, 위협 Threats로 구성되어 있다. 정부정책 수립이나 기업전략 수립 시 가장 많이 사용된다. SWOT 분석에 익숙하지 않은 사람들이 SWOT 분석을 하게 되는 경우에 강점과 기회 그리고 약점과 위협의 구분을 명확하게 하지 못하고 두 가지가 혼재하여 작성하는 경우들이 있다. 그림2.1에서 보는 것처럼 강점은 내부 Internal과 긍정 Positive의 결합으로 기업 내부의 요소들 중 기업의 목표 달성에 긍정적으로 공헌하는 요소들을 말한다. 그리고 약점은 기업 내부의 요소들 중 기업의 목표 달성을 방해하는 부정적 요소들이다. 강점과 약점은 기업의 내부적 분석에 의해서 채워진다. 같은 원리로 기회와 위협은 기업 외부의 분석에 의해서 긍정적인 요소는 기회가 되고, 부정적인 요소는 위협이 된다.

	Positive	Negative
Internal Analysis	강 점 Strengths	약 점 Weaknesses
External Analysis	기 회 Opportunities	위 협 Threats

그림 2.1. SWOT분석

　TOWS 분석이 SWOT 분석이 아니고 TOWS 분석인 이유는 표의 상단을 S (Strengths)와 W(Weaknesses)가 차지하지 않고, O(Opportunities)와 T(Threats)가 차지하고 있기 때문이다. 내부분석(S, W)을 앞에 세운 SWOT 분석에 비해서 TOWS 분석은 외부분석(T, O)을 앞에 놓는다. 회사 내부를 살피는 것에 우선해서 외부환경을 먼저 살펴야 한다. 외부환경 분석을 우선시 하는 TOWS 분석은 '어디서 Where 싸워야 쉽게 이길 것인가?'를 먼저 고민하는 입장이다. 다시 말해 기업이 이익을 내기 적합한 시장과 시장 내의 전략적 위치를 먼저 결정하고 포지션에 적합한 내부 역량에 대해 고민하는 것이다. 반면에 내부의 역량 분석을 먼저 하는 SWOT 분석은 '어떻게 How 싸워야 쉽게 이길 것인가?'를 먼저 고민하는 입장이다. 기업이 가지고 있는 강점과 약점에 입각해서 경영 전략을 세우자는 것이다. 경영 전략을 수립할 때 전략적 위치를 먼저 결정할 것인가 아니면 내부 역량에 맞춰 전략을 세울 것인가는 경영 전략을 수립하는 기업의 입장에서는 첫 번째 단추가 된다. 그런 차이 때문에, TOWS 분석을 하는 경우에는 SWOT 분석과는 다르게 요소들을 배치해야 하는 것이다. TOWS 분석을 이용해 여러 상황에 맞는 전략을 수립하게 된다.

- ▲SO 전략 – 시장선점전략 / 공격적 전략. 기회를 최대한 활용하기 위해 강점 사용전략
- ▲ST 전략 – 시장침투전략 / 다각화 전략. 위험을 최소화하기 위해 강점 사용전략
- ▲WO 전략 – 전략적 제휴 / 핵심 역량 집중 전략. 기회를 활용하여 약점 최소화 전략
- ▲WT 전략 – 시장 철수 / 방어 전략. 약점을 최소화하고 위협을 피하는 전략

	External Opportunities(O)	External Threats(T)
Internal Strengths(S)	SO "Maxi-Maxi" Strategy 기회를 최대한 활용하기 위해 강점을 사용하는 전략	ST "Maxi-Mini" Strategy 위협을 최소화하기 위해 강점을 사용하는 전략
Internal Weaknesses(W)	WO "Mini-Maxi" Strategy 기회를 활용하여 약점을 최소화하는 전략	WT "Mini-Mini" Strategy 약점을 최소화하고 위협을 피하는 전략

그림 2.2. TOWS분석

(2) 아이젠하워 매트릭스

미국의 제34대 대통령인 드와이트 아이젠하워에 의해 사용된 아이젠하워 매트릭스는 중요도와 긴급성을 바탕으로 한 의사결정 기법이다. 가로 X축은 좌측에 최대 긴급함 그리고 우측에 최소 긴급함을 나타낸다. 세로 Y축은 아래는 최하 중요함, 위는 최상 중요함을 나타낸다. 중요하고 시급한 작업을 맨 먼저 처리한다. 중요하지만 시급하지 않는 모든 작업에 특정 마감 날짜를 추가한다. 중요하지 않지만 시급한 작업은 가능한 한 많이 위임한다. 중요하지 않고 시급하지 않는 작업은 맨 마지막에 처리한다.

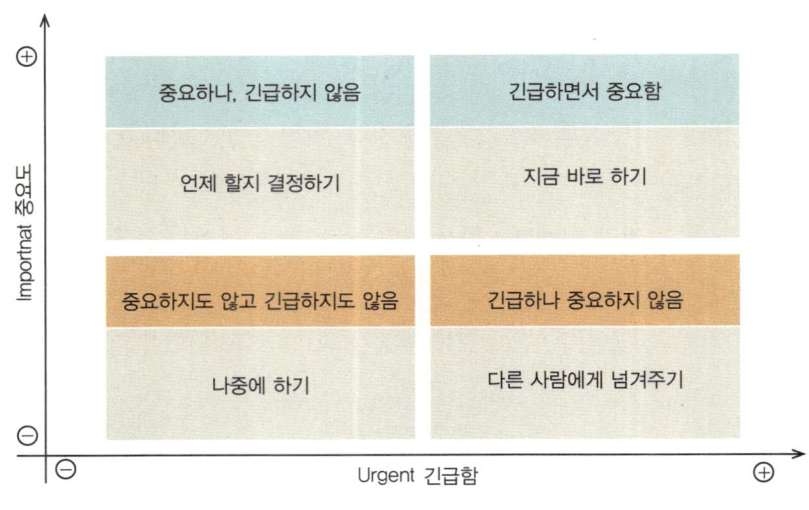

그림 2.3. 아이젠하워 모형

(3) BCG 매트릭스

1970년대 초 보스턴 컨설팅그룹 Boston Consulting Group이 개발한 모델로서 '포트폴리오 기획'이라고 한다. 포트폴리오는 위험의 분산, 손해 최소, 수익 최대정책을 목표로 한다. 이 분석기법은 특정 사업단위의 매출액, 시장 성장률, 사업의 추진에 따른 현금 유입 또는 유출 등의 세 가지 측면에서 전략적 사업단위를 평가한다. 가로 X축은 상대적 시장점유율이고, 세로 Y축은 시장성장률이다. 네 개의 박스는 별 Star, 현금젖소 Cash Cow, 개 Dog, 의문부호 Question Mark로 구분된다. 성공적 진행 방향은 현금젖소→의문부호→별 순서이며, 파멸적 진행방향은 별→의문부호→개→현금 젖소 순서이다.

① 현금젖소: 성장은 느리지만 시장점유율은 높음. 투자에 대한 수요는 크지 않지만 높은 이익과 현금유입을 초래함. 시장의 성장가능성이 낮

기 때문에 시장지위를 유지하기 위한 성장과 팽창을 위해 새로운 투자 재원이 필요하지 않음.

② 별: 성장률과 점유율이 모두 높아 희망이 있음. 그렇지만 성장률이 높을 때는 일반적으로 시장에서 혁신이 계속 일어나고 있는 단계임. 새로운 제품의 개발, 훌륭한 기술진의 확보, 새로운 생산기자재 확충, 시장개척 등 투자가 필요하게 됨.

③ 개: 성장률도 낮고 시장점유율도 낮음. 따라서 장래성도 없고 큰 이익을 올리지 못하는 경우가 일반적임.

④ 의문부호: 시장성장률은 높지만 아직 선두를 달리지 못하는 단계로서 이익을 기대하기 어려움. 장래가 불확실하기 때문에 계속 참여여부를 판단하여야 함.

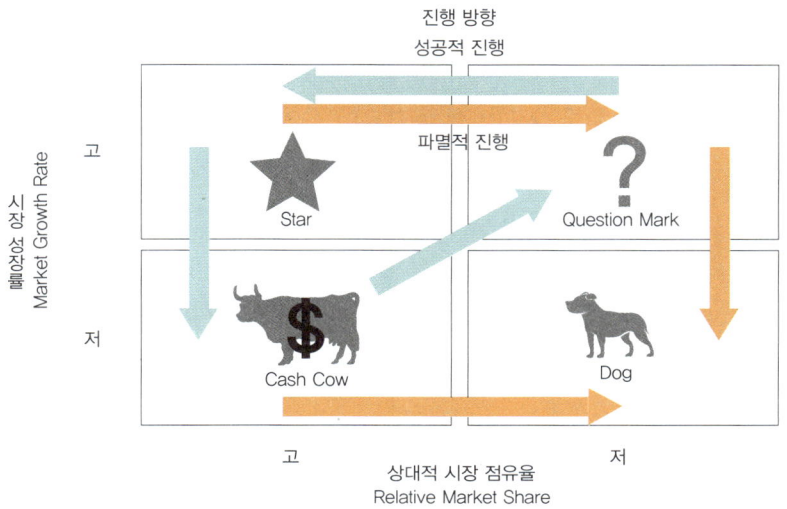

그림 2.4. BCG 매트릭스

(4) GE & 맥킨지 매트릭스

BCG 매트릭스와 유사하게 기업이나 국가전략의 전략적 사업단위에 대한 비즈니스 포트폴리오 분석을 수행하는 모델로 'GE & 맥킨지 매트릭스'가 유용할 수 있다. 1971년 맥킨지 McKinsey의 컨설턴트인 마이크 알렌 Mike Allen이 개발하였다. GE & 맥킨지 매트릭스에서 중요한 것은 '전략적 위치 Strategic Positioning'이다. 전략적 위치는 기업이 사업을 영위할 산업의 성숙도, 경쟁정도 및 기업이 보유하는 현재 및 미래 경쟁력을 종합하여 기업의 현 위치를 총체적으로 조명해주는 잣대이며, 전략방향 도출에 통찰력을 제공한다.

GE & 맥킨지 매트릭스는 BCG 매트릭스와 본질적으로 유사하나 훨씬 더 많은 변수로 측정한다. 매트릭스의 구성 요소는 산업의 매력도(시장규모, 시장성장률, 이익률, 경쟁도, 수요변동 상황, 규모의 경제 등)와 사업 경쟁력 정도(상대적 시장점유율, 가격경쟁력, 품질, 판매효율성, 고객에 관한 정보 등)이다. GE & 맥킨지 매트릭스는 크게 상황평가단계와 전략개발단계의 두 가지 단계를 거친다. ▲산업의 매력도와 사업경쟁력 정도 둘 다가 강한 경우, SBU(전략사업단위) 투자 증대 ▲산업의 매력도와 사업경쟁력 둘 다가 약한 경우, SBU 투자축소 ▲사업의 매력도와 사업경쟁력 정도가 양 극단 사이에 있는 경우, SBU에 대해 선택적 투자와 트레이드 오프. GE & 맥킨지 매트릭스의 전략대안은 크게 여섯 가지이다. ① 유지투자 ② 강화투자 ③ 재건투자 ④ 선택적 투자 ⑤ 투자축소 ⑥ 철수.

BCG 매트릭스의 수익성 초점이 현금흐름임에 반해 GE & 맥킨지 매트릭스는 투자수익률 ROI이다. BCG 매트릭스의 개념적 토대가 경험곡선이론과 제품수명 주기이론임에 반해 GE & 맥킨지 매트릭스의 개념적 토대는 경쟁우위론이다. BCG 매트릭스보다 GE & 맥킨지 매트릭스가 정교하고 보다 세분화된 전략 제시라는 장점이 있는 반면 구성요소 지표에 객관적 자의적 지표가 포함되고 복잡해서 실제적용이 쉽지 않다는 단점이 있다.

	높음	우월한 사업 [성장추구]	우월한 사업 [성장추구]	물음표 [성장추구?]
산업의 매력도	중간	우월한 사업 [성장추구]	평균적 사업 [계속 유지?]	실패한 사업 [철수/매각]
	낮음	수익창출사업 [계속 유지]	실패한 사업 [철수/매각]	실패한 사업 [철수/매각]
		강함	평균	약함

사업경쟁력 정도(경쟁상의 위치)

그림 2.5. GE & 맥킨지 매트릭스

(5) 마이클포터의 경쟁전략 모형

미국 하버드대학교 비즈니스스쿨을 대표하는 석좌교수이자 현대 경영학의 대가 마이클 포터 Michael Porter는 경영전략 분야에서 가장 중요한 인물 중 한 명이다. 경영전략을 연구하거나 기업에서 적용하는 사람들의 대부분이 포터 교수의 이론과 방법을 인용해오고 있기 때문이다. 포터가 제안한 산업구조 분석, 본원적 전략, 가치사슬 등의 개념은 전략분야의 고전이자 핵심주제들이다. 그의 이론은 기업전략에서 출발했지만 글로벌 전략과 국가경쟁력 분야로까지 확장되었다. 그의 책《경쟁전략 Competitive Strategy, 1980》에서 '프렐류드 Prelude기업'의 시장 진입장벽 실패사례가 소개된다.

"'바다가재 업계의 GM'을 목표로 했던 '프렐류드 기업'은 최신장비를 갖춘 고가의 어선으로 구성된 대선단을 꾸렸다. 배의 수리나 도킹시설도 회사 내부에 갖추고 트럭운송 및 레스토랑과의 수직적 통합도 추진했다. 바다가재 업계의 대형화로 시장을 장악하려 했다. 그러나 빈틈이 없어 보였던 이 회사의 진입전략은 영세어민들의 저항으로 심각한 타격을 받게 됐다. 영세어민들은 바다가재의 가격을 극도로 낮추기 시작했다. 고정비와 간접비가 컸던 이 회사와 비교해서 영세어민들은 무엇이든지 자기 손으로 일했고 가족이 먹고 살 수 있으면 충분하다고 생각했다. 때문에 영세어민들이 펼치는 저가격 공세에 대응하지 못했고 프렐류드 기업은 곧 조업정지를 신청하였다. 영세어민들이 자신들의 '방어력'을 최대한 높여서 대기업의 진입을 격퇴시킨 사례다." 포터가 경영자들에게 던지는 화두는 '경쟁'이다. 경쟁을 제대로 이해해야만 기업이나 국가는 제대로 된 전략을 수립할 수 있다. 포터의 이론은 시장진입장벽을 놓고 공격과 방어를 어떻게 효과적으로 하느냐에 따라 비즈니스의 승패가 갈린다는 것이다. 그는 '다섯 가지 경쟁요인 Five Forces'인 ① 신규 참여기업 ② 대체품 ③ 공급자 ④ 구매자 ⑤ 기존경쟁기업으로 현재 위치에서 공격이나 수비를 해낼 수 있는지를 분석했다.

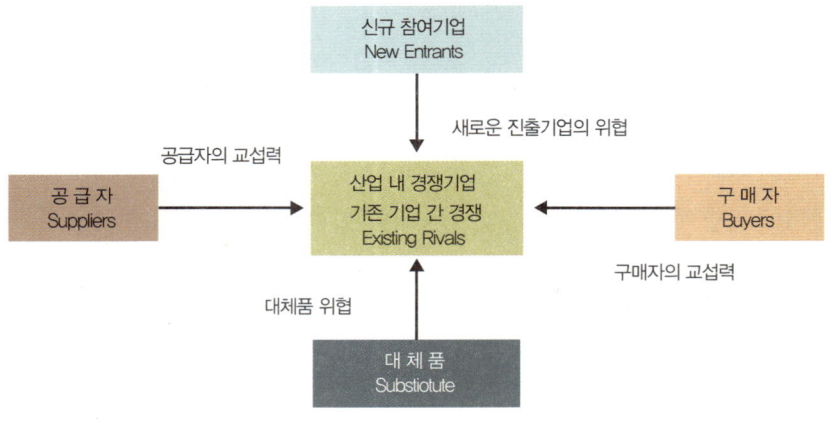

그림 2.6. 마이클 포터의 5 Forces 경쟁요인분석

▲공격할 때의 다섯 가지 전략 - ① '신규진입'이 용이한 환경을 조성한

다. ② '대체품'인 자사제품으로 기존제품을 대체한다. ③ '공급자'와 경쟁업체와의 관계를 무너뜨린다. ④ '구매자'를 자사의 상품으로 끌어 들인다. ⑤ '기존 경쟁기업'이 가진 우위성을 깨뜨린다.

▲방어할 때의 다섯 가지 전략 - ① '신규진입'이 어려운 환경을 조성한다. ② '대체재'가 존재하기 힘든 독창적인 제품을 추구한다. ③ '공급자'와 특별한 관계를 구축한다. ④ '구매자'의 마음이 쉽게 변하지 않도록 만든다. ⑤ '기존 경쟁기업'에 대한 우위성을 유지한다.

마이클 포터는 다섯 가지 경쟁요인에 따라 전략을 세울 때 경쟁회사를 이기기 위한 세 가지 본원적 전략이 있다고 말한다. 포터의 사업단위 의사결정은 두 가지 기본요소인 경쟁시장의 영역과 경쟁우위의 원천에 의해 결정된다. 세 가지 본원적 전략은 ① 원가우위전략 – 효율성 높은 생산설비 구축, 작업자의 숙련도에 의한 비용절감, 원재료 구입개선, 신제품 설계 등 ② 차별화전략 – 제품설계 및 브랜드 이미지 제고, 혁신기술개발, 고객서비스 향상, 광범한 판매망 확대 등 ③ 집중화전략 – 특정제품, 특정지역시장 집중 등이다.

마이클 포터는 저서 《국가 경쟁력 우위 The Competitive Advantage of Nations, 1990》에서 다이아몬드모형을 제시하면서 국가 경쟁력을 결정하는 요인을 알아보기 위해 선진국 8개국과 신흥국 2개국을 실증적으로 연구하였다. 포터는 기존 경제학 이론이 생산요소 등의 한두 가지 요소에 집중하고 있어 현대의 고도화된 산업과 국가 경쟁력을 제대로 설명하고 있지 못하고 있다고 지적하였다. 포터는 다이아몬드 모형의 각 요소들이 나라에서 기업들이 처한 경쟁 환경을 구성하고 경쟁 우위에 설 수 있게 뒷받침해주거나 혹은 경쟁에서 뒤쳐지는 요인으로 작용한다고 보았다. 본 모형에서 경쟁력의 주체는 기업이고 분석 단위는 산업이며, 분석 범위는 국가이다. ▲생산조건 Factor Conditions, 수요조건 Demand Conditions, 연관 산업 Related & Supporting Industries, 경영여건 Firm Strategy, Structure & Rivalry 이라는 4가지 내생변수와 ▲우연한 기회 Chance, 정부 Government라는 2가지 외생변수가 국가경쟁력을 좌우한다고 분석했다.

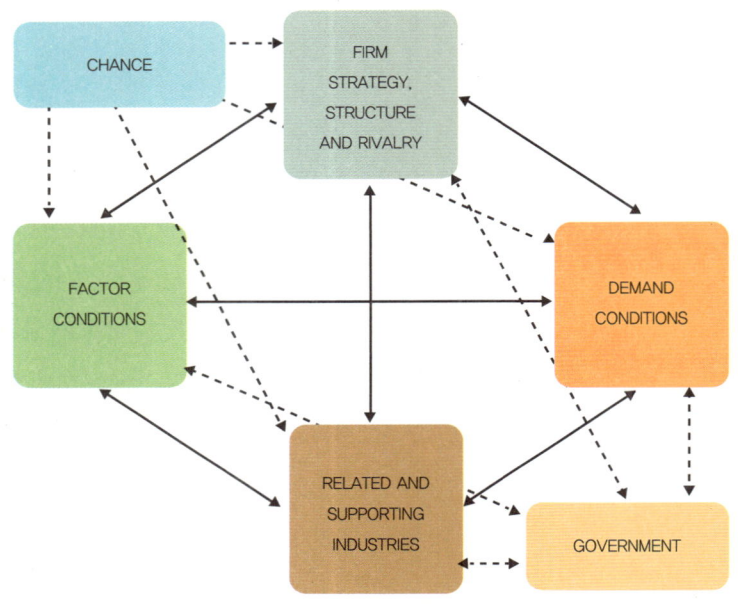

그림 2.7. 마이클 포터의 다이아몬드 모형

포터는 사회적 가치와 경제적 가치를 모두 추구하는 공유가치창출 같은 전략과 관련한 새로운 접근법을 계속 제시하고 있다. 포터가 정의한 "전략이란 트레이드오프 trade-off이며 하지 않을 일을 선택하는 것"이라는 새로운 통찰을 시사했다. 또 포터는 많은 기업들이 수많은 모범사례를 접하지만 똑같이 모방하기 힘든 이유는 수많은 기업 활동 간에 적합성을 맞추기 힘들기 때문이라고 주장한다. 그러나 포터의 다이아몬드 모델은 내수산업의 분석과 내생요소에 너무 치중되어 있어 점점 더 확장되고 있는 기업의 국제적인 경영활동에 대한 반영이 부족하다는 한계점을 가지고 있다. 또한 산업환경에 미치는 정책의 영향력을 고려할 때, 정부의 중요성을 과소평가하였다는 논쟁을 불러일으키기도 하였다.

(6) 앤소프 매트릭스

'전략경영의 아버지'로 불리는 이고르 앤소프 Igor Ansoff 박사가 1957년 하버드 비지니스 리뷰에서 제시한 기업의 네 가지 성장전략 유형이다. 기업이 성장을 위해 기존의 제품과 시장 영역에서 어떠한 방향으로 나아갈지를 결정하기 위한 의사결정 도구로 기업은 이를 통해 다양한 대안에 대한 위험도를 예측 및 비교분석할 수 있다. '제품·시장 성장 매트릭스'라고도 하는 이 앤소프 매트릭스에 따르면 '시장 침투·제품 개발·시장 개발·다각화'까지 네 가지 성장전략 유형이 있다.

① 시장 침투전략 Market Penetration

수익성이 높은 기존 시장의 경쟁사 고객을 공략하여 시장 점유율을 확대하고 기존 고객의 제품 사용률을 증가시켜 기업을 성장시키는 전략. 기존 제품과 시장을 다루기 때문에 가장 안정적인 방법이며 브랜드 리뉴얼 renewal 전략이라고도 한다. 광고 등의 판매촉진을 통해 지금까지 소비자가 인식하지 못했던 기존 상품의 특징을 부각하거나 원가절감, 유통구조 단축 등을 통해 가격 경쟁력을 높여 경쟁사의 고객을 유인하고 시장 점유율을 확대할 수 있다.

② 제품 개발전략 Product Development

기존 시장에 신제품을 개발 및 출시하여 시장 점유율을 확대하는 전략으로 기존 고객에게 신제품을 추가로 판매하는 제품 라인 확장 전략. 고객과의 의사전달이 원활하고 브랜드 충성도가 높은 기업은 상대적으로 기존 시장의 흐름과 소비자의 요구를 파악하기가 쉽기 때문에 매우 효율적인 방법이다. 최근에는 제품수명주기상의 성숙기나 쇠퇴기에 매출이 감소하는 현상을 극복하기 위해 기존 제품을 개량하거나 제품의 새로운 용도를 찾아내어 추가 수요를 창출하는 재순환전략까지 포함하고 있다.

③ **시장 개발전략** New Markets, Market Development

기업이 기존 제품을 새로운 시장에 판매하여 이익을 창출하는 전략으로 판매 지역을 확대하거나 고객층을 다양화하는 전략. 기존 시장에서 매출이 감소할 때 기업 입장에서 신제품 개발이 어려운 상황이라면 기존 제품을 지속적으로 판매할 새로운 시장을 확보해야 한다. 국내 시장을 이미 지배하고 있는 기업은 해외 시장에 진출해 기존 제품에 대한 새로운 수요를 창출할 수 있으며 일반적으로 시장 개발은 해외 시장 진출 전략을 의미한다.

그림 2.8. 앤소프 매트릭스

④ **다각화전략** Diversification

새로운 제품이나 서비스를 개발하여 새로운 고객층에게 판매하고 신 시장을 개척하는 전략. 네 가지 성장전략 유형 중 가장 적극적이고 혁신성도 높지만 그만큼 위험도 가장 크다. 하지만 기업 입장에서는 단일 시장만 집중할 경우 위험 분산이 가능하고 지속적인 성장을 추구할 수 있는 장점이 있다. 다각화를 위한 전략에는 기존 제품과 관련된 상품을 개발하여 신 시장에 출시하는 전략과 기존 제품과 관련이 없는 제품군을 개발하여 신 시장에 판매하는 전략이 있다.

(7) 클레이튼 크리스텐슨의 파괴적 혁신모형

천재 경영학자로 주목받던 클레이튼 크리스텐슨 하버드 경영대학원 교수는 첨단기술의 파괴적 혁신과 신규 시장의 창출을 이론화했다. 지한파인 그는 보스턴 컨설팅그룹에서 1984년까지 컨설턴트 및 여러 프로젝트의 책임자로 일했고 로널드 레이건 전 미국 대통령 재임 시절 백악관에서 정책연구원으로 활동했다. 하버드 경영대학원 석좌 교수로 임용되기 전에는 MIT의 교수 몇 명과 함께 신소재 제조업체인 '세라믹 프로세스 시스템'을 창립했다.

'파괴적 혁신 disruptive innovation'의 전도사 크리스텐슨 교수는 잘 나가는 기업도 한방에 끝장날 수 있으며 새로운 성장 동력은 '파괴 disruption'에서 나온다고 주장한다. 그가 말하는 '파괴적 혁신'은 자원이 적은 소규모 기업이 기존 사업체에 도전하여 성공할 수 있는 프로세스이다. 기존 사업체는 그들의 제품 및 서비스 개선 역량을 특히 가장 까다롭고 수익성이 높은 특정 주류고객에만 주력하게 되고 대다수 일반 수요자들의 요구를 무시하게 된다. 특정 주류고객을 지향하는 경영을 할수록 역설적으로 기업은 파멸로

간다. 이러한 기존시장의 틈새 공간을 신규 시장참가자들이 비슷한 기능의 제품에 더 저렴한 가격으로 시장진입의 발판을 마련할 수 있다. 물론 기존 시장 지배자가 지속적 기술혁신을 하게 되면 신규참여자의 시장 진입은 쉽지 않다. 그러나 신규참여자가 주류 고객들이 필요로 하는 제품 및 서비스를 계속 제공하는 동시에 초기 성공의 장점을 유지한다면 신규참여자가 기존 시장지배자를 이길 수 있다. 주류 고객이 신규 시장참여자의 제품을 대량으로 구입하기 시작하면 기존 지배자의 공급중단이 발생한다. 그는 파괴적 혁신을 위해서는 창조성이 리더의 가장 중요한 자질이라고 한다. 리더는 다섯 가지 기본적인 발견의 힘이 필요하다. 그들은 ① 관련짓는 힘 ② 질문하는 힘 ③ 관찰하는 힘 ④ 네트워크의 힘 ⑤ 실험하는 힘이다. ①은 인지적 기술이지만 ②~⑤는 행동이다. 행동을 바꾸면 창조성을 높일 수 있다는 것이다.

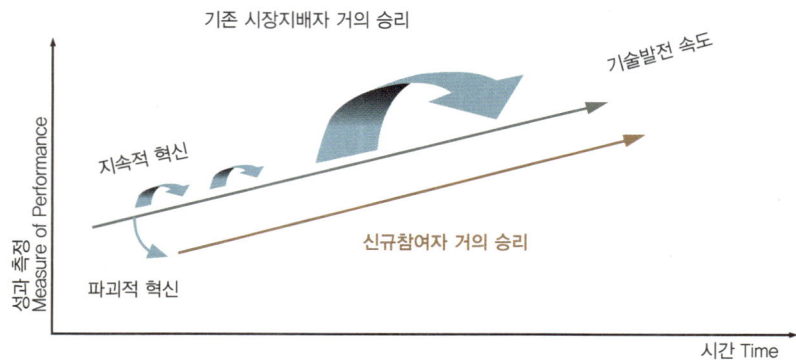

그림 2.9. 클레이튼 크리스텐슨의 파괴적 혁신모형

그는 어떤 조직이 할 수 있는 것과 할 수 없는 것, 즉 핵심역량과 비 핵심역량을 알려면 '자원·프로세스·가치' 세 가지 요소를 확인해야 한다고 했다. ① 자원은 유형 자원(인력, 장비, 기술, 자본 등) 및 무형자원(브랜드, 이해관계자, 정보)이며 ② 프로세스는 상호작용, 조정, 의사소통, 의사결정방식과 가시적 가치사슬 및 비가시적 배경적 프로세스이고 ③ 가치는 직원이 업무 수행 시 우선순위 결정준거기준이다. 조직문화는 프로세스와 가치의 합으로 구성되어 있다. 크리스텐슨 교수는 GE가 최근 실적 부진을 겪으며 기업가치가 크게 하락한 이유 역시 혁신주도성장을 잘못 이해했기 때문이라고 분석한다.[15] 혁신에는 시장창출 혁신, 지속적 혁신, 효율성 혁신의 세 종류가 있다. 잭 웰치가 CEO를 하던 시절, GE캐피탈과 같은 GE의 사업부들은 투자 가치와 주주 가치를 극대화하기 위해 일했으나 성장을 등한시했다. 성장 동력인 최고의 엔지니어들을 해고해버려 다시 활력을 찾기가 쉽지 않을 것 같다. 시장창출 혁신과 지속적 혁신 대신 효율성 혁신 내지 재무적 혁신에 투자한 것이 결과적으로 오늘날 GE를 어렵게 했다. 크리스텐슨 교수는 이를 '번영의 역설 prosperity paradox'이라고 한다.

(8) 롱 테일 모형

'롱 테일 long tail'이라는 용어는 2004년 미국의 인터넷 잡지《와이어드 Wired》의 편집장 크리스 앤더슨 Chris Anderson이 처음 사용하였다. 앤더슨에 따르면 어떤 기업이나 상점이 판매하는 상품을 많이 팔리는 순서대로 가로축에 늘어놓고 각각의 판매량을 세로축에 표시하여 선으로 연결하면 많이 팔리는 몇 개의 히트상품들을 연결한 선은 급경사를 이루며 짧게 이어지지만 적게 팔리는 상품들을 연결한 선은 마치 공룡의 '긴 꼬리 long tail' 처럼 낮지만 길게 이어진다. 소비자들이 인터넷 검색을 통해 스스로 원하는 물건에 접근이 쉬워지면서 이 꼬리 부분에 해당하는 상품들의 총 판매량이 많이 팔리는 인기 상품의 총 판매량을 압도한다는 '롱 테일 long tail 모형'이 등장한 것이다. 앤더슨은 "인터넷 비즈니스에 성공한 기업들 상당수가 20%의 머리 부분이 아니라 80%의 꼬리부분에서 성공했다."고 주장한다. '롱 테일 모형'은 파레토법칙과는 반대로 80%의 '사소한 다수'가 20%의 '핵심 소수'보다 뛰어난 가치를 창출한다는 이론이다. 이 때문에 '역 파레토법칙'이라고도 한다. 많은 어종을 판매하는 수산업의 경우도 롱 테일에 해당하는 어종이 총판매량을 압도하기 때문에 마케팅 전략에서 중요하다. 온라인시장이 오프라인시장보다 성장세가 커지면서 롱 테일 모형의 꼬리 역할은 계속 증대되고 전략적 측면에서 중요시되고 있다.

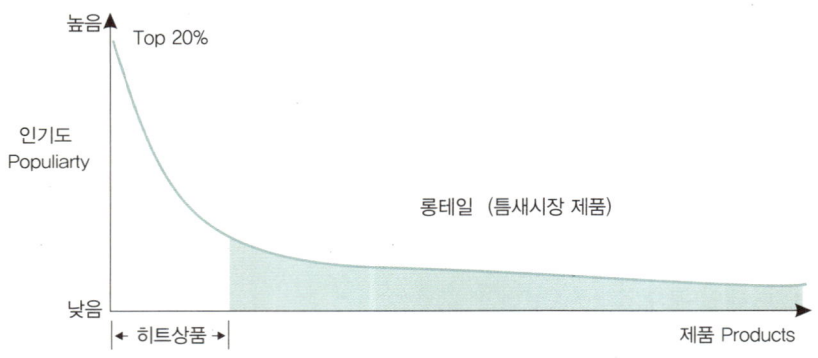

그림 2.10. 롱 테일 모형

(9) 죄수의 딜레마 모형

죄수의 딜레마는 1950년 미국 국방성 소속 RAND연구소의 경제학자 메릴 플로드 Merrill Flood와 멜빈 드레셔 Melvin Dresher의 연구에서 시작됐다. 이들은 사람들의 협력과 갈등에 관한 게임 이론과 관련된 연구실험을 진행했고 서로 협력하는 것이 가장 좋은 상황에서도 서로를 믿지 못해 협력하지 않는 현상을 설명했다. 이후 1992년에 프린스턴 대학교의 수학자 앨버트 터커 Albert W. Tucker가 게임 이론의 예로 유죄 인정에 대한 협상을 벌이는 두 죄수의 상황에 적용하면서 이후 '죄수의 딜레마 Prisoner's Dilemma'라는 이름으로 불리고 있다. 터커 교수의 상황설명이다.

"두 명의 범죄 공범들이 체포되어 왔다. 이 공범들은 각각 독방에 수감되었다. 경찰로서는 두 명의 공범을 기소하기 위한 증거가 부족한 상황이다. 이러한 상황에서 경찰은 이들에게서 자백을 받아 범죄를 입증할 계획을 세우고 각 공범들을 대상으로 신문을 한다. 이때 경찰은 두 공범에게 동일한 제안을 한다. 다른 한 명의 공범에 대해 자백을 하면 자백한 그 사람은 석방하는 반면 다른 공범은 징역 3년을 받게 된다는 것이다. 이는 상대편 공범이 자백을 했을 경우에도 마찬가지이다. 즉, 누구든 자백을 하면 자백을 한 그 사람은 석방되지만 상대편 공범 3년의 징역을 받는다. 그러나 두 공범이 모두 자백을 하면 각각 징역 2년을 받으며 둘 다 자백하지 않고 묵비권을 행사하면 각각 징역 6개월을 받게 된다."[16]

표 2.1. 죄수의 딜레마 상황

구분	공범 B: 묵비권(협조)	공범 B: 자백(배신)
공범A: 묵비권(협조)	공범 A와B: 징역 6개월 선고	공범 A: 징역 3년 선고 공범 B: 석방
공범A: 자백(배신)	공범 A: 석방 공범 B: 징역3년 선고	공범 A와B: 징역 2년 선고

이러한 보수행렬에서는 두 공범 모두 자백하는 것이 '우월전략'이 된다. 그러나 이러한 결과는 그들의 입장에서 볼 때 결코 바람직하지 못하다. 만

약 둘이 입을 맞추어 범행을 부인하면 구형량을 3년에서 6개월로 떨어뜨릴 수 있었는데 그렇게 하지 못한 것을 뜻하기 때문이다. 이 사실을 잘 알면서도 실제로는 두 사람이 모두 범행을 자백하고 말 가능성이 크다는 데 이 게임의 특징이 있다. 죄수의 딜레마 문제에서 이 같은 결론을 도출하는 데 두 가지 조건이 중요다. 하나는 두 공범을 격리시켜 심문하기 때문에 상호 의사전달을 통한 협조가 불가능한 상황이 조성되어 있다. 또 한 가지 중요한 것은 이와 같은 게임이 단 한 번만 행해지는 것으로 상정하고 있다. 만약 이런 게임이 여러 번 행해진다면 상황이 크게 달라진다.

죄수의 딜레마는 이론으로만 존재하는 딜레마 상황으로 그치지 않는다. 개인적으로 또는 사회적으로 이와 유사한 상황은 언제든지 발생할 수 있다. 정치 과학자 로버트 액설로드 Robert Axelrod는 그의 저서 《협력의 진화 The Evolution of Cooperation, 1984》에서 죄수의 딜레마와 같은 상황이 무수히 반복될 때 어떠한 전략이 가장 효과적인지 기술하고 있다. 그는 컴퓨터 프로그램을 통해 처음부터 적대적인 선택을 하는 것 또는 상대방의 배반과 같은 선택을 용서하는 전략, 처음부터 끝까지 자신의 이익만을 위해 선택하는 전략, 상대방을 위한 이타적인 전략 등의 다양한 전략을 포함하여 어떤 방식이 죄수의 딜레마 게임에서 가장 협력적인 결과를 제시할 수 있는지를 실험했다. 200여 회의 반복적인 시행 끝에 가장 효과적인 전략은 단순하게 '눈에는 눈, 이에는 이. 팃포탯 tit-for-tat' 전략이었다. 즉, 이전에 상대방이 했던 선택을 그대로 따라 하는 것이었다. 상대방이 도발하면 자신도 도발로써 응징하고 상대방이 협력하면 역시 협력으로 보답하는 대응방식이었다. 이 프로그램의 첫 번째 명령은 '협력'이었다. 그리고 협력행동이 '멋지고 자극적이며 용서할 줄 아는 규칙을 갖출 때 번성할 수 있다'는 것이 이 실험에서 확인한 메시지였다. 이 실험 결과는 냉전에서도 협력이라는 전략이 유망한 선택이 될 수 있음을 주장했다. 이 실험으로 전략은 장기적으로 시간을 두고 판단해야 한다는 점을 확인했다.[17] 죄수의 딜레마 모형은 어업협정이나 해운협정과 같은 국가 간 협상에서도 자주 등장한다.

(10) 란체스터 법칙

란체스터 법칙은 전투전략이 될 수도 있고, 경영전략이 될 수도 있다. 영국의 항공공학 엔지니어인 란체스터 F. W. Lanchester가 1, 2차 세계대전의 공중전 결과를 분석하면서 무기가 사용되는 확률 전투에서는 전투 당사자의 원래 전력 차이가 결국 전투의 승패는 물론이고 그 전력 격차를 더욱 크게 만든다는 사실을 발견하였다. 즉 성능이 같은 아군 전투기 5대와 적군 전투기 3대가 공중전을 벌인다면 최종적으로 살아남는 아군 전투기는 2대가 아니라 그 차이의 제곱인 4대가 된다는 것이다. 결국 무기의 성능이 같다면 전투력은 전력의 제곱만큼 그 격차가 더 벌어지게 될 것이다. 이러한 확률 전투에서의 힘의 논리, 힘의 격차 관계를 란체스터 법칙이라고 한다. 란체스터의 법칙은 2차 세계대전 당시 연합군의 전략 수립에 커다란 영향을 미친 것으로 알려져 있다. 란체스터 법칙은 '약자의 전략'과 '강자의 전략'에 관한 수리모델이다. 란체스터 제1법칙은 '일대일의 법칙'이고, 란체스터 제2법칙은 '집중효과의 법칙'이다. 수가 적은 약자의 전투방법은 집단 대 집단에서는 수가 적은 쪽이 압도적으로 불리하기 때문에 약자는 싸움을 제1법칙인 일대일 전투로 끌고 간 후 무기의 성능을 높여 승부해야한다. 수가 많은 강자의 전투방법은 수가 많은 쪽이 집단 대 집단으로 싸우게 되면 압도적으로 유리하기 때문에 일대일로 싸우지 말고 약자와 집단으로 싸워서 확실히 승리를 취해야 한다.

경영전략에서의 란체스터 법칙은 특정분야인 '지역·거래처·제품'에서

넘버원이 되는 것을 목표로 한다. 프랑스 나폴레옹 황제와 일본의 도요토미 히데요시는 '전장에서 항상 유리한 지점을 찾아 싸우고 승리했다' 손자병법에도 "10배의 병력이 있으면 적군을 포위하고 5배의 병력이 있으면 정면 공격을 가하며 병력이 열세이면 도망가야 한다."는 말이 있다. 수가 많으면 이기고 적으면 진다는 것은 병법에서 진리 중 하나이다. 란체스터 법칙을 사용해 성공한 기업은 '월마트 Walmart'이다. 월마트는 지방 변두리 지역인 아칸소 주의 뉴포트에서 할인점으로 출발하여 미국을 대표하는 할인기업인 K마트를 무너뜨리고 세계적 기업이 되었다. 월마트의 샘 월튼 Samuel Moore Sam Walton 회장은 지방 소도시지역이지만 첫 단계로 점포수를 늘이면서 점유율을 높였고 다음 단계로 하이테크 IT기술을 도입하여 첨단관리시스템과 물류자동화 시스템을 장착하면서 원가절감과 혁신적 상품공급 시스템 구축으로 경쟁상대인 K마트를 앞질렀다. 지역의 작은 가게나 이제 막 설립한 스타트업에는 대기업의 전략 대신 약자에게 최적화된 전략이 필요하다는 것이 란체스터 경영 법칙의 핵심이다.

제3장
대륙지정학과 해양지정학 그리고 한국의 지정학

1. 핼포드 매킨더의 《심장부이론》과 미국의 봉쇄정책
2. 알프레드 마한의 《Sea Power 이론》
3. 니콜라스 스파이크만의 《림랜드이론》
4. 조선의 지정학 그리고 대한민국의 지정학

한국의 지정학은 시 《Sea Power 이론》과 《심장부 이론》, 그리고 《림랜드이론》을 시대 상황에 따라 선택적으로 또는 복합적으로 응용해야 한다.

제3장 대륙지정학과 해양지정학 그리고 한국의 지정학

1. 핼포드 매킨더의 《심장부이론》과 미국의 봉쇄정책

영국의 핼포드 매킨더 경 Sir Halford John Mackinder(1861~1947) (이하 '매킨더'로 표기)은 지정학 분석의 범위를 전 세계로 넓혔고 유라시아 대륙의 심장부를 차지해야 세계를 지배한다는 《심장부이론》을 1904년 발표했다.[1] 매킨더는 영국의 왕립 지리학회 지리학자이자 정치인으로 레딩 대학교의 초대 교장을 역임했으며 지정학과 전략 지정학 geostrategy의 창시자 중 한 명으로 평가받는 인물이다. 매킨더는 '심장부 heartland'와 '인력 manpower'이라는 용어를 만들어낸 인물이다. 매킨더의 《심장부이론》이 처음 발표됐을 때 지리학계 외부에서는 관심을 거의 보이지 않았지만, 이 이론은 훗날 나치 독일과 냉전시기 미국의 외교정책에 영향을 주었다.[2] 일부 학자들은 그를 역사지리학적 분석에 기초하여 영국 외교 정책의 비전을 제시하고자 한 '유기적 전략가 organic strategist'로 분류한다. 그의 지정학 이론은 패권 경쟁에서 '해양력 Sea Power'의 중요성을 강조한 알프레드 세이어 마한의 이론과 정반대되는 개념을 담고 있었다. 매킨더는 콜럼버스 시대(대략 1492년부터 19세기까지)까지는 해군 전력이 국력의 우열을 가리는 척도였지만 20세기는 육군 전력이 국력의 척도가 될 것으로 전망했다.

《심장부이론》은 심장부에 거대 제국이 건설될 것을 가정하고 이 거대 제국은 해운 없이도 유지될 수 있을 것으로 전망하였다. 매킨더 이론의 기본 개념은 지구를 두 부분으로 획정한다. 먼저 아프리카와 유라시아를 묶어 '세계 섬 World Island'으로 정의하고, '핵심부 Core'라고도 불렀다. '세계 섬'은 '심장부 Heartland'와 '내부 또는 가장자리 초승달 지대 Inner or Marginal Crescent'로 구성된다. 다른 하나는 '주변도서 Peripheral Islands'로 정의하고, 아메리카, 일본, 영국, 호주를 포괄한다. '주변도서'는 다시 영국과 일본을 세계 섬 주변에 붙은 '근해 섬 Offshore Island'으로, 더 멀리 떨어진 아메리카와 호주는 '외딴 섬 Outlying Island'으로 세분했다.

'주변도서'는 '세계 섬'에 비해 훨씬 작을 뿐만 아니라 세계 섬 수준의 기술력을 유지, 활용하기 위해서는 상당량을 해운에 의존해야 한다. 반면 '세계 섬'은 높은 수준의 경제에 충분한 천연 자원을 보유하고 있다. 매킨더는 주변부의 산업 중심지들이 필연적으로 멀리 흩어질 것이라고 상정했다. 세계 섬은 각각의 산업 중심지로 해군 병력을 보내 산업 중심지를 각개 격파할 수 있는 반면 자신의 산업 기반은 내륙 깊숙이 위치시켜 주변부가 이를 쉽게 공략할 수 없도록 할 수 있다. 이 '깊숙한 내륙' 지역을 매킨더는 '심장부 Heartland, 중심축 Pivot Area'으로 지칭했다. 매킨더가 분류한 심장부는 곡창지대를 비롯한 수많은 천연 자원을 보유하고 있는 지역으로 인도, 중국 서부, 러시아의 모스크바 동쪽, 티베트와 몽골의 고원지대, 스칸디나비아반도, 아프가니스탄, 파키스탄 등을 아우르는 광대한 영토지대를 말한다.[3] 매킨더의 지정학 이론을 요약한 유명한 말이다.

"중유럽과 동유럽을 지배하는 자가 심장부를 지배한다. 심장부를 지배하는 자가 세계 섬을 지배한다. 세계 섬을 지배하는 자가 세계를 지배한다."

매킨더의 《심장부이론》은 유라시아 대륙의 심장부를 차지해야 광활하게 인구를 이주시켜 농지를 차지하고, 동서남북 전 방향으로 세력을 팽창하는 데 유리한 전초기지를 확보한다는 발상이었다. 따라서 유라시아로 진입하는 입구인 동유럽을 제패해야한다는 결론이었고 러시아의 지정학 전략이기도 했다. 매킨더의 이론은 두 차례의 세계대전과 냉전기에 걸쳐 유효했다. 실제로 독일과 러시아가 '심장부' 확보를 위해 영토 확장을 추진했기 때문이다. 아울러 매킨더의 심장부이론은 제2차 세계대전 이후 미국과 영국의 서구 해양세력이 역으로 러시아를 봉쇄해야 한다는 지정학 전략의 충고이기도 했다.

미국은 해상 권력과 주변부를 강조한 19세기 알프레드 마한 제독의 통찰을 오랫동안 선호했지만 매킨더의 심장부이론은 미국의 전략에 큰 영향을 주었다. 매킨더의 심장부이론이 발표된 직후인 1910년대부터 40년대는 미국이 유럽을 따라잡고 세계 강대국으로 성장하는 시기였다. 미국은 자신을 거대한 '세계 섬'으로 인식하고 해양세력으로서 유라시아 대륙에로의 개입을 계획함과 동시에 해군력 증강에 집중하기 시작했다. 특히 제2차 세계대전을 거치며 전투함과 항공모함을 엄청나게 생산하여 대양해군을 구축했고 이후 냉전체제로 접어들면서도 세계해양경찰의 역할을 담당하는 해군력을 더욱 확대하였다. 공산국가 소련과 중국을 '악의 축'으로 인식하고 그들의 영향력이 대륙 내에서 퍼져나가는 것을 봉쇄하려고 했다. 미 본토로부터 대서양 측으로는 유럽에 개입하여 나토 NATO를 건설했고 태평양 측으로는 일본-한국-대만-필리핀-괌으로 연결되는 중국 봉쇄망을 구축했다. 이것이 매킨더의 심장부이론에 바탕 한 미국의 '대륙 봉쇄정책'이다.

미국의 즈비그뉴 브레진스키가 그의 저서인 《거대한 체스 판 Grand Chess Board, 2000》에서 '미국의 전략은 유라시아 대륙 내부를 장악하는 패권세력을 불허하는 것'이라고 강조했듯이 유라시아 대륙 해안과 대륙 내부는 철저히 분절됐다. 매킨더가 심장부이론에서 충고한 중심축 지역과 주변 지역을 절연시키라는 지정학 전략의 결과다. 매킨더는 중국이 러시아 영토를 잠식할 가능성을 우려했으며 이 경우 중국은 압도적인 지정학적 패권세력으로 떠오르게 될 것이라고 전망했다. 러시아를 대신하는 중국은 이제 자신들의 경제력과 영향력을 유라시아 대륙 내부로 투사하고 있다. 오늘날 중국의 '일대일로' 정책은 해상 및 육상 실크로드의 복원으로 분절된 유라시아 대륙 내부와 해안의 유기적 관계를 회복하겠다는 것이다. 미국은 이에 대해 전통적인 대륙 봉쇄 정책 강화로 맞서고 있는 것이다.

조지 케넌 George Frost Kennan(1904~2005)은 '봉쇄 정책의 아버지', '냉전의 설계자'로 20세기 전반 미국 외교사와 냉전사를 말할 때 빠뜨릴 수 없는 이름이다. 조지 케넌은 1930~50년대에 소련 주재 외교관 및 모스크바 주재 미국대사였으며 적국의 한가운데에서 '미국의 책사'로 활약한 대표적인 소련 전문가였다. 조지 케넌은 유라시아 대륙 양쪽 끝 일본, 서유럽 반도와 연합한다면 미국에 유리한 세계적 권력 균형을 창출할 수 있을 것이라는 알프레드 마한식 지정학전략을 지지했다. 또 냉전 시절 소련의 팽창주의 노선에 맞서 '봉쇄정책 Containment Policy'을 입안했다. 중앙아시아를 소홀히 하는 미 국방부와 국무부는 지금도 이 노선을 따라 조직되어 있다.[4]

미국 정부는 1946년 2월 주 소련대사관에 소련의 현황과 향후 정세를 분석해 보내라는 훈령을 내렸고, 이 훈령을 받아 당시 주 소련 대사이던 조지 케넌이 훗날《장문의 전문 Long Telegram》으로 알려진 소련 정세 분석 보고서를 2월 말 보냈다. 이 글은 이듬해인 1947년 7월 'X'라는 익명으로 외교평론지《포린 어페어즈 Foreign Affairs》에「소련 국가행위의 근원 The Sources of Soviet Conduct」이라는 제목으로 게재되어 유명하다. 논문 'X'에서 케넌은 "소련은 팽창의 욕구와 대외적인 적개심을 가졌기 때문에 미국은 그것을 봉쇄하고 그 내부변화를 기다려야 한다. 그러기 위해서는 미국의 장기적이며 인내성 있는 그러나 확고하고 조심스러운 봉쇄정책이 필요하다."고 주장하였다. 그리고 이 주장은 결국 전후 미국의 대외정책의 근간을 형성한 '봉쇄정책'의 기본골격을 수립하는 역할을 하게 되었다. 조지 케넌의 봉쇄정책은 1947년 '트루먼 독트린 Truman Doctrine'으로 공식화되었다.

그 다음에 그의 봉쇄정책이 반영된 것이 이른바 '마셜 플랜 Marshall plan'으로 알려져 있는 유럽경제부흥계획(ERP)이다. 그리고 봉쇄정책은 1949년엔 미국과 캐나다, 유럽 10개국의 집단방위기구인 'NATO 북대서양조약기구'가 발족하는 데 기여하였다. 미국은 봉쇄정책을 하나하나 추진하면서 19세기부터 이어온 '먼로 독트린 Monroe Doctrine', 즉 고립주의를 포기하였다. 아이러니컬하게도 조지 케넌은 국무부에서 물러난 뒤로는 오히려 냉전 비판론자로 변모했다. 그는 한국전쟁, 베트남전쟁, 이라크전쟁에 이르기까지 미국 정부의 제국주의적 개입에 비판적인 입장을 취했으며, 핵무기 개발 경쟁에 반대의 목소리를 높여 워싱턴 정가의 주류에서 잊혀져갔다.

'봉쇄 정책의 아버지'로 불리는 조지 케넌의 강연과 논문을 모은 책 《조지 케넌의 미국 외교 50년》에서 그는 한국전쟁의 원인을 언급하였다.[5]

"패전국 일본에 대한 미국의 정책을 결정함에 있어 초기에 가장 큰 영향력을 발휘한 인물인 맥아더 장군은 원래 일본을 영구 비무장 중립국으로 만들려고 했던 것 같다. 일본을 중립화, 비무장화한다는 것은 전후 시대에 이 나라를 미국의 육군이나 해군 기지로 활용하지 않는다는 뜻이었고 이런 해결책은 소련에게 중요한 이점이 되었을 것이기 때문이다. 그러나 1949년 말과 1950년 초에 이르면 워싱턴 (펜타곤, 백악관, 심지어 국무부까지)의 절대 다수는 소련에 의해 꽤 가까운 미래에 3차 세계대전으로 비화할 수 있는 전쟁위험이 존재한다는 결론에 다다른 것처럼 보였다. (중략) 그리고 그 첫 번째 반응으로 미국의 군사·정치 제도권에서는 일본의 비무장화를 좌시할 수 없다는 확고한 정서가 고조됐다. 비무장화와 정반대로 일본과 단독으로 강화조약을 맺어야 할지라도 향후 언제까지고 일본에 군대를 주둔시켜야 한다는 것이었다. 1950년 초에 여러 통로를 통해 이런 견해가 공공연히 표명되었고 그와 동시에 미국은 남한에 주둔한 군대를 크게 축소했다. 그리고 이 모든 조치에 대한 소련의 직접적인 반응은 북한이 남한을 공격하도록 부추기지는 않더라도 허용하는 형태를 띠었다. (중략) 미국은 어쨌든 한국에 큰 관심을 기울이지 않는 것처럼 보였다. 이것이 한국전쟁의 원인이었다."

2. 알프레드 마한의 《Sea Power 이론》

신대륙의 미국은 19세기 말까지는 강력한 해군을 갖추지 못했다. 1890년경 미국 정부가 '이제 미국 내 개척지는 완전히 사라졌다'고 공표했을 때 1776년 독립 이후 한 세기 동안 서부개척을 동력으로 발전해온 미국인들은 불안감을 느끼기 시작했다. 이에 따라 미국은 새로운 개척지의 대상으로 해양개발을 모색하게 되었다. 때맞춰 등장한 인물이 시어도어 루스벨트 Theodore Roosevelt(1858~1919, 미국 제26대 대통령 1901~1909년 재임, 이하 본서에서는 'TR'로 표기)와 알프레드 세이어 마한 Alfred Thayer Mahan(1840~1914)*이다. 전임 매킨리 대통령 저격사건으로 당시 만 43세의 시어도어 루스벨트가 미국 역사상 최연소 대통령으로 취임하게 되었

---

* 한글 번역이 앨프리드 머핸, 앨프레드 매헌 등이 있지만, 본서에서는 '알프레드 마한'으로 표기한다.

다. TR과 알프레드 마한의 만남은 운명적이었다. 그리고 이 두 사람의 만남만큼 세계 해양 판도를 바꾼 지도자와 해양책사의 관계는 찾아보기 힘들다. TR은 어린 시절 세계 일주를 하며 바다에 강한 관심을 가졌다. 1882년에 영미전쟁을 다룬 《1812년의 해전》을 출간하여 명성을 얻은 그는 약관의 나이 20대에 강력한 해군 건설을 내세우며 정치판에 뛰어들었다.

미국해군대학 교장을 역임한 해군 제독 마한은 전략지정학자이자 전쟁사학자로 19세기 미국의 국가전략에서 매우 중요한 인물이다. 강력한 해군 보유국가가 세계적으로 강력한 영향력을 보유한다는 것이 마한의 '해양력 Sea Power' 전략이다. 그는 해양력을 '해상을 통해 각국과 교역할 수 있는 경제능력과 교역로를 보호할 수 있는 힘'이라고 정의했다. 그는 해양력이란 용어를 바다 자체가 어떤 힘이나 권력을 가지고 있는 것처럼 깊은 인상을 주기 위하여 Maritime 이라는 형용사 대신에 Sea Power라는 복합명사를 사용하였다. 마한은 "광의의 해양력이란 무력에 의하여 해양 또는 해양의 일부를 지배하는 해군력 Naval Power 뿐만 아니라, 평화적인 통상과 해운력 Shipping Power를 포함한다."라고 포괄하여 설명하였다. 제해권과 해로는 전쟁을 지배하는 생명선이었고 육군은 강한 해군 봉쇄에 굴복했다고 주장했다. 미국 해군의 《해군 용어사전》에서는 마한의 정의대로 "Sea Power란 해양을 사용하고 통제하며 동시에 적의 해양 사용을 제어하는 국가의 능력이며 해군은 물론 상선대도 포함된다."로 기술하고 있다. 한국의 국방대학교 《안보관계 용어집, 2000》에서는 "해양력이란 국가의 생존과 번영에 불가결하게 필요한 해양이용의 총역량을 말한다."라고 좀 더 광의로 정의하고 있다. 1976년 소련의 전략가인 세르게이 고르쉬코프는 해양력을 해군력과 해운력을 기본으로 하고 해양개발력, 수산생산력이 부가되는 복합개념으로 정의하였다. 홍승용은 저서 《신해양시대 신국부론, 2008》에서

"해양력 Sea Power이란 한 나라의 해양자산 보유 규모와 해양을 개발·보존·이용하는 능력의 정도로서 해양산업능력, 해양환경 제어능력, 해양과학기술력을 의미하며 이를 둘러싼 정부의 해양 거버넌스, 해양외교력, 해양교육력, 해양문화력을 내포한다. 결론적으로 해양력은 국가의 경제적 번영과 정치적 통합은 물론, 국가 간 분쟁의 과정이나 그 결과에 막대한 영향을 미치는 요소 중의 하나이다."라고 정의했다.[6]

마한은 1886년에 해군 대학에서 행한 연설에서 1660년부터 1783년까지 벌어진 7번의 전쟁과 30여 차례 해전을 비교하면서 영국이 대제국으로 발전하게 된 원인인 해양력을 분석하고 무역과 대해군이 필요하다고 주장하였다. 마한 제독은 미국이 강대국이 되려면 '대양해군 육성, 해외 해군기지 확보, 파나마 운하의 건설, 하와이의 미국영토 편입 등 4대 해양책략을 추진해야 한다'고 강조했다. 이 강연은 훗날 해양력과 해군의 성경으로 불리는 《해양력이 역사에 미치는 영향, 1660~1783》으로 출판되었다.[7] Sea Power를 주창한 마한은 Land Power를 주창한 핼포드 매킨더 경의 학문적 선배였고, 니콜라스 스파이크만과 칼 하우스호퍼의 스승이었다.

마한은 해양력이 역사의 진로와 국가번영에 지대한 영향을 미쳤으며, 해양력의 역사는 해양에서 또는 해양에 의해서 국민을 위대하게 하는 모든 것을 포함하는 것이라고 주장하였다. 그의 논리를 요약하면 다음과 같다.

"무역은 국부의 원천이다. 무역은 항만과 해로가 보호되어야 안정될 수 있으며 이는 강력한 해군이 없으면 불가능하다. 바다는 모든 방향으로 통행할 수 있는 거대한 고속도로이다. 강력한 해군은 평시에는 국부를 증진시키며 전시에는 전쟁의 승리를 보장한다."

알프레드 마한은 TR이 해군성 차관 때부터 대통령 재임 시기까지 해양전략참모로서 측근에서 활약했고 마한 제독의 4대 해양책략은 이후 TR에 의해 하나하나 실천됐다.

　미국은 그 당시만 해도 청나라보다도 못한 세계 12위의 해군력을 가지고 있었지만, 1897년 TR은 38세의 나이에 해군성 차관이 되면서 대양해군 육성에 박차를 가했다. 미국은 서부개척 대신 대양으로 새로운 개척정신을 쏟기 시작했다. TR의 해양참모인 마한은 때맞추어 1897년 저서인《해양력에 대한 미국인의 이해 : 현재와 미래 The Interest of American in Sea Power : Present and Future》를 통해 카리브 해 Caribbean Sea를 미국의 세력 범위로 해야 하며 태평양의 제해권을 잡고 극동에서 미국의 입장을 강화해야 한다고 주장하였다. 1989년 스페인과의 전쟁에서 해군이 큰 역할을 하여 승리를 거둔 미국은 동쪽으로는 카리브 해, 서쪽으로는 필리핀을 장악했다. 1893년 태평양 중간에 있는 하와이를 합병했고 2년 후에는 순식간에 세계 5위의 해군 강국으로 성장하였다.

　TR대통령은 대양 해군의 힘으로 콜롬비아로부터 파나마를 독립시켜 파나마 운하를 건설했고 베네수엘라에 대한 영국과 독일의 야심을 저지했다.

　TR의 대함대는 세계 일주를 위해 1907년 12월 출항 후 한 건의 대형사고도 없이 1909년 2월21일 무사 복귀하여 미 해군의 힘을 전 세계에 과시하기도 했다. 미국은 세계 제1차 대전이 끝난 후에도 지상군은 최소규모만 유지했지만, 해군은『워싱턴 해군 군축 조약』에서 영국과 같은 규모를 배정받았을 정도로 강력한 해군을 유지했다. 제2차 세계대전에서 미국 해군은 당시 세계 3위의 일본 해군을 전멸시키면

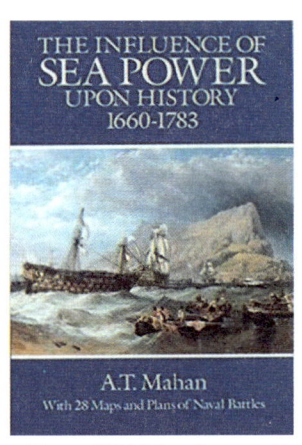

그림 3.1. 마한의《The Influence of Sea Power Upon History 1660-1783》

서 노쇠한 영국 해군을 제치고 세계 바다의 지배자로 등극했다. 특히 항공모함 전단은 그 누구도 따라 갈 수 없는 강력한 무력이었다. 결과적으로 마한의 Sea Power 이론과 주장은 미국의 팽창주의자들에게 태평양으로의 진출을 요구하는 '거대정책'의 이론을 제공했고 그때까지 대서양 국가이던 미국은 태평양 국가, 그것도 가장 강력한 국가가 되었다.

TR 이후 역대 미국 대통령들은 마한 제독의 전략을 계승했고 제2차 세계대전에서 승리하면서 미국은 태평양과 대서양을 양쪽으로 아우르는 세계 패권국가가 됐다. 동시에 수에즈 운하·파나마 운하·말라카 해협 등 전 세계의 중요한 해상 길목을 점유하면서 세계무역과 경제도 통제해 오고 있다. 이처럼 미국이 20세기 초강대국이 된 것은 막강한 해양력 덕분이며 이를 근간으로 미국은 Pax Americana 시대를 열었다. 마한의 해양책략은 전 세계 해군전략에 엄청난 영향을 미쳤다. 특히 미국, 독일, 일본, 영국 등이 그 영향을 많이 받았다. 그 때문에 1890년대 유럽의 해군력 증강 경쟁이 일어났으며 이것은 제1차 세계 대전의 원인 중 하나가 된다. 미국이 유럽의 불간섭을 원한다는 먼로주의를 벗어버리고 태평양으로 본격 진출하겠다는 무력 논리를 기획하고 실행한 것은 마한이었다. 그는 미국의 강한 해양력은 '제2의 거역할 수 없는 운명'이라고 선언했다. 마한의 '해양력 사상'은 지금도 미국 해군 교리 곳곳에 침투해 있다. 미국 해군사관학교에는 그를 기리는 '마한 홀'이 있다.

최근 주목할 것은 마한 제독이 19세기에 주장한 Sea Power 전략을 중국이 21세기에 들어서면서 벤치마킹하고 있다는 점이다. 중국의 해양 전략은 '중화 마하니즘 Chinese Mahanism'이라고 불리기도 한다. 중국은 대양해군 육성에 총력을 기울이고 있다. 중국은 소위 '진주목걸이 전략'을 통해 인도양을 거쳐 아프리카와 유럽으로 갈 수 있는 지역들에 해군기지를 구축하고 있다.* 더욱이 중국은 베트남, 필리핀, 인도네시아 등 주변국가들의 강한 반대에도 불구하고 남중국해에 인공섬을 무려 일곱 개나 건설하였고 자국 영토로 주장하고 있다. '중화 마하니즘'의 결정판은 시진핑 국가주석이 주창하는 '일대일로' 프로젝트이다. 일로(一路)인 해상 실크로드 구축은 말 그대로 바다의 교역로를 확보하는 해양책략이다. 시 주석은 앞으로 일대일로 프로젝트를 적극 추진하고 군사력을 강화해 건군 100주년이 되는 2049년에 중국을 세계 최강국으로 만들겠다고 공언하고 있다.

오바마 대통령의 '아시아 회귀 정책 Pivot to Asia'은 유라시아 대륙의 태평양 연안 봉쇄에 군사력을 강화하겠다는 것이었다. 오바마 대통령의 뒤를 이은 트럼프 대통령의 새로운 아시아 전략은 '자유롭고 개방된 인도·태평양 Indo-Pacific 정책'을 구축하는 것이다. 주목할 점은 트럼프 정부가 중국에 맞서 마한 제독의 Sea Power 전략을 추진한다는 점이다. 마한 제독은 1900년 발간한 저서 《아시아의 문제 The Problem of Asia》에서 대륙세력인 제정 러시아가 군사력을 팽창시켜 해양으로 적극 진출할 경우 미국은 영국·독일·일본 등과 힘을 합쳐 동맹관계를 맺고 이를 저지해야 한다고 강조했다. 마한 제독은 또 앞으로 대륙세력인 중국도 강대국이 될 수 있는 충분한 잠재력이 있는 만큼 경계할 필요가 있다고 지적했다. 트럼프 정부의 핵심전략은 미국·일본·인도·호주와의 동맹을 통해 중국의 해양 진출을 견제·봉쇄하는 것이다. 마한 제독의 전략에서 독일을 인도와 대체한 것이다.

트럼프 정부는 동북아에서 동남아, 호주 및 인도에 이르는 지역을 '인도·태평양'으로 부르고 있다. 트럼프 정부가 '인도·태평양'이라는 명칭을 사용하는 의도는 이 지역이 중국의 '다오롄전략 島鍊戰略 해역'을 훨씬 넘어서

---

* 중국이 투자를 시작한 인도양 항만들을 엮으면 나오는 모양이 마치 목걸이 같아서 생긴 별칭이다.

는 지역이라는 것을 강조하려는 것이다. 미국은 중국과의 세력 균형을 위해 인도를 무장시켜 이 지역에 끌어들이는 새로운 전략이다. 인도 입장에서 중국의 '진주 목걸이' 전략은 명백히 '진주 올가미'로 해석될 수밖에 없고 올가미를 끊고자 하는 대응전략을 세울 수밖에 없게 된 것이다. 이것이 미국·일본·인도·호주 4개국을 서로 연결하는 '다이아몬드 동맹'이다.

마한 제독의 Sea Power전략은 해양강국 일본에도 깊이 자리 잡고 있다. 1905년 5월 쓰시마 해전에서 러시아 함대를 격파했던 도고 헤이하치로 제독은 전쟁 직전에 전략참모인 아키야마 사네유키 중령에게 미국으로 건너가 마한 제독의 해군전략을 배워 오도록 했다. 아키야마는 일본 근대 해군 전술의 설계자로 쓰시마 해전에서 일본의 압승을 도출하는 데 도고 제독의 책사역할을 담당했다. 마한 제독의 책은 일본어로 번역돼 당시 일본 군사·해군 교육기관 및 해상자위대의 교과서로 채택되고 있다. 최근 일본 정부의 외교안보 담당 관리들은 '중화 마하니즘'을 추진하고 있는 중국을 견제하는 방안으로 마한 제독의 전략을 학습하고 활용하는 방안을 모색해왔다.[8] 마한 제독은 이미 1세기 전에 중국의 부상을 예견했고 그의 전략은 21세기에도 여전히 유효하다.

3. 니콜라스 스파이크만의 《림랜드이론》

네덜란드 출신으로 예일대 지리학 교수였던 니콜라스 스파이크만 Nicholas John Spykmkman(1893~1943)은 '봉쇄정책 이론의 대부'이다. 그는 미국 최고의 지정학자로 세계 최고의 문학과 발명품 중 90%가 북위 38도선 북쪽에서 창조되었고, 세계의 위대한 지도자 대부분도 북위 38도선 북쪽에서 태어났다고 주장한 학자였다. 세계적 지정학 전문가인 그는 지리학의 이해 없는 지정학은 불가능하다고 했다. "지리는 한 국가의 정책 형성에서 가장 기본적인 결정 요소를 이룬다. 왜냐하면 지리는 가장 영속적이기 때문이다. 정부와 왕조는 바뀌어도 역사를 통해 영속되는 수많은 투쟁의 근원은 '지리'에 있다." 스파이크만은《해양력 Sea Power이론》을 주창한 미국해군제독인 알프레드 마한과《심장부이론》을 주장한 영국지리학자 핼포드 매킨더 경의 제자이자 비평가였다. 그는 매킨더가 주장한 '세계정치의 통합'과 '세계바다의 통합'에 더하여 '세계항공의 통합'을 포함했다. 해상기동성과 항공기동성의 확보로 인해 새로운 지정학적 구조인 해외제국의 운영을 가능하게 했다고 주장했다. 그는 미국이 설혹 스스로 고립주의를 택하더라도 유라시아 힘의 균형이 결국 미국의 안보에 영향을 끼칠 것이기 때문에 선제적으로 유라시아로 진출할 것을 제안했다. 그에 따라 스파이크만은 매킨더의 이론을 수정했다.

 매킨더는 세계 섬(유라시아), 근해 섬(영국과 일본), 외딴 섬(아메리카, 호주)으로 세계지리를 구분했는데 스파이크만은 심장부(Heartland, 유라시아), 심장부를 둘러 싼 주변부(림랜드Rimland), 원해의 도서 및 대륙(Offshore & Islands)*으로 구분했다. 여기서 스파이크만이 강조한 것은 '주변부 Rimland'이다. 스파이크만은 유라시아의 진출 자체는 당장은 불가능할 것이기 때문에 결국은 강과 바다에 대한 접근성이 높고 인구가 밀집되고 있는 유라시아 해안지대의 중요성이 높아질 것이라 예측했다. 연안주변지대는 심장지대와 변경의 해양 사이의 지역이다. 이 지역은 수륙양용의 완충지대이기에 기본적으로 안보문제에 취약하다. 스파이크만의 '림

---

* 영국, 일본, 아메리카, 호주이며, 매킨더는 Outer or Insular Crescent, 외부 또는 고립된 초승달 지대이다.

랜드 Rimland'는 매킨더가 정의한 '내부 또는 가장자리 초승달지대'보다는 알프레드 마한이 정의한 '분쟁 중이거나 분쟁가능지대'에 가깝다. '림랜드 Rimland'를 차지해야 유라시아의 심장지대를 차지할 수 있다는 것이 스파이크만의 이론이다. 오늘날 동아시아에서 벌어지는 국제정세를 이해하는 데 중요한 이론이다. 따라서 스파이크만은 '유라시아 주변부'를 중시하면서 매킨더이론을 다음과 같이 수정했다.

"유럽의 림랜드를 지배하는 국가가 유라시아를 지배하며 유라시아를 지배하는 국가가 세계의 운명을 지배한다."

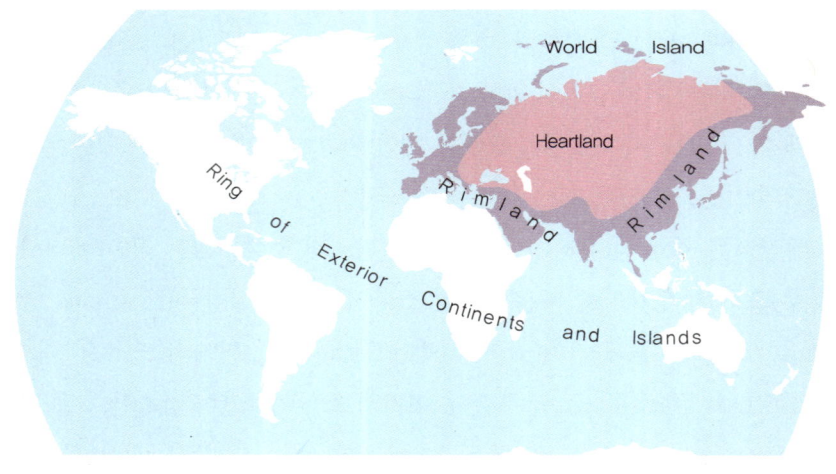

그림 3.2. 스파이크만의 Rimland 모델

스파이크만은 이른바 매킨더의《심장부이론》의 취약점들을 지적하면서 '심장부와 주변부의 결합을 막는 것이 미국의 전략적 목표가 되어야 한다'고 주장했다. 이 논리에 따라 미국은 제2차 세계대전에서 태평양전쟁을 거치면서 하와이-미드웨이-솔로몬제도-마리아나제도-필리핀-타이완·오키

나와-일본열도-제주도-평택항을 잇는 해양 전략선을 70년 넘게 강화해왔다. 바다를 장악한 자가 세계를 장악하기에 앞서 '태평양 림랜드를 장악해야 하는 건 거역할 수 없는 운명'이라는 게 미 해군 전략의 핵심이다.

스파이크만은 영국, 러시아, 미국이 유럽의 림랜드 지배에 중요한 역할을 할 것이며 세계의 핵심세력이 될 것으로 전망했다. 스파이크만은 태평양전쟁에서 일본의 패배를 예측했다. 그 후 중국과 러시아가 아시아에서 패권을 다툴 것으로 예측했으며 미국이 일본 방위를 도와야 할 것으로 분석했다. 미국 아이젠하워 대통령 정권에서 국무장관을 역임한 존 F. 덜레스 John Foster Dulles(재임 1953~1959년)는 제2차 세계대전 후 냉전 시대 때 구사한 미국의 봉쇄전략은 매킨더의《심장부이론》과 스파이크만의《림랜드이론》이 뒷받침 됐다고 했다. 심장부이론을 염두에 두고 볼 때 중국이 인프라 투자를 꾸준히 해온 국가들의 위치와 '다오렌 전략 島鍊戰略'을 이어보면 중국 역시 림랜드를 만리장성처럼 엮는 모양이다.

4. 조선의 지정학 그리고 대한민국의 지정학

'패러독스 paradox'란 모순이자 역설이다. 한 무기 상인이 "내 창(모 矛)은 어떤 방패도 뚫는다. 그리고 내 방패(순 盾)는 어떤 창도 막는다."고 하는 것이 모순이다. '아시아 패러독스 Asia Paradox'는 동북아 지역의 지정학 특수상황을 일컫는 말이다. 동북아 지역의 경제관계는 과거보다 더욱더 밀접한 관계를 형성하고 있지만 반대로 안보관계는 경제관계에 반해 불확실성의 간극이 벌어지고 있다. 동북아 국가들 간에 협력이 잘될 것 같은데 잘 안 되는 상황이 아시아 패러독스이다. 한국경제의 안보적 불확실성을 이유로 한국의 주식이 실제가치보다 낮게 평가되고 위험 프리미엄이 붙는다. 이것이 '코리아 디스카운트'이며 경제정책에서 한반도 지정학이 중요한 이유다. 지정학으로 대별하면 중국·러시아는 대륙국가요, 미국·일본·영국은 해양국가다. 한국은 반도국가로 삼면이 바다로 둘러싸였기 때문에 아시아 대륙뿐만 아니라 동해나 서해로부터 공격받을 수 있다. 한국 역사의 대부분은 중국의 대륙체제와 연결됐고 대륙지정학에 집중해 왔다. 제2차 세계대전 이후 미국의 안보 우산 속에서 민주 시장경제 국가인 한국은 해외의존도가 높은 국제교역으로 해양 지정학이 더욱 중시됐다. 이제 한국은 대륙지정학과 동시에 해양지정학이 중요하다. 최근 세계 G2인 미국과 중국 사이에서 한국은 이러한 이중적 지정학 포지셔닝 때문에 압박을 받을 수밖에 없다.

해양력 Sea Power이 강대국을 만들고 강대국이기에 해양력을 키워야하는 것은 역사의 교훈이다. 강대국들이 에워싸고 있는 반도 국가이기에 우리나라의 생존과 성장을 위해 해양지정학 전략은 무엇이고 어떻게 해야 하나 하는 것은 항상 중요하다. 우리 역사에서 여러 고비가 있었지만 19세기 전 세계가 산업화와 제국주의로 탐욕적 팽창주의를 시도한 조선 말기는 우리 민족의 생존이 백척간두에 처해 있었다. 지금도 한반도가 어려운 상황이지만 조선 말기의 상황이 유사하기에 조선 말기의 지정학 전략을 살펴보기로 하자. 미국의 26대 대통령인 시어도어 루스벨트 TR(재임 1901~1909년)은 해양책략으로 '세계패권구도'를 그리고 있을 때, 우리나라 조선의 26대 왕인 고종(재위 1863~1907년)은 '국가생존전략'을 고민하고 있었다. 당시 조선은 서구 열강의 개방 압박과 함께 이웃국가인 청·일의 종속 압력이라는 이중외압에 당면하고 있었다. 조선은 '내수외양정책*'또는 '국교확대'를

---

* '내수외양 內修外攘정책'은 안으로는 부국강병을 이룩하고, 밖으로는 서양세력을 물리쳐 왕조를 지키려는 정책이다.

통해 위기를 극복하고자 했다. 당시 고종을 섭정한 대원군의 전략은 조선의 왕실과 양반 사대부의 '중화주의 사대주의'를 해체시키는 방향으로 전개되었다. 그러나 대원군의 내수외양정책은 실패했다. '부국책 富國策'이 수반되지 않는 '강병책 强兵策'은 공염불이었기 때문이다. 1873년 대원군의 하야와 고종의 친정은 국교 확대정책을 촉발하였고 일시적이나마 청·일의 내정간섭에도 불구하고 부국강병의 방도를 찾는 기회가 있었다. 그러나 후세에 무능했고 불운했다고 평가받는 고종이 서구 제도와 문물 탐색, 근대화의 역사적 배경과 정책에 관심을 갖고 개혁을 추진하기에는 너무 늦었고 너무 짧았다.

1880년(고종 17년) 일본에 파견된 수신사 김홍집 金弘集은 당시 청국 주일공사관 참찬관 황준헌 黃遵憲이 지은 《조선책략 朝鮮策略》을 기증받아 귀국과 동시에 고종 高宗에게 바쳤다. "지구상에는 더할 나위 없이 큰 나라가 있으니 이를 아라사 俄羅斯(러시아)라고 한다."는 문구로 《조선책략》은 시작한다. 이 책략의 내용 가운데 가장 주목되는 것은 러시아에 대한 방책이다. '친 親 중국, 결 結 일본, 연 聯 미국의 외교 방향'이 조선을 위해서는 '으뜸 上策'이다. 그러나 중국과는 옛 규범에 얽매이고 일본과는 새로운 조약만을 행하고 미국과는 표류 선박 문제나 처리하고 격변이 일어나지 않고 틈이 생기지 않기만을 바라는 것은 '끝 下策'이다. 남을 야만 오랑캐라고 하여 더불어 같이하지 않고 있다가 변이 일어나면 비로소 비굴하게 온전하기를 구하는 것은 '무책 無策'이라고 결론짓고 있다. 중국외교관인 황준헌이 친 親 중국을 크게 거론하는 의도는 조선의 외교 문제를 중국의 지배하에 두려는 것이었다. 특히 러시아의 남침을 방어하기 위해서 미국과 수교할 것을 제시하였다. 미국은 강대·공명·정의의 나라로 조선에 대해서 이 利를 얻을 욕심은 없고 오히려 조선을 이롭게 할 것이라 하여 미국과 수호통상조약을 체결할 것을 권하였다. 나아가서 영국·프랑스·독일·이탈리아 등 여러 나라와 공평한 조약을 체결해 문호를 개방할 것을 역설하였다. 그리하여 산업과 무역의 진흥을 꾀하고 기술을 습득해 부국강병책을 수행해야 한다고 주장하고 그 구체적인 책략을 여러 항목에 걸쳐서 상세하게 제시하였다.

《조선책략》의 내용은 당시 완고한 조선인의 생각보다는 확실히 한걸음 앞선 이론이었다. 그 책의 요지는 서양 국제법 질서에 편입하는 것을 조선 외교정책의 기본 방향으로 삼아야 한다고 제안했다. 그 질서를 뒷받침하는 것이 명분으로는 공법 公法이요 정치 현실로는 균세 均勢라는 것이다. 이런 외교노선이 결정되면 모든 일은 중국과 상의하여 실천에 옮기라는 것이다. 고종은 영의정 이최응에게 《조선책략》에 관해 대신들이 모여 검토할 것을 명하였고 대신들은 이를 수용하자는 결론을 내렸다.[9] 한편, 이 책략의 내용이 일반에게 알려지자 개화혁신에 대해 반발하며 쇄국 보수의 척사론 斥邪論에 젖은 유림측으로부터 맹렬한 반대론이 일어나 각처에서 반대 상소가 답지하였다. 그럼에도 불구하고 이 책은 당시 고종을 비롯한 집권층에게 큰 영향을 주어 1880년대 이후 정부가 주도적으로 개방정책의 추진 및 서구문물을 수용하도록 하는 계기를 마련하였다. 국가가 존속하기 위해서는 부 富와 강 强을 갖추어야 하는데 이를 위해서는 국가 간 통상관계를 맺고 외국과 상호관계를 유지할 필요가 있음을 많은 관료들과 지식인들이 깨닫기 시작했다.

1880년대 후반에는 국제정세와 서구문명의 제도파악을 넘어 서구각국이 부국강병을 이룰 수 있었던 역사적 기반과 사회적 능력에 관심을 두게 되었다.[10] 이에 따라 관료와 지식인들의 관심은 1870~1871년 서양의 보불전쟁을 다룬 《보법전기, 1908년, 보문사》에 대한 학구열로 나타났다. 유길준은 《서유견문, 1895》 서문에서 일본이 서양 여러 나라들과 조약을 맺은 뒤부터 시대적 변화를 살피고 그들의 장점을 취함으로써 30년 동안에 부강을 이루게 되었음을 강조하였다. 김홍집과 홍영식은 각각 1880년 수신사와 1883년 보빙사로 다녀온 뒤에는 일본을 통해 간접적으로 서구 문물을 접하기를 제안하는 한편, 병법에서는 서구로부터 직접 배워야 한다고 주장했다. 그 절정은 고종의 1882년 '개화교서'에 나타났다.

"우리 동방은 바다의 한쪽 구석에 치우쳐 있어서 일찍이 외국과 교섭한 적이 없다. 그러므로 견문이 넓지 못한 채 삼가고 스스로 단속하여 지키면서 500년을 내려왔다. 근년 이래로 대세는 옛날과 판이하게 되었다. 영국·프랑스·미국·러시아와 같은 구미 여러 나라에서는 정교하고 이로운 기계를 새로 만들고 나라를 부강하게 만드는 사업에 최선을 다하여 배나 수레를 타고 지구를 돌아다니며 만국과 조약을 체결하였다. 병력으로 견제하고 공법으로 서로 대치하는 것이 마치 춘추열국시대와 비슷하다. 그러므로 천하에서 홀로 존귀하다는 중화도 오히려 평등한 입장에서 조약을 맺고 척양에 엄격하던 일본도 결국 수호를 맺고 통상을 하고 있으니 까닭 없이 그렇게 하는 것이겠는가? 참으로 형편상 부득이 하기 때문이다." [11]

또한 고종 정부는 부국강병이 교육현장에서 정착될 수 있도록 '만국사(지금의 세계사)' 시험문제를 공문인 훈령형식으로 내려 보냈다. 그 예시는,

"법국(法國, 프랑스)이 무슨 이유로 대란하며 나폴레옹은 무엇 때문에 영웅인가?"

"영국은 무엇 때문에 흥성하여 세계 일등국이 되며 정치 제도가 아국에 비해 어떤지?"

"인도는 무슨 이유로 영국의 속국이 되어 지금까지 자주하지 못하는가?"

"보·법전쟁에서 普國(프로이센)은 어찌해서 승리했으며 법국은 어찌해서 패배했는가?"

"우리 대한은 어떤 정치를 하여야 세계 일등국이 되며 또 구습을 개선하지 않으면 어떤 지경에 이르는가?"

이상 문제는 《태서신사》를 먼저 읽고 답하도록 하였다.[12] 역사의 가정이지만 조선 왕조의 개혁과 개방전략이 30여 년만 앞서 이뤄졌다면? 해양을 통한 통상과 교역에 집중했다면? 대륙지정학 대신 해양지정학을 추진했다면? 미국의 흑선이 동경만 대신 인천만 앞바다에 먼저 나타났다면? 나라를 일본에 빼앗기는 최악의 비극을 막을 수 있었을지 모른다. 또한 21세기 현재 우리의 교육 현장이나 공무원 임용시험이나 기업의 채용시험문제에서 고종 때 출제한 문제를 다시 낸다면 얼마나 잘 대답할 수 있을까 궁금하다.

한국의 개화를 알리는 최초의 신체시가 육당 최남선의 《해에게서 소년에게 From Ocean to Boys》였다는 것은 해양한국 도래의 필연성을 예고한 것 같다. 육당 최남선은 일본 와세다 대학으로 유학 가서 지리학과를 선택했다. 그 이유는 세계뿐 만이 아니라 한국의 명운이 지리학, 바로 '지정학 geopolitics'에 달려 있었기 때문이라 했다. 최남선이 쓴 《한국해양사, 해군, 1955》의 머리글을 요약한다.[13]

"겨레가 환경을 적절하게 이용하면 국가는 번영하여 행복을 누리는 것이오, 그렇지 않으면 불행과 곤액에 울게 되는 것이다. 적절하게 환경에 대하는 것은 무엇인가? 대륙국은 대륙국으로 해양국은 해양국으로 반도국은 반도국으로 다 각각 저의 특질 장단을 발휘하여 그 당연한 복리를 향수하는 것이다. (중략) 바다를 잊어버린 조선이 어떻게 변모하였는가? 첫째 조선민족에게 위대한 기상이 졸아들어 당쟁과 같은 궂은 결과를 가져왔고 둘째 해상활동과 해외무역의 이익을 내어버리고 돌보지 않았기 때문에 국민경제가 빈궁에 빠져 사회문화 모든 것이 그 때문에 발전하지 못했고, 셋째 바다를 동무하여 용장하게 살았어야 할 민족이 바다를 박대하여 위축된 생활을 하였기 때문에 민족정신 및 생활태도가 다 유약해져서 그림자 같은 사람이 되고 말았다. 19세기 지리학자 프리드리히 라첼의 말을 빌려 말하면 '바다는 제 국민발전의 원천' 이거늘 우리는 이 원천을 틀어막고 또 잊어버리고서 당연한 국민발전의 기회를 상실하였다. (중략) 누가 한국을 구원할 자이냐. 한국을 바다에 서는 나라로 일으키는 자가 그일 것이다. 어떻게 한국을 구원하겠느냐. 한국을 바다에 서는 나라로 고쳐 만들기 그것일 것이다. (중략) 일찍이 바다 위에서 유능 유위한 많은 증거를 보인 우리 국민은 금후로도 반드시 이 장단에 큰 춤을 추어서 다 함께 구국의 대업을 이룰 것이다."

육당 최남선이 1954년 한국전쟁의 폐허 속에서 헐벗고 힘든 시절 해양책략의 중요성을 강조한 글이다. 당시 그는 암울한 현실을 딛고 근대화와 산업화의 도래, 무역입국시대, 해양개척시대의 선두가 되는 나라를 소망하였다. 역사적으로 삼국시대나 고려시대에 우리민족이 동북아 바다를 호령하고 지배하던 때도 있었지만, 육당의 지적대로 우리 민족의 비극은 반도민족의 숙명인데도 내륙민족 행세를 하고 바다를 경시했다. 세계사 속에서 강대국들은 일찍이 바다로 진출해 부를 축적하고 무역으로 경제를 발전시켰고 국력개발에 치열한 경쟁을 벌였다.

반면 고려 말부터 우리의 왕들과 지배층은 해금정책과 공도정책에 집착했고 바다에 대한 편견과 오만으로 해양진출의 문을 스스로 닫고 쇄국주의와 자폐주의의 늪에 빠졌다. 바다를 향한 우리민족의 기상은 사라졌고 세계는 2차 산업과 3차 산업으로 지구를 돌고 있는데 우리는 제1차 산업에 안주하고 있었다. 우리의 지략과 책략에서 바다의 장은 사라졌고, 바다를 멀리하는 문화가 자리 잡았다. 어쩌면 문화적 차이라기보다 바다에 대한 '무지함'이 근본적 이유라고 생각된다. 이 '무지함'은 유발 하라리가 말한 동·서양이 부의 역전을 이루게 된 결정적 핵심요소인 '지적 호기심과 바다를 향한 대탐험'이다. 1960년대부터 본격화된 우리의 근대화는 대륙에서 바다로 시선을 옮기고 해양화 전략을 본격적으로 추진하면서 시작됐다.

지정학은 19세기 말 《대륙지정학》의 시조라고 불리는 독일의 프리드리히 라첼 Friedrich Ratzel(1844~1904)에 의해 본격적 연구가 시작됐다. 라첼의 뒤를 이어 요한 셸렌이 등장한다. '지정학 geopolitics'이란 용어를 만들어 낸 이는 라첼의 제자인 스웨덴의 요한 셸렌 Johan Rudolf Kjellen(1864~1922) 교수다. 셸렌의 책 《생존형태로서의 국가 The State as a Living Form, 1916》에서 지정학이란 "지리적인 유기체로서 공간에 자신의 존재를 드러내는 국가에 관한 과학"이라고 정의하고, 지정학의 핵심요소 다섯 가지는 '▲영토 Reich ▲국민 Volk ▲가계 Haushalt와 아우타르키 Autarkie ▲이익사회 Gesellshaft ▲통치 Regierung'라고 했다.[14] 셸렌은 국가의 특성은 ① 위치 Topopolitik ② 영토 Physiopolitik ③ 국가의 모양과 형태 Morphopolitik 등 세 가지로 구성된다고 했다.

셸렌의 주장 중 중요한 것은 '아우타르키 Autarkie'로서, 이것은 한 나라가 자국 영토 내의 생산물만으로 국민의 생활필수물자를 자급할 수 있는 상태이다. 국가는 자급자족하기 위해 자원을 지배해야 한다는 '경제자족론'이다. 그의 이론은 전체주의 국가이념과 상통하여 히틀러의 나치즘에 적용됐다. 제국은 인구가 늘어 자기 땅만으로 자급자족이 안 될 때는 '생존권'을 위해 남의 땅에 쳐들어가 안방을 차지해도 된다는 침략전쟁 논리다.

메이지 유신 이후 일본인들의 정치·경제를 지배한 이론은 바로 요한 셸렌의 지정학이다. 또한 일제에 강한 영향을 준 것은 독일 칼 하우스호퍼(1869~1946)의 《태평양의 지정학》이었다.[15] 그의 논리는 셸렌의 국가생존을 위해 자급자족해야 한다는 '아우타르키'에 대한 이념에서 경제논리보다 정치논리에 좀 더 방점을 두었다. 그는 "국가란 살아 있는 유기체적 조직이고 살아 있는 국가는 성장을 위해 계속 영토를 필요로 한다."고 주장했다. 이 이론이 식민지도 만들고 통합된 하나의 큰 '블록 내셔널리즘'을 만들도록 이론을 제공한 것이다. 일본의 세계대전 참여에 이론을 제공한 책사의 한 사람은 근대 정치가인 고토 신페이 後藤新平이다. 그는 '돈을 남기면 하수요 업적을 남기면 중수며 사람을 남기면 고수다'는 말을 남긴 사람이다. 그는 독일인 지정학자인 에밀 샬크 Emil Schalk(1838~1904)가 쓴《미합중국과 독일이 관련한 제민족의 경쟁》을 읽고 지정학에 관한 영향을 받았다. 그의 '유라시아 블록 지정학전략'은 아시아는 일본, 유럽은 독일, 거기에 러시아까지 끌어들여 강력한 유라시아 세력권을 형성하는 '신구 양 대륙 대치론'을 주장한 것이다. 그래야만 세계를 지배하던 영국 이후에 다시 떠오르는 미국의 해양 세력과 맞설 수 있다는 것이 그의 지정학 이론이었다. 문제는 이 대륙 지정학이 일본과 한국, 중국 등 전 세계의 운명을 갈라지게 만든 셈이다.[16]

우리나라의 지정학 전략은 100년 전이나 지금이나 쉽게 판단할 문제는 아니다. 주변 강대국들에 둘러 싸여 있으면서 남과 북이 갈라져 있는 상황에서 지정학전략을 찾는 것은 더욱 어렵다. 대한민국 초기 어려운 상황에서 무엇보다 중국과 러시아의 전체주의적, 팽창주의적 속성을 꿰뚫고 미국과 동맹을 맺어 대한민국을 대륙지향 국가에서 개방과 개혁의 해양세력으로 문명사적 대전환을 이룩한 것은 이승만 대통령의 혜안이다. 이승만 대통령은 1952년『인접해양의 주권에 대한 대통령선언』을 선포하여 평화선을 설정함으로써 한반도 인접해양의 해양자원 보전의지를 대외적으로 천명하였다. 신생국가 대한민국의 해양지정학 전략을 대외적으로 공표한 것이었다. 반도국가인 한국의 해양으로의 진출을 위해 일본을 디딤돌로 삼겠다는 의지로도 해석할 수 있다. 일본이 대륙지정학의 논리로 한반도를 디딤돌로 생각한 것을 되받아친 지정학 전략일 수도 있다. 미국 전략국제문제연구소 선임 부소장인 마이클 그린 Michael Green은 한국이 취해야 할 지정학전략을 다음과 같이 제언했다.[17]

"다른 많은 분야에서와 마찬가지로 국제 관계에서 한국의 위치는 '지렛목 fulcrum'과 같다. 한국이 추구하는 최적의 상황은 해양 체제와 대륙 체제가 통합되는 것이다. 하지만 지렛목이나 다리에는 위험이 따른다. 양 체제가 한국을 놓고 벌이는 경쟁이 한국에 불리한 결과를 낳을 수도 있기 때문이다. 국제 정치라는 험난한 바다를 헤치고 나아가려면 한국은 자신이 해양국가이자 대륙국가인 반도국가라는 데서 파생되는 지정학적 함의를 인지하고 있어야 한다. 한국은 지금 매킨더와 마한, 이 둘의 지정학적 지혜를 모두 수용해야 할 때다."

요약하면 한국의 지정학 포지셔닝은 마이클 그린의 주장에 더해 헬포드 존 매킨더 경의 《심장부이론》과 알프레드 마한의 《Sea Power 이론》, 니콜라스 스파이크만의 《림랜드이론》의 지혜를 시대상황에 따라 선택적으로 또는 복합적으로 응용해야 할 것이다.

제4장
세계사를 바꾼 대항해·운하·해저터널

1. 향신료 항로가 만든 세계 상업전쟁
2. 세계지정학과 물류를 바꾼 운하와 해저터널

앞선 생각과 앞선 책략이
앞선 문명을 만든다.

제4장 세계사를 바꾼 대항해 · 운하 · 해저터널

1. 향신료 항로가 만든 세계 상업전쟁

앞선 생각과 앞선 책략이 앞선 문명을 만든다. 앞선 생각을 하여 문명의 새 길을 내는 일이 창조이고, 창조의 의지가 발휘되는 일이 바로 창의다. 이미 있는 길을 가는 것이 아니라, 없는 길을 열어서 새로운 흐름을 만든다는 뜻이다. 이리하여 창의적인 인간은 영토를 확장해주는 역할을 한다. 창의적 인간의 도전정신이 탐험정신이다. 탐험정신이 살아있는 문명은 강하다. 어느 한 문명이 다른 문명과 비교했을 때, 압도적인 과학 기술 문명을 가졌다는 것은 그런 과학 기술을 구체화시킬 수 있는 상위의 지식과 이론을 가졌다는 것을 의미한다. 장자는 지적인 상승과 확장은 아는 것을 바탕으로 하여 모르는 곳으로 넘어가려고 발버둥치는 일에서 이루어진다고 했다.

진실의 세계는 '모르는 곳'으로 덤벼드는 무모함과 탐험 정신을 갖춘 사람들에게 문을 열어준다. 이것을 우리는 용기라고 말하며, 문명은 선각자들이 발휘하는 용기의 소산이다.[1] 18세기 조선의 지리학자 신경준의 길, 그것은 길이 아니었다. 그러나 많은 사람들이 그 길을 걸어감으로 인해 그것은 길이 되었다. 갇힌 생각은 갇힌 세계를 조성한다. 새로운 영토를 확장하는 역할은 새로운 세계를 맞닥뜨렸을 때 새로운 적응 방법을 찾아내야만 비로소

가능해진다. 생각·지식·이론은 문명을 확장하고 통제하는 가장 효율적인 무기다. 이런 것들이 세계를 새롭게 열며 앞으로 나아가게 하기 때문이다.[2]

4대 향신료만큼 세계 역사를 바꾼 상품은 없을 것이다. 4대 향신료는 열대식물인 후추 Pepper, 계피 Cinnamon, 정향 Clove, 육두구 Nutmeg이다. 후추의 원산지는 인도 남부 해안이고, 계피는 동남아와 중국 일대에서 나지만 세일론 산을 최고로 친다. 정향과 육두구는 인도네시아 몰루카제도 중에서도 남단에 있는 화산섬으로 이뤄진 반다 Banda 제도의 특산물이다. 4대 향신료는 원산지와 수요처 간에 거리가 멀어 값이 비싸다. 흔히 후추, 계피를 금값에 비유했지만, 정향과 육두구는 그보다 10배 더 비쌌다. 향신료 무역은 고대로부터 인도양의 이슬람 상인이 주도했다. 중세에는 베네치아가 중개무역을 담당하며 약 300여 년간의 번영을 누렸다. 육로로는 낙타를 이용한 카라반에 실어 운송했다. 이렇게 인도, 동남아를 중심으로 향신료를 공급하던 유라시아 대륙의 육로와 해로를 '향신료 길 Spice Roads'라고 불렀다. 12~13세기 기독교권과 이슬람권의 십자군 전쟁으로 향신료 길은 크게 위축되었다. 설상가상으로 1453년 동로마 제국의 수도인 콘스탄티노플리스가 오스만 제국에 의해 함락되자 향신료 가격은 폭등했고, 유럽 각국은 직접 향신료를 구하러 나서게 되었다. 1298년경 발간된 베네치아인 마르코 폴로의 《동방견문록》은 동양을 유토피아로 기술하여 유럽의 왕들과 탐험가들의 호기심을 자극했다. 13~14세기 범선과 항해술의 발달, 중국에서 전래된 나침반이 대항해시대를 열었다.

향신료를 차지하기 위한 유럽열강들의 각축전은 치열했다. 인도네시아의 몰루카제도에 첫 발을 디딘 것은 포르투갈이었다. 지리적으로 유럽 서쪽 끝에 위치한 포르투갈은 이슬람제국의 지배를 오래 받으면서 체득한 해운과 조선 기술에서 다른 유럽 국가들에 앞서 있었다. '항해왕' 엔히크 왕자의 후원으로 먼저 인도 항로를 개척한 포르투갈은 인도의 고아(1510년), 말레이 반도의 말라카(1511년), 세일론(1518년) 등에 상무관을 설치하고, 이를 거점으로 계속 동쪽으로 진출하였다. 1513년에는 중국의 광동, 1543년에는 일본, 1552년에는 마카오로 진출하여 아시아의 상권을 거머쥐었다. 포르투갈에 자극받은 스페인은 페르디난드 마젤란이 남미 최남단을 돌아 세계 일주를 했다. 1520년 3월에 필리핀을 거쳐 몰루카제도에 도착해 포르투갈과 반대로 서쪽을 도는 신항로를 개척했다. 이후 몰루카제도는 포르투갈이, 필리핀은 스페인이 식민지로 삼았다. 포르투갈과 스페인에 의해 향신료무역의 독점권을 상실한 오스만터키제국은 인도양과 나아가서는 북아프리카의 포르투갈 거점을 붕괴시켰다. 이 틈을 이용해 스페인의 힘은 커졌고 1580년 스페인 왕이 포르투갈 왕을 겸하는 병합사태가 1640년까지 이어졌다.

16세기 말에는 유럽 항로를 장악한 네덜란드가 향신료 쟁탈전에 뛰어들었고, 1602년 세계 최초의 주식회사인 동인도회사 **VOC**를 설립했다. 1641년에 네덜란드는 말라카 항을 점령했다. 그러나 네덜란드와 영국의 전쟁에서 네덜란드가 패함으로써 세계강국의 주도권은 영국으로 넘어갔다. 결정적 동기는 네덜란드가 지배하는 암본 섬을 공격했다는 이유로 영국인들을 처형한 '암보이나 사건(1623년)'이었다. 영국은 동인도제도에서 밀려나 인도 공략에 집중했고 이는 인도의 노동력, 면화, 후추는 물론 커피와 아편까지 재배하는 시장을 확보하였다. 그 이후 네덜란드는 제2차 영국-네덜란드 전쟁(1665~1667)의 대가로 육두구 산지인 반다제도의 플라우 룬 섬을 지키는 대신 아메리카 대륙의 뉴 암스테르담(오늘날 뉴욕)을 영국에 넘겼다. 당시 향신료에 네덜란드가 집중한 협상이었지만, 훗날 네덜란드의 역사적 오판으로 해석됐다.[3] 암보이나 사건은 결과적으로 영국을 19세기 '해가 지지 않는 나라'로 만든 전환점이었다.

　기준에 따라서 다를 수 있지만 로빈 한부리 테니슨은 그의 책 《위대한 탐험가들, 2010》에서 역사적으로 위대한 해양탐험가 다섯 명으로 '크리스토퍼 콜럼버스, 바스코 다 가마, 페르디난드 마젤란, 루이 앙투안, 제임스 쿡'을 선정했다. 크리스토퍼 콜럼버스가 서쪽 항로를 연지 5년도 채 지나지 않아서 아프리카를 돌아서 인도로 가는 동쪽 항로는 바스코 다 가마에 의해 처음 열렸다. 역사학자 헤일 J.R.Hale(1923~1999)은 콜럼버스와 다 가마를 비교하면서 다 가마가 아프리카 대륙 연안 항해를 한 것에 비해 콜럼버스는 대양 항해를 했다는 점을 높이 평가했다. 당연히 해도도 없이 망망대해로 나가는 대양 항해는 육지를 가까이 끼고 하는 연안 항해보다 훨씬 위험하다. 헤일은 콜럼버스가 더 위험한데도 수차례에 걸쳐 유럽과 아메리카 대륙을 무사히 왕복했다는 점을 높이 평가했다.[4]

　16세기 초 인류가 세계의 바다를 일주한다는 것은 20세기 후반 인류가 달 착륙을 하는 것보다 어려운 도전이었고 모험이었다. 포르투갈 태생의 스페인 항해가인 페르디난드 마젤란은 인류 최초로 지구를 일주하는 항해의 선단을 이끌었던 지휘자이다. 그는 마젤란 해협에 이름을 남겼고 태평양, 필리핀, 마리아나제도 등을 명명하였다. 마젤란에 대한 주요 업적은 본서의 '제7장 천하의 바다를 양분한 포르투갈과 스페인'에서 보다 상세히 언급하기로 한다. 유럽에서 대양 항해에 추측항법과 함께 천측항법이 본격적으로 병용된 것은 마젤란의 지구 일주 항해 때부터였다. 마젤란은 그 자신이 천측항법을 공부했으며, 전문 천측 항법사를 선원으로 뽑아 자신의 지구 일주 항해에 데리고 갔다.[5] 마젤란의 세계 일주 항해에 의해 지구는 정말 둥글다는 것이 일단 증명된 후 지도 제작은 급격히 발전하였고 지도상의 빈 공간을 채워 넣을 수 있게 되었다. 오스트레일리아는 그 후 100년 동안 발견되지 않았고 폴리네시아는 더 오랜 기간 발견되지 않았지만 점차 멀리 떨어져 있던 섬의 외딴 사회도 하나씩 발견되면서 이들 사회의 전통적인 생활방식이 유럽탐험가들로 인해 깨어지는 경우가 허다했다.

세계 최대 거리 항해자인 영국의 제임스 쿡 James Cook(1728~1779)은 최고의 탐험자이자 항해사, 지도제작가였다. 탁월한 항해 기술 덕분에 그가 이끄는 탐험대는 극동 지역과 태평양 지역을 남쪽 끝에서부터 북쪽 끝까지 탐험하여 영국의 식민지 개척에 크게 이바지하였다. 그가 항해한 거리는 지구에서 달사이의 거리에 육박할 정도였다. 1768년 제1회 탐험 때는 호주 동안을 방문한 후 호주를 영국령으로 선언하고, 1772년부터 제2회 탐험 때는 남극대륙을 돌아 뉴칼레도니아를 발견했다. 1776년부터의 제3회 탐험 때는 북미대륙 서안, 알라스카, 이스타 섬 등에 족적을 남겼고, 1778년에 하와이에 갔다가 1779년 죽음을 당하였다. 소위 대항해시대의 끝을 장식한 인물로 쿡의 탐험을 전후하여 세계의 거의 모든 지역이 유럽인에게 알려지게 되었다. 이후 탐험과 모험의 시대는 막을 내리고 식민주의와 제국주의의 시대가 본격적으로 전개되기 시작한다.

부갱빌 백작 루이 앙투안 Louis-Antoine, Comte de Bougainville(1729~1811)은 프랑스인 최초로 지구를 일주한 사람이었고, 지구를 일주하는 동안 여자 과학자를 데리고 다닌 최초의 사람이었다. 이 무렵 세계의 바다는 대부분 지도에 그려졌지만 대륙의 넓은 지역이 아직 알려지지 않았고 탐험되지 않은 상태로 남아 있었다.[6] 마젤란에 이어 두 번째로 세계를 일주 항행한 탐험가는 영국인 프랜시스 드레이크 Francis Drake다. 그는 1577년에는 해상무역을 파괴하기 위하여 개인적으로 사략선단을 인솔하고 태평양 해안의 식민시를 공략하면서 인도양과 희망봉을 거쳐 1580년 11월에 돌아왔다. 네덜란드 항해자는 1642~1643년 호주 태즈메이니아 섬과 뉴질랜드

뉴기니 섬을 탐험한 아벌 얀손 타스만 Abel Janszoon Tasman(1603~1659)이다.

  대항해시대는 인류의 역사에 많은 변화와 혁명을 초래하였다. 첫째, 유럽 세계를 번영하게 하는 중심해역이 지중해에서 대서양과 인도양으로 움직였고 중심국가도 지중해 국가에서 대서양과 인도양 국가까지 확대되었다. 둘째, 대항해시대에는 그전까지 유라시아의 서쪽 변경에 위치해 있던 미개발지 대서양이 향료, 설탕, 커피, 노예사업을 토대로 개발되면서 자본주의라는 새로운 경제의 틀이 탄생되었다. 셋째, 광대한 해외시장과 다량의 값싼 원료공급으로 '상업혁명'이 발생했으며, 그로 인해 '가격혁명'과 '화폐혁명' 나아가 '사회혁명'과 '정치혁명'이 발생하였다. 넷째, 대양 장거리 항해에 적합한 선박과 항해기술이 발전되었고, 해도와 나침반, 항법기술 등 과학기술지식이 축적되고 확산되었다. 다섯째, 동양과 서양의 문화와 문명이 서로 영향을 주었으며 인적·물적 교류가 전 세계적으로 이루어짐으로써 인류의 경제활동이 지역 local에서 세계 global로 확대되었다. 여섯째, 상업과 식민지를 위한 열강들의 제국주의 쟁탈전이 시작되었다. 일곱째, 유럽의 서세동점 西勢東漸으로 유럽 이외 지역은 식민화가 이루어져 주민들이 노예 전락, 굴욕적 상품거래 조건 강요 등 많은 어려움을 겪기 시작하였다. 여덟째, 유럽 우월주의 및 유럽중심주의 사고, 크리스트교와 생활문화가 세계적으로 널리 퍼졌다. 끝으로 대항해 벤처사업으로 입신출세 또는 부귀영화에 대한 중산층의 도전이 고양되는 긍정효과와 동시에 거품경제와 허망한 꿈에 투기하는 부정적 측면이 공존했다.

2. 세계지정학과 물류를 바꾼 운하와 해저터널

운하 Canal는 대륙을 끊어 육지에 뱃길을 여는 것이다. 해저터널 Tunnel 은 대륙과 대륙을 해저로 연결하는 것이다. 비행기가 발명되지 않았던 때에는 대륙에서 대륙으로 가려면 바닷길이 유일한 교통수단이었다. 특히 대량 화물을 운반할 때는 바닷길이 주요한 수단이었다. 운하가 없을 때는 희망봉이나 마젤란 해협으로 돌아 다녔지만 전쟁이나 물류 비즈니스에서는 '시간이 금'이기 때문에 대륙의 잘록한 부분을 찾기 시작했다. 바로 대륙을 관통하는 첩경 뱃길을 뚫었는데 이러한 뱃길을 국제 운하 또는 국제 수로라고 한다. 공해와 공해를 연결하는 이러한 '국제운하 International Canal'로는 수에즈 운하, 파나마 운하, 킬 운하 등이 있다. 보통 내륙운하는 강과 강을 연결하는 운하로 한 나라의 영역 내에 있지만, 국제 운하는 국제조약에 의해 모든 외국 선박에게 개방되어 있다. 수에즈 운하는 1888년 체결된 콘스탄티노플조약에 의해, 파나마 운하는 1901년 체결된 영·미 간 조약에 의하여 국제화되었다. 킬 운하도 1919년 베르사유 조약에 의해서 국제화가 인정되었으나 1936년 독일에 의해 폐기되었다. 수에즈 운하와 파나마 운하는 평시나 전시에도 통항의 자유가 있으며 전시에는 운하의 중립화를 인정하고 있다. 수에즈 운하는 연안국이 교전국일 때도 통항의 자유를 저해해서는 안 된다는 제한 규정이 있으나 파나마 운하에는 없다. 또한 운하의 양쪽 출입항으로부터 4.8km 이내의 구역에서는 어떠한 적대 행위도 금지되어 있으며 시설물은 일체 불가침 구역이다.

운하 Canal는 국가와 도시의 운명을 바꾼다. 새 운하가 열리면 지역은 물론 세계시장의 공급과 수요사슬 망이 변화될 수밖에 없다. 운하는 강대국의 야심과 개도국의 정략이 만난다. 남아프리카공화국 케이프타운이 하나의 예다. 아프리카 남단의 케이프타운은 수에즈 운하가 건설되기 전 200여 년 간 유럽에서 인도와 아시아로 가는 유일한 항로의 꼭지 점에 위치하여 무역항으로 크게 융성했다. 그러나 1869년 수에즈 운하가 뚫리며 점차 물동량이 줄어 지금은 관광지로 명맥을 이어가고 있다. 북해와 발트 해의 해군 기지를 덴마크를 빙 돌아가지 않고 연결하려는 독일 제국 해군의 관심과 상업계의 요구로 1895년 빌헬름 2세 황제에 의해 개통된 독일의 킬 운하 Kiel Canal는 운송 시간 단축뿐만 아니라 매우 위험한 바다 폭풍도 피할 수 있게 하였지만 덴마크 경제에도 적잖은 영향을 미쳤다. 수에즈 운하는 프랑스의 천재 외교관 페르디낭 드 레셉스의 외교력과 추진력으로 개통된 후 영국과 공동 소유해 왔고 1956년 이집트가 국영화를 선언함에 따라 중동전쟁을 촉발시키기도 했다. 수에즈 운하는 지중해에서 인도양과 태평양으로 직결되는 해운혁명을 초래했다. 세계전쟁의 승패를 좌우하기도 했는데 1904년 러일전쟁에서 러시아가 패배한 원인 중 하나는 러시아 함대가 영국의 봉쇄로 수에즈 운하를 통과할 수 없게 되자 아프리카 남단까지 우회하여 결국 7개월여 만에 대한해협(일본은 쓰시마 해협 호칭)에 도착했다. 시간과의 싸움에서 러시아가 진 것이다.

경제의 세계화와 지역협력이 급속히 발전하면서 국가 간 교통인프라 구축이 증대되고 있다. 특히 토목건축기술이 발전함에 따라 바다로 단절된 지역을 연결하는 해저터널 Tunnel 건설은 세계적으로 확산되고 있다. 해저터널은 교량에 비해서는 긴 거리를 이을 수 있고 해운에 비해서는 운송시간이 상대적으로 짧고 날씨의 영향을 받지 않는 장점이 있다. 반면 건설, 유지보수, 안전성 확보를 위해 막대한 비용이 든다는 단점이 있다. 특히 국가 간 인프라 연결이라는 측면에서 기술적 문제나 재정적 문제보다 정치적 갈등해소가 더 어렵다. 대륙과 섬을 연결하는 해저터널로는 영·불 해저터널이 있다. 한·일 해저터널, 대만해협 해저터널, 미주대륙과 유라시아대륙을 연결하는 베링 해 해저터널, 그리고 유럽과 아프리카를 연결하는 지브롤터 해저터널 등은 구상 단계다.

1) 드 레셉스의 《수에즈 운하 책략》

수에즈 운하는 지중해와 홍해, 인도양을 연결하며 아시아와 아프리카 두 대륙의 경계를 이루는 수에즈 지협에 굴착된 세계 최대의 해양운하이다. 유라시아의 해상실크로드를 연결하고 거리를 단축하는 데 있어 매우 중요하다. 운하의 항구는 홍해 쪽이 수에즈이며 지중해 쪽은 포트사이드 Port Said(아랍어로는 '부르사이드')이다.

그림 4.1. 페르디낭 드 레셉스 (1805~1894)

수에즈 운하의 길이는 지중해의 포트사이드로부터 남쪽 수에즈만까지 193㎞이다. 연간 통과 선박 수는 개통 당시인 1869년 10척에 불과했지만 1978년에는 2만 척을 돌파했고, 2008년 2만 1415척으로 최고를 기록했다. 1955년에는 유럽의 석유의 3분의 2, 세계무역의 8%가 이 운하를 통항했으며, 2018년에는 88개국의 국적선 18,174척의 선박이 11억 3천 9백만 톤의 화물을 싣고 통항했다.[7]

이집트에는 '모두가 시간을 두려워하지만 피라미드만이 세월을 비웃는다'는 속담이 있다. 기원전 2500년경 건축되어 5천 년이 지난 지금까지 나일강변에서 그 위용을 떨치고 있는 피라미드를 찬양하는 말이다. 그 속담은 수에즈 운하를 건설하려는 장구한 역사에도 적용되는 것 같다. 고대 이집트 때부터 많은 사람들이 항로를 단축하기 위해 지중해와 홍해를 운하로 잇는 상상과 시도를 해보았으나 기술의 부족과 정치적인 이유로 실행에 옮기지 못했다. 고대 최초의 운하를 건설하려는 최초의 시도는 BC 19세기 이집트 파라오 왕조 제12왕조의 세누스레트 3세부터 시작된 것으로 알려져 있다. 그리스의 역사가 헤로도토스의 기록에 따르면 BC 600년에 이집트의 파라오 네카우 Nekau 2세의 계획이 있었고, 그 후 BC 5세기경에는 이집트를 정복한 페르시아 왕인 다리우스 Darius 1세가 홍해와 '대 염 호수 Great Bitter Lake'를 거쳐 나일 강 남동부의 부바스티스 Bubastis와 연결했다. 헤로도토스는 이집트의 프톨레미 Ptolemy 2세가 BC 250년경 운하를 정비했다고 기록하고 있다. 이후 아바스조 칼리프 알 만수르 al-Mansur가 AD 767년 델타 지역으로 침입하는 반란군을 막기 위해 운하를 폐쇄할 때까지 약 1000년간 파괴와 보수가 반복되었다고 전해진다.[8]

대항해시대에 접어든 16세기에 지중해 연안에서 베네치아 상인들은 수에즈 지협에 운하를 파서 포르투갈이나 스페인의 해상 패권에 대응하려고 했다. 17~18세기에는 프랑스의 루이 14세와 독일 황제 라이프니츠가 수에즈 운하를 만들어 네덜란드나 영국의 아시아 무역을 억제하려 했으나 토목기술 부족으로 성사되지 못했다. 나폴레옹도 영국의 인도 무역에 타격을 주기 위해 홍해와 지중해를 연결한 통상로를 개척하려고 하였지만 영국 넬슨 제독에게 나일 해전(1798. 8. 1.~2.)에서 패배함과 동시에 수석 엔지니어의 계산 착오로 포기되었다. 이런 상황에서 근대에 들어선 1846년에는 프랑스 생-시몽주의자 Saint-Simoniens (공상적 사회주의자)들의 주도로 프랑스와 영국 · 오스트리아의 지식인들이 참여한 이른바 '수에즈 운하연구협회'가 결성되었고 국제기업에 의한 운하 개설 계획이 세워졌으나 이 시도 역시 영국의 자국 이익에 배치된다는 구실로 중단되었다.

수에즈 운하 건설의 일등 주역은 프랑스 외교관 '페르디낭 드 레셉스 Ferdinand Marie de Lesseps'(1805~1894)(이하 '드 레셉스'로 표기)이다. 외교관인 드 레셉스는 토목 엔지니어로서 정식 교육을 받지 않았지만 젊었을 때부터 운하 건설에 대한 집념이 특별했다.* 드 레셉스는 대단한 해양책략가였다. 그가 사막을 가로질러 홍해와 지중해를 연결하는 운하를 건설하자고 했을 때 많은 외교관들과 언론은 반대하고 조롱했다. 그들에게 드 레셉스의 계획은 한마디로 무모하고 황당하다는 것이었다. 그럼에도 불구하고 그가 역사적 사업을 성공할 수 있었던 것은 ▲수에즈 운하 건설을 위한 타당성 연구·조사 ▲기술적 확신 ▲강력한 의지와 불굴의 자세 그리고 ▲가장 중요한 것은 인맥과 행운이 있었기 때문이었다. 드 레셉스는 스페인 마드리드에서 젊은 외교관 시절 그때는 아직 어렸지만 훗날 나폴레옹 3세의 황후(황후 재위 1853~1857년)가 될 외제니 드 몽티조 Empress Eugüunie de Montijo와 잘 아는 사이가 되었다. 한국은 '인맥', 중국은 '콴시 關係'가 중요하지만 수에즈 운하 건설에서도 이것이 중요하게 작용했다. 또한 그는 이집트의 알렉산드리아 영사관에 근무하면서 돋보이는 용기와 깨끗한 기사도 정신, 세련되고 품위 있는 언행들로 이집트 총독인 무함마드 알리를 매료시켰다. 연로해진 무함마드 알리는 다른 무엇보다도 신장이 너무 작고 몸은 지나치게 뚱뚱한 어린 왕자 사이드 파샤 때문에 걱정이 많았다. 그래서 그는 드 레셉스에게 아들의 신체를 단련시키는 특별훈련을 부탁했다. 총독의 부탁을 받은 레셉스는 사이드 왕자에게 그야말로 가혹할 정도의 훈련을 시켰다. 이 훈련은 예상외로 성공적이었고 두 사람은 매우 절친한 사이가 되었다.[9]

  좋은 제자가 훌륭한 스승과 앞선 생각을 하는 부친을 잘 만나면 역사를 바꾼다. 알렉산더 대왕이 그러한 사례로 그는 최고의 스승인 아리스토텔레스와 혜안을 지닌 부왕 필리포스 2세를 만나면서 세계사에 한 장을 남겼다.

---

* 페르디낭 드 레셉스는 1888년에 파나마 운하도 계획하였으나 재정 및 정치적 곤란으로 포기하였고, 파나마 운하 사업은 그 후 미국 정부가 이어받아 완성하였다.

드 레셉스는 자신의 승마제자이자 이집트의 총독이 된 무함마드 사이드 파샤 Mohammed Sa'id Pasha(재위 1854~1863년)에게 지중해와 홍해를 잇는 수에즈 운하를 건설하면 장차 이집트에 많은 경제적 이익을 가져다줄 것이라고 제안했고 총독이 이를 수용함으로써 운하건설은 시작되었다. 1854년 이집트 총독 무함마드 파샤는 프랑스인 페르디낭 드 레셉스에게 운하개설 특허권과 수에즈 지협 조차권을 양도했으며, 1856년 이집트의 종주국인 오스만 제국도 이를 승인하였다. 당시 프랑스는 나폴레옹 3세가 집권 했던 시기(1852~1870년)로 프랑스 상선과 해군이 세계 2위 규모로 성장했던 시점이기도 하다. 드 레셉스는 나폴레옹 3세의 황후 드 몽티조에게 수에즈 운하건설에 필요한 기금과 재원을 후원해줄 것을 요청했다. 드 레셉스가 스페인에서 맺었던 인연이 중요하게 작용하는 순간이었다. 황후는 외교적 지원은 물론 재정적 지원을 아끼지 않았다. 마치 콜럼버스의 신대륙 탐험사업에 적극 후원을 한 이사벨 여왕의 사례와 유사하다.

드 레셉스는 2억 프랑(800만 파운드)의 자본금으로 1858년에 '만국 수에즈 해양운하회사 Compagnie Universelle du Canal Maritime de Suez'를 이집트 법인으로 설립하였다. 자본금 중 20만 7천 주는 프랑스가, 17만 7천 주는 이집트가 소유하게 되었다. 수에즈 운하 공사는 1859년 4월에 시작해 10년 만인 1869년 11월 17일까지 1억 달러의 건설비를 투입하여 세계 최대의 운하가 개통되었다. 이렇게 한 프랑스 외교관의 집념과 추진력에 의해 인도양에서 지중해와 대서양으로 가는 최단 항로가 탄생되었다. 하지만 운하건설이 무리하게 진행되면서 이집트 정부는 재정 위기에 몰리게 되었다. 막대한 예산 투입으로 재정이 파산 지경에 이른 이집트 정부는 국가 소유의 수에즈 운하회사 주식 지분을 영국에 매각했다. 운하건설과 자본조달의 고생은 프랑스와 이집트가 하고 호시탐탐 지켜보던 영국이 유대인 자본을 앞세워 막판에 삼켜먹은 것이다. 드 레셉스의 수에즈 운하 책략이 벤저민 디즈레일리의 수에즈 운하 책략으로 바뀐 것이다. 당시 빅토리아 번영시대를 이끌던 영국수상 '벤저민 디즈레일리 Benjamin Disraeli'(1804~1881, 수상 재임기간은 두 차례로 1869년과 1874~ 1880년임)는 1875년 유대계 금융자본 로스차일드로부터 4백만 파운드의 자금을 빌려 매입을 결정한다. 당초에는 수에즈 운하 건설에 반대 입장이었던 영국이 제국주의 금융전략으로 힘을 발휘한 사례이다. 수에즈 운하 없이는 이집트 진출도 해가 지지 않는 대영 제국 건설도 불가했을 것이다. 유대계 출신으로 빅토리아 시대에 세 차례 재무장관과 두 차례 수상을 역임한 디즈레일리는 현재의 영국 보수당의 아버지이다. 그는 1876년 '왕실 칭호법'을 제정하여, 영국의 식민지이던 인도와 미얀마 등을 엮어 탄생한 영국령 인도 제국(1877년)과 영국을 다스리는 황제 칭호를 빅토리아 여왕에게 헌납했다. '대영 제국의 영광'을 추구하면서 적극적인 제국주의 정책을 펼쳐 빅토리아 여왕 시기 영국을 세계 최고의 강대국으로 올려놓았다. 디즈레일리 수상의 책략으로 수에즈 운하와 인도는 영국의 '아시아 시장 진출'을 위한 교두보 노릇을 하게 되었다.

  수에즈 운하 개통으로 런던과 싱가포르 간의 항로는 아프리카 남쪽 끝인 케이프타운 경유 시 2만 4,500km에서 1만 5,025km로 단축되었다. 시간상으로는 24일이나 단축됐다. 한마디로 혁명적 고속 수로였다. 운하는 개통 당시 수심이 8m이었고 폭은 바닥에서 약 22m, 수면에서 57m이었다. 1964~1967년의 확장공사를 거쳐 수심은 운하 전체가 일정하게 12m 정도, 수면의 폭은 60~100m에서 160~200m로 확장되었다. 통과 소요시간은 15시간으로 단축되었다. 운하는 1967년 6월 아랍과 이스라엘 간의 전쟁 중에 일시 폐쇄되었으나 1975년 다시 개통되었다.

그림 4.2. 수에즈 운하 개통 후 항로의 변화

    영국은 1875년에 이집트 소유의 주를 매입했고 1914년에는 이집트를 보호국으로 만들었다. 따라서 수에즈 운하의 실질적 소유권은 프랑스와 영국이 양분하게 되었다. 그러나 1956년 7월 26일 이집트 대통령 나세르 Gamal Abdel Nasser(재임 1956~1970년)가 운하의 국유화를 선포함으로써 운하의 소유권은 이집트로 넘어갔다. 수에즈 운하 제1주주였던 영국에서 이집트로 소유권이 넘어가는 과정에서 영국 총리 앤소니 에덴 경 Sir Anthony Eden(재임 1955~1957년)의 전략은 유명한 실패사례로 손꼽힌다.[10] 영국 총리를 세 차례 역임한 노련한 윈스턴 처칠 Winston Churchill의 후임은 처칠 총리 내각에서 외교부장관을 역임(재임 1951~1957년)한 앤소니 에덴 경이었다. 그는 총리로 취임하자마자 수에즈 운하 문제에 봉착했다. 당시 상황은 이집트의 나세르 군부 측은 소련과 우호관계를 맺으면서 군수물자 수입을 증대시키고 있었다. 반면 영국 측은 점진적인 수에즈 운하 철수계획을 추진 중이었고 미국은 아스완 댐 건설 투자를 철회했다. 나세르 대통령은 1956년 영국과 미국이 아스완 댐 건설 원조를 취소하자 건설 자금을 마련하기 위한 명분으로 수에즈 운하의 국유화를 선포하였다.*

영국의 앤소니 에덴 총리는 '삼총사 작전 Operation Musketeer'를 강행했다. 프랑스와 함께 수에즈 운하 북단인 사이드 항으로 진입했고, 이스라엘은 이집트의 시나이 반도를 침공했다. 미국의 협력을 절실히 요청했지만 미국은 동일한 시기에 감행한 소련의 헝가리 유혈침공에 대해 유엔에서 야만적 비난이라고 맹공했던 때였다. 미국은 소련의 야만적 침공을 비난하면서 영국과 프랑스의 이집트 무력침공을 도울 형편이 아니었다. 결국 미국 지원 없는 '삼총사 작전'은 실패했고 에덴 총리의 지도력은 추락했다. 외교적 능력이 탁월했기에 총리로 발탁됐지만 정작 에덴 총리를 쓰러뜨린 것은 그의 건강 때문이라는 평가다. 그는 총리 발탁 전에 담석증 수술을 했지만 수술 의사가 실수로 담관을 터트리는 바람에 수술 이후 조급증과 우울증에 시달렸고 약물치료를 받을 수밖에 없는 건강 상태가 된 것이다. 그가 건강상 자메이카에서 휴양 중에도 수에즈 운하 문제와 유엔 외교전은 악화되었다. 결국 유엔의 중재로 수에즈 운하는 이집트로 넘어가게 되었다. 1875년 벤저민 디즈레일리 총리가 주도한 수에즈 운하 소유권은 1956년 에덴 총리의 전략 실패로 종결되었다. 해가 지지 않는 영국의 마지막 관문이 무너지는 순간이기도 했다. 에덴 총리의 수에즈 운하 실패사례는 한 나라의 지도자에게 건강이 얼마나 중요한가를 일깨워준다.

---

* 그 후 아스완 댐은 소련의 원조로 1968년 완공되었다.

이집트 법인인 '만국 수에즈 해양운하회사'는 주주와의 관계에서는 프랑스법의 적용을 받았다. 후에 대주주가 된 영국이 이집트를 군사점령한 후 터키의 콘스탄티노플에서 영국, 프랑스, 독일, 스페인, 러시아, 네덜란드, 터키 등 9개국 간에『콘스탄티노플 조약』을 체결했다. 수에즈 운하의 자유항행을 규정한 이 조약의 핵심은 전시나 평시를 불문하고 모든 군함과 상선의 자유항행이 보장되어 운하폐쇄와 운하지역에서의 적대행위가 금지되도록 하였다. 특히 전시에 있어서 운하와 출입항 및 출입항에서 3해리 이내의 해역에서 전투 행위를 하지 않고 운하를 봉쇄권의 행사의 대상으로 하지 않을 것을 약속하고 있다. 이 조약은 1888년 10월 29일 체결되어 1888년 12월 22일 발효했다. 그 후 '베르사유 조약'(1919년)과 '로잔느 조약'(1923년)을 거쳐 영국은 이집트와의 '동맹조약'(1936년)을 체결하고 이집트군과의 운하의 공동방위를 결정하였다. 1954년 10월 수정조약에 의해 영국군이 철수하게 되었지만 항행의 자유는 보장되었다.

그 후 20세기 역사에서 보듯이『콘스탄티노플 조약』은 우여곡절이 많았다. 이집트의 독립 후에도 군대를 계속 주둔시킨 영국은 자유항행의 보장이 자국에 불리하게 작용하지 않도록 부심했고 제1, 2차 세계대전 시에는 터키와 독일을 포함한 적측의 공격에 대항하여 운하를 실질적으로 봉쇄하였다. 이집트도 또한 이스라엘의 함선에 대해 운하를 봉쇄하였다. 즉 콘스탄티노플조약의 제 규정은 운하를 현실적으로 지배하고 있는 국가의 정책과 관계되는 범위에서만 이행되어 왔다.[11]

2013년 7월 군부쿠데타로 집권하고 2014년 대통령이 된 압둘 팟타흐 시시 Abdel Fattah el-Sisi 대통령은 제2수에즈 운하 건설사업인 '발라 바이패스 Ballah Bypass 확장사업'을 발표했다. 제2운하 건설에 가장 큰 문제는 막대한 공사비를 조달하는 문제였다. 당초 이집트는 군사혁명정부에 대한 국내 비판여론 등을 감안, 최대한 국채 발행을 통해 자금을 조달하겠다는 구상을 했지만 어려움을 겪었다. 제2 수에즈 운하 건설에 나선 이집트는 최대 80억 달러의 막대한 사업투입자금 조달을 위해 중국에 손을 내밀었다.

시시 이집트 대통령은 2014년 12월 중국을 방문하여, 시진핑 중국 국가주석과 만나 수에즈 운하 확장과 수에즈 경제무역지구 사업 등에 중국의 협력을 요청했다. 그러나 3조 달러의 외환보유고를 자랑하는 중국에게 이 돈은 큰 문제가 아니며 '불감청 고소원 不敢請固所願'이 아닐 수 없다. 더구나 시 주석으로도 '일대일로' 전략의 실현을 위해선 수에즈 운하를 보유한 이집트와 손을 잡는 것이 절실했다. 시시 대통령은 외환보유액이 부족한 상황에서 국채까지 발행해 가며 총 80억 달러(약 8조 5천억 원) 규모의 '제2 수에즈 운하' 공사를 감행했다. 정부는 새 운하가 개통되면 현재 연간 약 50억 달러 수입이 2023년에는 연간 130억 달러 이상으로 증가할 것이라고 발

그림 4.3. 2015년 제2 수에즈 운하 건설

표했다. 착공 1년 만인 2015년 8월 새 운하가 완공됐다. 제2 수에즈 운하는 기존 193㎞ 구간에서 중간 72㎞ 구간을 새로 건설·확장했다. 이 중 35㎞는 폭 61m에서 312m의 새 물길을 만들었고, 나머지 37㎞는 기존 물길을 깊고 넓게 확장했다. 이로 인해 쌍방향 통행이 가능해지면서 선박의 운하 통과 시간은 18시간에서 11시간, 대기시간은 8~11시간에서 3시간 단축됐다. 제2 수에즈 운하가 개통된 2015년 운항 선박의 순톤수는 역대 최고치인 9억 9865만 톤을 기록했고 2018년에는 11억 3963만 톤으로 증대했다.

'수에즈 운하관리청'에 따르면 2015년 수에즈 운하를 통과한 선박 수는 1만 7483척에서 2018년에는 1만 8174척으로 증가했다.[12] 운항선박수가 정점에 달했던 2008년 2만 1415척의 회복이 언제 될 것인지와 파나마 운하와의 경쟁이 주목된다.

2) TR과 마한의 《파나마 운하 책략》

파나마 운하는 파나마 지협을 횡단하여 태평양과 대서양의 카리브 해를 연결한다. 교통혁명의 상징으로 떠오른 파나마 운하는 태평양 연안의 발보아에서부터 카리브 해 연안의 크리스토발 Christóbal에 이르기까지 총 길이 64㎞로 1904년부터 1914년까지 10년에 걸쳐 건설한 운하다. 미국의 독점적 지배로 파나마 운하는 20세기를 미국의 세기로 만든 일등공신의 역할을 했다. 미국 달러화는 신흥 독립국 파나마의 공식 화폐가 되었고 길이 77㎞, 폭 16㎞에 이르는 파나마 운하 지대는 신흥 제국 미국의 일부가 되었다. 미국인들에게 파나마 운하는 기술적 수월성과 야심에 찬 도전을 집약하는 전략 자산이자 정신 유산이다.

수에즈 운하와 파나마 운하는 경쟁관계이다. 중동의 수에즈 운하가 유럽 강호들의 정략적 책략에 의해 건설되었다면 중미대륙의 파나마 운하는 미국의 정략적 책략에 의해 건설되었다. 2015년 제2 수에즈 운하 개통에 때맞춰 경쟁적으로 파나마 운하도 2016년 기존 운하보다 2배가량 수용 능력이 향상된 새 운하를 기존 운하 옆에 개통했다. 이로 인해 파나마 운하는 그간 수에즈 운하보다 약점으로 꼽혔던 통항 선박 규모 열세를 만회하고 선박 수송능력도 높이면서 선박의 대기 및 통과시간도 대폭 단축했다. 양대 경쟁 운하인 수에즈 운하와 파나마 운하 모두가 확장을 마친 지금, 세계 해운업계는 수에즈 운하보다 파나마 운하를 더 주목하고 있다. 통항 선박 규모와 통과시간이 비슷해지면서 안전성과 운항 거리가 중요한 선택 기준으로 부상하고 있고, 그 점에서 파나마 운하의 경쟁력이 더 좋기 때문이다.

특히 수에즈 운하는 파나마 운하보다 해상안전사고에 취약한 것이 문제다. 수에즈 운하가 시작되는 홍해 인근 국가들의 정정이 불안하고 아덴 만에는 2008년 이후 소말리아 해적이 들끓고 있다. '알리안츠 글로벌 기업 및 특수 보험 전문 회사보고'에 따르면 1996년부터 2015년 사이 20년간 수에즈 운하에서 395건의 해운 사고가 발생했다. 동 기간 파나마 운하 해운사고는 121건이었다.[13] 해적 행위가 더욱 기승을 부려 보험료 할증이나 보안업체 고용비용 같은 부가비용이 급증한다면 수에즈 운하 통행을 포기하는 선사들이 나타날 가능성은 높다. 1967년 제3차 중동전쟁 직후부터 1970년대 중반까지 수에즈 운하가 폐쇄된 일이 있었으며 이때 세계의 해운업계와 무역업계가 부담한 추가비용은 당시 미국 달러 기준으로 매년 수십억 달러에 달했다. 현재가치로 하면 매년 수백억 달러를 추가로 지출해야 한다. 또 하나 운항 거리 면에서 수에즈 운하는 파나마 운하보다 열세다. 부산항에서 출발해 미국 걸프 만으로 가는 경우, 동쪽 항로인 파나마 운하를 통과하면 대략 1만 6000km로 27일 가량 서쪽 항로를 이용해 수에즈 운하를 통과하면 2만 3040km로 40일 정도 소요로 차이는 훨씬 더 벌어진다.

지구온난화가 진행됨에 따라 파나마 운하도 수에즈 운하도 아닌 베링 해협과 북극해를 통과해 유럽으로 가는 북극 항로의 가능성도 가시화되고 있다. 연중 북극 항로가 열리는 기간은 매년 늘어가고 있으며 전문가들은 2030년이면 상업항로가 열린다고 전망한다. 북극해가 열리면 세계항로와 허브항의 판도가 바뀔 수 있다. 유가하락과 운하 이용료 상승으로 아프리카 희망봉 쪽으로 돌아가는 선사들도 적지 않다. 이럴 경우 아이러니하게도 수에즈 운하 대신에 15세기 말에서 16세기 초 바스코 다 가마가 개척한 남아프리카 항로로 복귀하게 되는 것이다. 수에즈 운하와 파나마 운하 간의 경쟁에서 어느 운하가 이길 것인지 귀추가 주목된다. 뒤에 숨은 강대국의 책략이 예사롭지 않다.

최초로 파나마 운하의 굴착을 계획한 사람은 1529년 스페인 국왕 카를로스 5세였다. 그러나 실질적인 운하 건설은 1881년 콜롬비아 정부가 수에즈 운하를 건설했던 프랑스 외교관이었던 페르디낭 드 레셉스의 프랑스 회사와 건설 계약을 체결하면서 시작되었다. 드 레셉스는 세기의 해양책략가로 1869년 수에즈 운하를 완공시킨 바로 그 사람이다. 그러나 파나마 운하 건설은 공사 구간의 중앙부가 높아 수에즈 운하와 같은 수평식 운하 건설에 적합지 못했다. 이러한 열악한 지형적인 조건과 황열병 및 말라리아의 창궐 그리고 프랑스 회사의 재정난 등으로 계획의 절반 정도만을 시행한 후 1889년 공사는 중단되었고 드 레셉스는 1894년 세상을 떠난다. 1894년 프랑스에서 다시 새로운 회사를 설립했지만 당시 운하 건설에 적극적이었던 미국이 1903년 4천만 달러에 프랑스로부터 운하 굴착권을 사들였다. 수에즈 운하와 파나마 운하의 양대 역사적 사업의 기획과 출발은 프랑스와 프랑스인 페르디낭 드 레셉스였지만 수에즈 운하는 영국에 넘어감으로써 19세기 '팍스 브리태니카 Pax Britannica 시대'를 여는 상징이 되었고, 파나마 운하는 미국에 넘어감으로써 20세기 팍스 아메리카나 Pax Americana 시대를 여는 상징이 되었다. 재주는 프랑스가 부리고 실속은 영국과 미국이 챙긴 셈이다.

미국이 파나마 운하 건설을 결정한 것은 해양력을 증강시키려는 책략 때문이었다. 1898년 쿠바에서 치렀던 스페인과의 전쟁에서 전함 오리건호가 미국의 서부 해안에서 남미 대륙의 끝 마젤란 해협을 돌아서 쿠바에 도착하는 데 총 22만 마일의 거리를 68일에 걸쳐 항해했다. 그러한 사실은 아메리카 대륙의 중간의 잘록한 허리를 질러 운하가 건설되었다면 항해시간을 무려 3분의 1로 줄일 수 있었다는 사실을 일깨워줬다. 필요는 책략의 어머니다. 미국은 1903년 1월 운하가 건설될 지역의 폭 10마일 내의 지역을 미국에 영구히 임대하는 내용의 『헤이-에란 조약 Hay-Herrán Treaty』을 콜롬비아 정부와 체결했다. 이 조약은 99년 동안의 조차비와 운하지대 관리비로 1,000만 달러를 지불하고, 운하가 건설된 후에는 연간 25만 달러의 임대료를 지불하는 것을 주요 내용으로 했다. 그러나 콜롬비아 상원이 정부가 체결한 조약의 비준을 거부했다.

그러자 미국은 파나마 운하의 전략적 중요성 때문에 콜롬비아에 내전을 일으켜 파나마를 독립시키는 분리전략을 구사했다. 미국은 콜롬비아 정부에 대한 파나마 지역 원주민들의 오랜 불만과 독립 열망을 이용하여 문제를 해결하였다. 과거 미국이 국내외의 영토 확장이나 전략거점 확보할 때마다 주로 사용했던 '선 先 내분조성·후 後 미국개입' 전략이다. 1903년 11월, 파나마 지협에서 미국과 프랑스 운하 건설회사의 배후 조종으로 파나마 독립운동이 일어났다. 콜롬비아는 파나마의 독립을 차단하기 위해 군대를 파견했지만 미국은 파나마 지협의 안전을 보장한다는 명분으로 전함 내슈빌호를 파견해 콜롬비아군의 파나마 상륙을 저지하고 파나마의 독립을 지원했다. 1903년 11월 4일 파나마가 독립을 선언하고 동월 18일에 파나마 대표 필리프 뷔노 바리야와 미국 국무장관 존 M. 헤이는 지협을 횡단하는 너비 16㎞의 운하 건설 부지를 미국에 영구적으로 양도하는 것을 골자로 하는 『헤이-뷔노 바리야 조약 Hay-Banau Varilla Treaty』이 체결됨으로써 미국은 향후 건설될 파나마 운하의 관리에 대한 배타적 권리를 획득하였다.[14] 이로써 미국이 20세기를 Pax Americana로 만들 수 있었던 가장 핵심 해양책략의 하나인 파나마 운하 건설에 성공했다.

파나마 운하 건설책략의 성공으로 미국은 대서양과 태평양을 연결시켜 유럽 시장과 아시아 시장을 연계시켰으며 미국이 동부와 서부의 해군력을 기동성 있게 움직일 수 있었다. 미국은 파나마의 독립 직후, 파나마 운하 지역을 미국이 영구 임대하는 내용의 조약도 체결했다. 이 전략을 추진한 것은 미국 제 26대 대통령인 T. 루스벨트이었고, 그를 도운 책략가는 알프레드 마한이었으며 외교활동은 국무장관 존 헤이의 몫이었다.

1903년 파나마의 독립 이후 미국은 운하 지역의 치외법권을 획득하고 파나마 운하 공사를 시작했다. 총 4만 3천여 명의 노동력이 투입되어 1914년 마침내 운하가 완성되었다. 이후 미국은 85년 동안 파나마 운하의 운항권을 독점적으로 관리했고, 1999년 12월 31일에 운항권을 파나마로 이양하였다. 파나마 운하는 차그레스 강을 막아 만든 34㎞ 가툰 호와 파나마 만 쪽에 인공적으로 건설한 1.6㎞의 미라플로레스 호, 두 호수 사이의 15㎞를 굴착하여 만든 쿨레브라 Corte Culebra 수로로 이루어져 있다. 가툰 호수와 쿨레브라 수로의 수면 표고는 26m로 높은 반면, 미라플로레스 호수의 수면 표고는 16m로 낮아서 갑문방식을 활용하여 표고 차를 해결하였다. 미국에서 태평양과 대서양을 관통하는 데 파나마 운하를 이용할 경우 남아메리카를 돌아가는 것보다 운항 거리를 약 1만 5천 ㎞ 줄일 수 있다. 운하를 통과하는 데에는 평균 9시간이 걸리며 통과 수속에는 약 15~20시간이 소요된다. 파나마 운하의 연간 평균 이용 선박의 수는 15,000척이다.[15]

한편 2007년부터 시작된 제2 파나마 운하가 2016년 6월 26일 개통되면서 운하의 이용 용량은 2배로 증가하였다. 제1 파나마 운하는 운하 도크 크기가 충분치 않아 큰 배가 지날 수 없었다는 게 약점이었다. 제2운하는 기존 운하를 넓히지 않고 그 옆에 새로 건설하는 방식을 택했다. 지방도로 옆에 고속도로를 새로 만든 셈이다. 파나마의 기존 운하는 통항 선박 크기가 폭 32m, 길이 294m로 제한돼 있어 약 7만 톤 규모의 배(유조선은 6만 5천 DWT, 컨테이너선은 5천 TEU급)만 지나갈 수 있었다. 반면 새 운하는 통항 선박 크기가 폭 49m, 길이 366m로 커져 20만 톤 규모의 배도 통행할 수 있게 되었다. 지금까지 미주 동부 지역을 출발해 아시아로 가는 대형 유조선과 액화가스운반선, 대형 벌크선은 파나마 운하를 통과할 수 없어 대서양과 수에즈 운하, 인도양을 통과하는 반대편 항로로 운항했다. 수에즈 운하와 남아프리카 희망봉을 거치지 않고 세계 선박 97%가 지날 수 있으며, 파나마 운하를 지날 수 없는 배는 전 세계 운용선박의 3%도 안 된다.

제2 파나마 운하가 개통되면서 세계 해운 지도가 바뀌고 있다. 아시아로 오는 시간이 31~34일이나 걸렸다. 물류비 부담이 커 아시아 수출을 포기하는 경우가 많았다. 그러나 파나마 운하를 통과하면 미국 루이지애나의 셰일가스·석유가 일본항으로 가는 시간이 기존 희망봉 경유 34일, 수에즈 운하 경유 31일에서 파나마 운하 경유 20일로 줄어든다. 상품시장의 권력 이동도 불가피하다. 미국과 브라질을 비롯한 남미 국가들은 셰일가스와 석유, 곡물 등을 아시아로 바로 보낼 수 있는 경제성 높은 통로가 열리게 됐다. 반면 아시아 시장에서 절대적인 영향력을 행사해온 중동 석유 권력은 위축이 불가피할 것으로 보인다. 수에즈 운하와 호르무즈 해협, 미국 서안의 항구들도 영향력이 줄어들게 됐다. 미국 동남부에서 아시아로 가는 운송비용이 30% 이상 줄고 운송 과정에서 발생하는 온실가스도 그만큼 줄 수 있게 됐다. 제2 파나마 운하로 세계 물류 시장과 상품 시장의 재편이 본격적으로 시작된 것이다.

격렬한 국내 정치투쟁을 야기한 1977년 지미 카터 행정부의 파나마 운하 양도 조약 체결과 2000년 1월 1일 공식 양도 이후 운하는 파나마로 귀속되었다. 한편 2000년 미국으로부터 파나마 정부가 운영권을 넘겨받은 후부터 파나마 운하는 파나마 경제비중에서 절대적인 존재였다. 2014년 세계 교역량의 2.3%를 처리하면서 파나마 국내총생산 GDP의 약 20%를 담당했다. 파나마의 수출액은 약 7억 달러에 불과했지만 파나마 운하의 통행료로 거둬들인 수입은 20억 달러에 육박했다.

파나마는 중남미 경제 위기 속에서도 지난 10년 동안 연평균 8.2%의 고속성장을 계속해 왔다. 제2 파나마 운하 건설에 52억 5천 만 달러가 투입됐지만 투입보다 더 큰 경제이익을 가져올 것으로 전망된다. 지금까지 세계 물동량의 5% 정도를 담당했던 파나마 운하의 비중이 크게 늘어나고 파나마의 지정학적 중요성도 크게 높아질 것이다. 20세기 초 제1 파나마 운하 건설을 주도한 미국의 TR대통령과 알프레드 마한의 해양책략은 21세기 제2 파나마 운하 건설과 세계해양책략에서 여전히 힘을 발휘하고 있다.

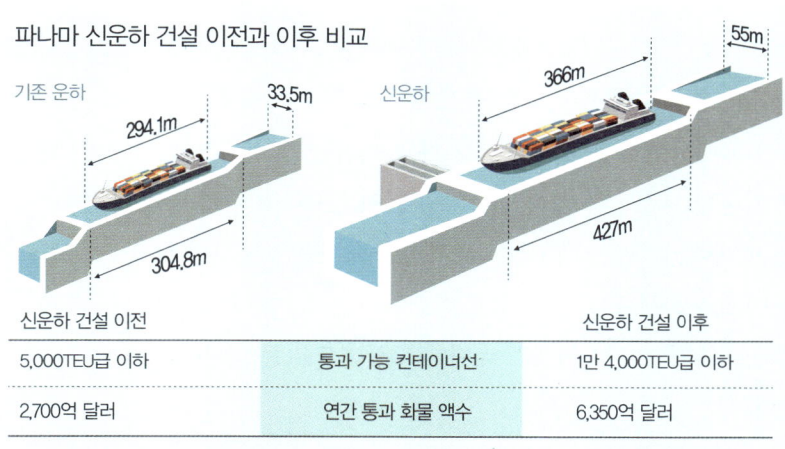

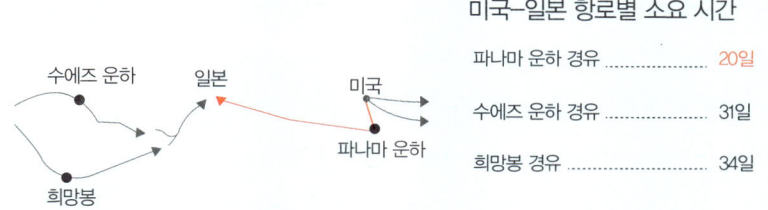

그림 4.4. 제2 파나마 운하 건설에 따른 운하능력과 항로시간

3) 중국의 《운하공정책략》과 니카라과 운하

중국은 전 세계 항로의 급소마다 새 운하 건설이나 경영권 확보를 확대하고 있다. 중국은 제2 수에즈 운하 건설에서처럼 자본을 투입하기도 하고 중국계 기업을 통한 투자로 장기 경영권을 획득하고 있다. 운하를 통항하는 모든 선박들의 통제권을 손에 질 수 있고 평상시는 경제적 이익을 전시에는 전쟁의 주도권을 쥘 수 있기 때문이다. 중국은 생산한 제품을 전 세계로 수출하고 필요한 각종 에너지와 원자재를 각국에서 수입하기 위해 더 안전하

고 더 빠른 바다 지름길을 확보하는 것은 중국의 국가적 과제다. 새로운 실크로드 전략인 '일대일로'에서 운하는 해상 실크로드 구축의 핵심과제이다. 그래서 중국의《운하공정책략》은 앞으로 더욱 가속화될 전망이다. 사실 중국은 고대로부터 운하 강국이다. 해양 운하는 아니지만 중국은 이미 수나라 때 지금의 항저우와 베이징을 잇는 길이 1,800km의 내륙 대운하를 건설했다. 세계에서 가장 긴 운하다. 운하의 중요성을 누구보다 잘 알고 있는 중국은 이제 운하를 통한 세계 경영을 꿈꾸고 있다. '운하를 장악하는 국가가 곧 세계를 지배한다'는 역사적 테제에 도전하고 있는 것이다.

(1) 니카라과 운하

최근 중국은 '일대일로' 구상에 중남미 지역을 편입시키기 위해 미국의 턱밑에 있는 카리브 해 연안 국가들에 해양개발 투자를 집중하면서 해양굴기를 강화하고 있다. 미국 싱크탱크 '인터 아메리칸 다이어로그'는 중남미 국가들이 2005년부터 2017년까지 중국으로부터 빌린 채무만 1500억 달러(약 169조 원)에 달한다고 전했다.[16] 중국은 한편으로는 파나마의 마르가리타 컨테이너항 개발 등 해운항만관련 프로젝트에 투자와 차관 투입을 하면서 파나마와 수교하는 데 성공했고 또 다른 한편으로는 니카라과 대운하 건설에 집중하고 있다. 파나마 정부는 2016년 파나마 운하 제3갑문 확장을 완공한 후 곧 바로 제4갑문 건설을 시작할 계획이며 이미 중국항만건설그룹 등이 관심을 표명하고 있다고 밝혔다. 제4갑문은 컨테이너 2만 4천 개를 실은 배를 수용할 수 있는 니카라과 운하와 같은 규모로 추진된다. 중국은 운하전략에서 양동작전을 쓰고 있는 것이다. 한 세기 만에 확장 공사를 마친 파나마 운하는 중국이 전략적으로 추진하고 있는 '니카라과 운하 Nicaragua Canal'에 의해 견제당할 수도 있다. 확장된 파나마 운하를 통과한 첫 번째 선박이 중국의 컨테이너 화물선이었지만 니카라과를 횡단하게 될 새로운 운하의 시공업체는 홍콩에 본사를 둔 중국 기업이다. 니카라과 정부는 2013년 7월 태평양 연안 브리토에서 시작해 니카라과 호수를 가로질러 대서양의 카리브 해 연안 푼타 고르다까지 총 278㎞에 달하는 운하 건설 계획을 발표했다. 19세기 말 콜롬비아의 일부로 가장 짧은 지협을 보유한 파나마와 더불어 니카라과는 호수와 강을 활용할 수 있다는 이점 때문에 진

※ 선적량은 20 피트 컨테이너 기준

파나마 운하		니카라과 운하
83㎞	길이	278㎞
1914년 2016년 2단계 완공	완공시기	2020년
2단계 53억 달러	건설비용	500억 달러
1만 2,000개	통과 가능 최대 선적량 (TEU)	2만 5,000개
9,500㎞	뉴욕 - 샌프란시스코	8,700㎞

그림 4.5. 파나마 운하와 니카라과 운하 비교

작부터 대양 연결 수로의 후보지였다. 파나마 지협보다 훨씬 더 길지만 바위투성이의 산맥이 버티고 있지 않다는 점에서 더 유리할 수도 있다.

중국 통신장비제조업체인 '신웨이 信威 공사'의 왕징 王靖이 이끄는 중국 기업 '홍콩니카라과 운하개발 HKND'은 2013년 니카라과 운하의 건설 사업권과 운영권을 확보했으며 2014년 12월 '니카라과 대운하'를 착공하면서 2019년 완공을 공언했다. 역사상 최대 건설 기획으로 주목받고 있는 니카라과 대운하는 총 길이 278㎞, 폭 230~520m, 깊이 28m로 컨테이너 2만 5천 개를 실은 대형 화물선이 통과할 수 있다. 총 건설비 500억 달러는 모두 HKND가 책임진다. HKND는 니카라과 정부에 매년 1,000만 달러를 내는 조건으로 100년 동안 운영권을 가지며 운영권은 50년 더 연장될 수 있다. 니카라과 운하에 대한 부정적 비판도 적지 않다. 주요 내용들은 ▲2016년 봄 이후 현지의 반대와 추진 주체인 왕징 회장의 자산 감소와 자금난 ▲경제성을 고려한 사업의 필요성 및 성공가능성 ▲2015~2016년에 세계불황에 타격을 받은 중국 경제 ▲운하건설을 위해서 파괴될 중앙아메리카의 최대 민물호수이며 최대 저수지를 겸하고 있는 니카라과 호의 환경파괴 ▲그리고 무엇보다도 남미 폭정 3총사로 쿠바, 베네수엘라와 함께 하는 니카라과 대통령 다니엘 오르테가에 의한 내정불안이 가장 큰 문제점이다.

국제무역의 증가, 특히 파나마 운하가 감당하기 힘든 대형 선박이 늘고 있는 현실을 고려할 때 새로운 운하의 건설이 불가피하다고 주장하는 HKND 측과 니카라과의 관리들은 니카라과 대운하가 파나마 운하와 경쟁하기보다 그것을 보완하는 운하가 될 것이라고 주장한다. 물론 이 기획이 니카라과 국민들에게 기만적인 희망을 계속 불러일으키려는 선전전이나 외화내빈의 전시라는 견해도 있다. 니카라과 정부가 국내의 반대 의견에 어떻게 대응하는지 어떤 과정을 거쳐 국론 분열을 최소화할 수 있을지는 대운하를 둘러싼 미국과 중국의 신경전과 더불어 중요한 관점이다. 니카라과 운하 건설의 대역사가 국민들의 지지와 화합을 얻어 '여덟 번째 불가사의'로 성공할지 주목된다.*

중국이 니카라과 운하개발에 나서는 이유는 무엇일까? 사회주의 국가인 중국의 민간 사업자가 이러한 막대한 투자를 하려면 정부 승인이 필수적이란 점에서 니카라과 운하는 사실상 중국 정부사업이라는 것이 일반적인 시각이다. 중국이 니카라과 운하 건설에 나선 것은 대서양과 태평양을 연결하는 운송로를 미국 영향력이 큰 파나마 운하에만 의존할 순 없기 때문이다. 수에즈 운하의 경우 연안국이 교전국일 때도 통항의 자유를 저해해선 안 된다는 국제적 합의가 이뤄져 있지만 파나마 운하엔 이러한 보장이 안 되어 있다. 중국이 중남미로부터 수입하는 원자재도 계속 늘어나는 추세이다. 파나마 운하가 봉쇄될 경우 중국의 원자재 안보는 크게 위협받을 수밖에 없다. 파나마 운하 봉쇄 시의 '플랜 B'가 니카라과 운하이다. 중국은 이미 미국에 이어 파나마 운하를 가장 많이 이용하는 국가이기에 더욱 그렇다. 중국은 미국이 파나마 운하를 통해 대서양과 태평양을 자유롭게 넘나들며 패권을 행사해 왔다는 점에도 주목하고 있다. 니카라과 운하 건설에 따른 관계국들의 이해득실과 경제효과를 요약해보기로 한다.[17]

▲니카라과 – 니카라과 운하를 잘 만들고 잘 운영한다면 GDP 1% 이상 경제효과 창출. 대서양과 태평양 연계 항해 시간 단축으로 파나마 운하 이용

---

* '고대 7대 불가사의'는 BC 330년경 알렉산더 대왕의 동방원정 이후 그리스인 여행자들에게 관광 대상이 된 7가지 건축물을 가리키는데, ① 이집트 쿠프왕 피라미드, ② 바빌론 공중정원, ③ 에페수스 아르테미스 신전, ④ 올림피아 제우스상, ⑤ 하리카르나소스 마우솔로스 능묘, ⑥ 로도스 크로이소스 대거상, ⑦ 알렉산드리아 파로스 등대처럼 웅장하거나 오래된 것을 말한다. 또 다른 주장은 ① 이집트의 피라미드, ② 로마의 원형극장, ③ 영국의 거석기념물, ④ 이탈리아의 피사 사탑, ⑤ 이스탄불의 성 소피아성당, ⑥ 중국의 만리장성, ⑦ 알렉산드리아의 파로스 등대를 '7대 불가사의'라고 부른다. 《두산백과》

편익과 유사한 동인 보유. 파나마 해협 통한 물동량을 상당량 유치. 환경문제, 국내정치 불안정, 적대적인 대미관계, 중국의존도가 높은 투자환경의 취약성 등은 위협요소다.

▲파나마 – 경쟁운하로 인한 치명타 예상. 니카라과 운하를 만들어도 파나마 해협의 물동량이 완전히 빠져나가지 않아 그대로 망하지는 않겠지만, '두 가지 선택 가운데 하나'로 될 경우 마케팅과 강대국 선사 배려 문제가 클 것임.

▲중미 – 카리브 해에 가까운 항구들의 상당한 물동량 상승과 경제 활성화 기대.

▲미국 – 운하로 오는 항해일수 감소에 경제적으론 이득일 듯싶지만 중국, 러시아 등과 이권을 둘러싸고 경합. 대형선박 운항 증대에 대비한 미국 항만의 신규투자 증대. 파나마에 대한 미국의 독점체제에서 중국의 니카라과에 대한 운영권 문제로 양국 간의 치열한 경쟁 초래.

▲한국, 중국, 일본, 러시아, 유럽 – 수입 비중이 높아져서 직접적인 수혜를 기대. 사실상 미국만의 리그였던 파나마 운하와는 달리 이 니카라과 운하는 중국, 러시아, 유럽의 이해관계가 얽힐 것. 선택운하의 이원화로 통항료 절감과 안전성 제고 기회.

(2) 태국의 크라 운하

'운하 장악 국가가 세계 지배' 테제를 실현하려는 중국의 시도는 세계적이고 현재진행형이다. 아시아판 파나마 운하인 태국의 '크라 운하 Kra Canal' 건설 기획은 중국과 태국이 말레이반도의 허리를 관통, 인도양과 태평양을 직접 연결하는 운하를 건설하려는 것이다. 크라 운하는 길이 135㎞, 폭 400m의 규모이며 말라카 해협을 거치는 것보다 뱃길은 1,200㎞, 시간은

5일이나 단축된다. 말라카 Malacca 해협은 말레이 반도와 인도네시아 수마트라 섬 사이의 길이 약 1000㎞ 수심 약 25m의 좁은 해역이다. 이 해협은 인도양과 태평양 사이를 잇는 최단 루트로 현재 전 세계 해상 물동량의 약 20%는 이 항로를 거친다. 특히 아시아 주요 국가들의 주요 석유 수송로로 활용되고 있다. 말라카 해협의 초입에 위치한 지리적 이점으로 말레이시아의 포트클랑 항은 교역 허브로서의 역할을 수행하고 있다. 말레이시아 포트클랑 항은 성장세가 매서운 동남아시아 지역의 최대 허브항 중 하나다. 전 세계 120개국 500여 개의 항만과 연결된 세계 12위권의 컨테이너항이자 동서항로를 잇는 국제 관문 항구이다.

말라카 해협의 혼잡도가 극심해지면서 태국과 말레이시아 남부 지역을 관통하는 '크라' 운하 건설 계획이 수면 위로 나오고 있는 것이다. 특히, 중국 정부는 '일대일로 정책'의 일환으로 운하 건설을 추진하겠다고 발표했다. 중국은 현재 에너지 수입의 80%를 이 해협을 통해 운반하고 있다. 운하가 건설될 경우 중국과 더불어 한국과 일본도 중동발 원유 등의 주요 운송로와 운송시간이 개선된다는 점에서 수혜를 볼 수 있다. 최근 중국이 남중국해에서 미국을 배경으로 하는 베트남, 필리핀 등과 해양영토의 영유권에 대한 대립도 중국 선박들의 중동과 유럽으로 향하는 해로를 안정적으로 확보하기 위함이며, 태국 정부와 비밀리 추진했던 안다만 Andaman 해와 타이 Thai 만을 연결하는 크라 운하 개발사업도 미국이 주도하고 있는 말라카 해협의 우회로를 찾기 위한 몸부림의 하나이다.

크라 운하 건설은 17세기 후반 태국의 아유타야 왕조 당시부터 나온 구상이다. 19세기에는 영국이 관심을 가졌다가 포기했고 1970년대에도 다시 추진됐다가 무산됐다. 2004년 탁신 친나왓 전 태국 총리가 태국을 아시아의 에너지 무역 허브로 만들겠다는 방침을 밝혔다가 또 표류해왔다. 건설비용이 약 280억 달러(약 31조원)로 막대하고 태국의 정정불안으로 실현 가능성은 아직 그리 높지 않다. 그러나 크라 운하가 건설될 경우 싱가포르와 말레이시아 포트클랑 항은 치명적 타격을 받을 수 있으며 현재 연간 8만 척의 선박이 오가는 말라카 해협은 물동량이 크게 위축될 수밖에 없다. 과거 수에즈 운하 때문에 경제가 급락한 남아공의 케이프타운처럼 되지 않을까 우려하는 목소리가 있다. 사실상 말라카 해협의 군사력을 장악하고 있는 미국도 크라 운하가 생길 경우 영향력 감소를 피할 수 없을 것으로 보인다. 태국 크라 운하에 아시아 국가 및 미국, 중국의 이해가 크게 걸려있다.

그림 4.6. 중국과 태국의 크라 운하 계획

4) 영·불 해협터널

 영국해협의 가장 좁은 부분인 도버 해협 밑을 뚫어 영국과 프랑스를 연결한 해저터널로 유로터널 Eurotunnel, 영·불 해저터널 또는 해협과 터널 합성어인 '쳐널 Chunnel'이라고도 한다. 영국과 프랑스는 한국과 일본만큼이나 가깝고도 먼 나라 관계이다. 도버 해협의 터널계획 역사는 1802년 프랑스 광산기술자인 알베르 매튜파비에르 Albert Mathieu-Favier에서 시작하여 1856년 앰 톰 드 가몽 Aime Thome de Gamond이 나폴레옹 3세에게 제안한 계획서까지 거슬러 올라간다. 최초로 터널계획이 구체화된 것은 영국의 토목기술자 존 호크쇼 경 Sir John Hawkshaw(1811~1891)이 사우스 이스턴 철도회사와 로스차일드가의 재정적 지원을 얻어 1865~1866년에 실시한 해저지질조사이다. 그 조사결과 터널굴착이 기술적으로 가능하다는 것이 판명되면서 영국과 프랑스 간에 터널굴착에 대한 관심이 높아졌다. 영국에서는 1872년, 프랑스에서는 1875년에 각각 터널회사가 설립되었고 1882년 양쪽 해안에서 입갱과 해저로 향한 시굴갱의 굴착에 착수하였다. 그러나 공사에 착수한 후 영국에서는 터널이 국방상 문제가 될 염려가 있다는 이유로 반대운동이 일어났고, 영국의회도 반대결의를 냈기 때문에 1883년에 공사가 중단되었다. 그때까지 양쪽 해안의 입갱에서 영국은 1,891m, 프랑스는 1,838m의 시굴갱을 해저로 전진시킨 시점이었다. 그 후 1916년과 1924년, 1929~1930년 다시 계획이 재연되어 조사와 설계를 하였으나 착수되지는 못했다.

 제2차 세계대전 후 1966년, 영국과 프랑스 양국은 터널건설에 관해 원칙적으로 합의하였다. 이것은 시속 300km의 고속열차로 런던~파리를 3시간 이내로 연결시킨다는 계획이었다. 이 터널은 양국 정부가 출자하는 해협터널회사가 건설하기로 하였고 영국 쪽의 체리튼(포크스턴 부근)과 프랑스 쪽의 코크유(칼레 부근)를 연결하는 길이 약 55km(그중 해저구간 약 37km)의 원형단면의 단선형 철도터널 2개로 이루어질 예정이었다. 처음에는 1975년부터 시굴굴착을 개시하여 1980년에 완성시킬 예정이었으나 인플레이션과 자금부족 외에 터널건설의 의미를 의문시하는 의견도 많아져서 다시 동결되었다. 영·불 해협 해저터널의 건설은 유럽 대륙을 하나로 연결하려는 유럽 연합 계획 중의 하나이다. 그러다가 철의 여인 영국 마가렛 대처 Margaret Thatcher 총리(재임 1979~1990년)와 장기집권으로 국정을 장악한 프랑스 프랑수와 미테랑 Francois Mitterrand 대통령(재임 1981~1995년)이 1984년 12월 파리회담에서 합의에 성공하였고 1986년 2월 건설인가에 관한 조약을 체결하였다.

터널의 총길이는 50.45km로 일본의 세이칸 Seikan 해저터널 53.9km에 이어 세계에서 두 번째로 길다. 영국과 프랑스 간의 해협을 잇는 해저터널로 영국 남부의 포트스턴과 프랑스 북부 칼레를 잇고 있다. 섬으로 떨어져 있던 영국이 유럽대륙과 인공터널을 통해 연결되며 여객용, 차량운반용, 환기 및 예비용 등 3개의 터널로 구성되어 있다. 세계 토목공학분야에서 '20세기 7대 불가사의'로 꼽혔던 영불 해협터널은 210억 달러(90억 파운드)가 투입되었고 1987년 12월1일 착공하여 1994년 5월 6일 완공됐다. '유로 터널 Euro Tunnel'은 영·불 양국정부로부터 건설공사 준공 후 운영, 유지관리에 이르기까지 일체의 권한을 착공시점부터 55년 동안 위임받아 관리한 후 2042년에 양국 정부에 소유권을 넘겨주게 된다. 유로 터널 회사는 150억 달러에 달하는 막대한 공사비를 정부의 자금지원이나 보증 없이 주식공모와 은행융자로 조달했다. 이 공사는 국가 간의 초대형 인프라 건설을 순수민간자본이 주도한 대표적인 사례이다.

유로터널이 개통됨에 따라 런던~파리, 런던~브뤼셀까지 각각 3시간 및

2시간 40분이 걸린다. 영·불 해저터널 운영사인 '유로터널'은 해저터널 개통 후 수년간 재정적 어려움을 겪었지만 개통 20주년인 2014년엔 매출이 10억 유로(당시 환율로 1조 4260억 원), 순이익이 1억100만 유로(1440억 원)로 흑자전환에 성공했다고 발표했다. 우리에게 영·불 해협 해저터널이 중요한 것은 역사적으로나 국민 정서적으로 숙적인 영국과 프랑스가 터널 건설에 합의했듯이 한·일 간 또는 한·중 간 해저터널도 언젠가는 가능할 수 있다는 시사점 때문이다.

5) 유럽과 아프리카를 이을 지브롤터 해저터널 구상

해양과 해양을 잇는 '운하 Canal 건설'과 마찬가지로 대륙과 대륙을 '해저터널 Tunnel'로 이으려는 계획은 인류의 꿈이다. 미국의 알래스카와 러시아의 시베리아를 '베링 해협 해저터널'(약 85㎞ 상당)로 연결하려는 계획과 유럽과 아프리카를 '지브롤터 해저터널'(약 39㎞ 상당)로 연결하려는 계획은 세계사를 바꿀 대사업이 될 수 있다. 유럽과 아프리카를 잇는 지브롤터 Gibraltar 해협의 깊이는 300m, 해협의 최단 폭은 14㎞이다. 지브롤터는 이베리아 반도 남단에 위치하여 대서양과 지중해를 연결하는 전략적 요충지로서 북쪽 스페인의 이베리아 반도 남단에서 지브롤터 해협을 향하여 뻗은 반도는 유럽 대륙에 남아 있는 유일한 영국의 속령인 지브롤터 Gibraltar가, 남쪽 모로코에는 스페인의 군사주둔지이자 자유항인 세우타 Ceuta가 있다. (그림 4.7.) 수에즈 운하를 건설하기 전까지는 지브롤터 해협이 유일하게 지중해에서 대서양으로 나가는 출구였다.

지브롤터의 역사는 그리스·로마 시대부터 시작되는데 고대 시절부터 '헤라클레스의 양 기둥'이라는 이름으로 불리면서 상당히 중요성이 높았다. 역사적으로 이 지점을 두고 유럽·아시아·아프리카의 여러 민족이 쟁탈전을 벌인 격전지였으며 해협 양안에는 항상 도시나 전략적 요새가 존재했다. 지브롤터 해협은 폭이 바다 기준으로 보면 상당히 근접하기 때문에 이베리아 반도를 정복한 세력이 북아프리카로 건너가거나 반대로 북아프리카를 정복한 세력이 유럽 방면으로 진출하기 위해서는 해협을 거쳐갔다. 한니발 장군이 로마와의 포에니 전쟁을 시작한 바탕이 바로 북아프리카에 있는 카르타고였다. 반달족의 경우에는 유럽에서 아프리카로 이동했으며 711년에는 이슬람의 타리크가 무어인을 거느리고 이곳을 점령하였다. 이슬람 제국의 경우에는 아프리카에서 유럽으로 진출하는 건널목으로 지브롤터 해협을 건넜다. 특히 해협의 이름인 지브롤터는 이슬람제국이 명명한 것이다. 그러나 스페인의 페르난도 2세와 이사벨 1세 여왕이 그라나다의 무어 이슬람 왕조를 멸하며 지브롤터에 대한 이슬람의 지배는 끝났다.

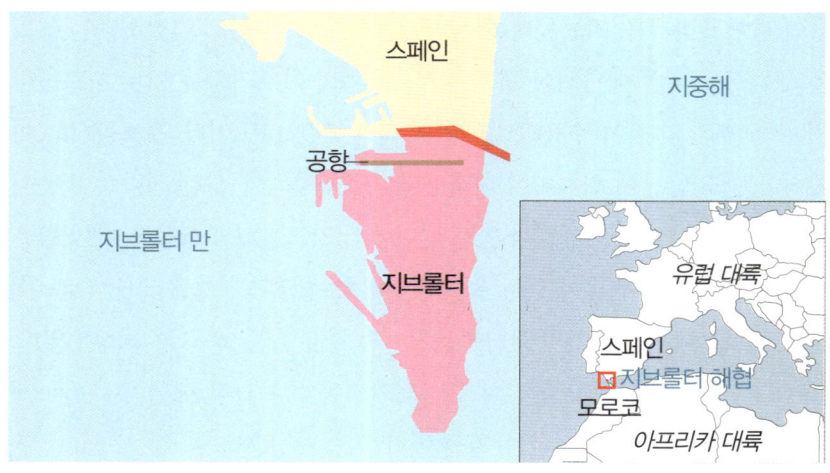

그림 4.7. 지브롤터 해협

이후 15세기 대항해시대가 도래하면서 제해권은 점점 더 중요해졌고 지브롤터 해협의 전략적 가치는 더 높아졌다. 그 후 지브롤터를 둘러싸고 각 세력 간의 마찰과 전쟁 끝에 1704년 스페인 왕위계승전쟁에 영국이 개입하였고 1713년 체결된 『위트레흐트조약』에 따라 스페인은 영국에 지브롤터를 할양하였다. 이 조약에는 영국이 지브롤터에 대한 완전한 주권 및 소유권을 갖는다고 명기되었다. 이후 스페인은 줄곧 영국에 지브롤터 반환을 요구하는 한편 여러 차례에 걸쳐 이 지역을 탈환하려고 시도하였으나 성공하지 못하였다. '지브롤터'와 분리할 수 없는 것으로 세계사에 남은 지명은 '트라팔가르 Trafalgar'이다. 트라팔가르는 스페인 최남단 지브롤터와 카디스 항의 중간에 있으며 '트라팔가르 해전'의 장소로 유명하다. 이곳에서 1805년 10월 21일 넬슨이 이끄는 영국 함대가 스페인-프랑스 연합함대를 격파하여 나폴레옹의 제해권을 빼앗았고 대영 제국의 문을 열어준 계기를 마련하였다. 지브롤터와 트라팔가르를 영국이 쉽게 포기하지 않는 이유는 전략적으로 중요한 요충지라는 의미와 함께 팍스 브리타니카와 대영 제국의 역사적 자긍심이 출발한 곳이기 때문이라고 판단된다. 반대로 스페인은 무적함대가 패한 굴욕의 상처로 남아 있는 곳이다.

결국 영국은 지브롤터를 장악하면서 해협을 장악하는 데 성공했고, 제2차 세계 대전까지 지브롤터에 항상 본국함대와 맞먹거나 적어도 그 다음 순위가 될 정도의 해군전력을 집중했다. 지브롤터는 지중해의 중추에 위치하여 전략적으로 중요한 몰타 Malta와 이집트 북부 항구도시 알렉산드리아 Alexandria와 함께 지중해에서 '영국 제해권 유지의 3대 급소'였다. 제2차 세계대전 중에는 미국의 아프리카 작전기지가 되어 독일 공군의 폭격을 받았다. 영국의 지중해의 제해권과 길목방어에 대항하여 독일은 U보트를 지중해로 투입하는 등 노력을 기울였다. 하지만 지브롤터에 집중한 영국의 해군전력이 막강한데다 지브롤터의 해류가 대부분 지중해로 들어오는 방향으로만 흐르기 때문에 잠수함을 투입하면 지중해로 들어오기는 쉽지만 대서양으로 나가기는 거의 불가능해서 '지브롤터의 덫'이라는 말까지 나올 정도로 해류조건이 안 좋다. 1940년 11월, 히틀러는 '총통 지령 제 18호'로 지브롤터 공격 계획인 '펠릭스 Felix작전'을 수립했다. 하지만 중립의 달인인 스페인의 프란시스코 프랑코 Francisco Paulino Hermenegildo Teódulo Franco(총통 재위 1939~1975년)는 지브롤터를 스페인에게 주겠다는 히틀러의 유혹에도 작전 협조를 거부했다. 세계 대전이 종전된 후에는 항공력의 발달과 영국의 세력 약화 등이 합쳐져서 이전처럼 절대적 전략요충지의 지위에서는 벗어났다.

하지만 21세기에도 지중해나 흑해에 있는 군용함선들이 외양으로 나가려면 수에즈 운하로 나가지 않는 한 반드시 이 해협을 거쳐야 하므로 지정학적 중요성은 여전히 높다. 1964년부터는 스페인의 영토 반환요구가 계속되고 있으며, 1969년에는 경제봉쇄가 단행되기도 하였다. 2006년에는 양국이 지브롤터 공항을 공동으로 이용하고 협력을 증대할 것을 주요 내용으로 하는 협정에 서명하여 갈등이 해소되는 듯하였으나 2012년 스페인이 영유권 협상을 요구하면서 긴장관계가 재 조성되었다. 2013년에는 지브롤터 당국이 어류 서식처 조성을 위하여 바다 속에 콘크리트 구조물을 설치하자 스페인 측에서 이를 자국 어선의 어로를 막으려는 조치로 간주하여 지브롤터 국경의 세관 검색을 강화하고 통행료를 부과하였다. 이에 영국은 해군 훈련을 명목으로 항공모함과 순양함을 파견하여 갈등을 빚음으로써 양국 간의 분쟁의 소지가 여전함을 드러내었다. 2018년 영국의 EU 탈퇴를 추진한 브렉시트 관련 EU회의에서도 스페인은 "지브롤터의 미래와 관련하여 스페인을 배제한 어떤 협상도 거부하겠다."는 강한 외교적 입장을 공표하였다. 지브롤터 반환은 스페인의 300년이 넘는 숙원사업이다.

유럽과 아프리카를 철도로 여행하는 '꿈의 프로젝트'가 계획되고 있다. 지브롤터 해저에 터널을 건설하려는 구상은 1970년대 말부터 나왔다. 그러나 별다른 진척이 없다가 2004년 스페인에 호세 로드리게스 사페테로 총리가 이끄는 사회당 정부가 들어선 뒤 스페인과 모로코 관계가 개선되면서 구체화됐다. 스페인은 후안 카를로스 국왕이 알제리를 방문, 경제 협력을 약속하는 등 과거 영국과 프랑스의 세력권에 있었던 북아프리카 국가들을 향해 적극적인 '구애'를 하였다. 스페인과 모로코의 양국 정상은 2007년 3월 유럽과 아프리카 사이에 놓인 지브롤터 해협 아래를 관통하는 해저터널을 공동으로 건설하기로 합의했지만 그 후 진행은 보고되지 않고 있다. 당시 영국 일간 《인디펜던트》는 2025년 완공을 목표로 하는 이 터널은 스페인 남단 타리파와 모로코의 탕헤르 사이를 잇는 총연장 39㎞, 해저구간 28㎞의 철도용 터널이 건설될 것이라고 보도했다. 이 터널은 일본의 세이칸 터널과 프랑스~영국을 잇는 유로터널에 이어 세 번째로 긴 해저터널이다. 터널이 완공되면 스페인 마드리드에서 모로코의 탕헤르까지는 4시간여 만에 갈 수 있고, 연간 1,000만 명 이상이 이용하게 될 것으로 추정하고 있다.

그러나 유럽과 아프리카를 잇는 지브롤터 해저터널 건설을 위해서는 아직 해결할 문제가 적지 않다. 첫째, 기술적 문제. 타리파-탕헤르 구간은 수심이 깊고 물살도 빠르다. 설계자인 스위스의 지오바니 롬바르디는 "유로터널은 수심이 40미터 정도인데 비해 이번 구간은 최고 300미터가 되는 곳도 있어 훨씬 어려운 공사가 될 것"으로 내다봤다. 롬바르디는 2017년 사망했다. 지브롤터 터널은 또 유럽 판과 아프리카 판이란 두 개의 지각 판 사이를 잇는 것이기 때문에 지각 변동이란 변수도 감안해야 한다. 둘째, 막대한 공사비 조달. 이미 완공된 유로터널의 공사비용 210억 달러 이상 규모의 자금이 필요할 것으로 예상되지만 공사비를 어떻게 충당할지는 미지수다. 2008년 이후 들이닥친 경제위기로 스페인과 모로코 양국 정부의 재정구조에서 지브롤터 해저터널은 우선순위에서도 밀린다. 셋째, 수익성 여부 불투명. 유로터널의 경우 1994년 개통 이후 계속되는 적자로 운영업체인 유로스타가 파산 위기에 몰려 있다가 개통 20년 뒤에야 흑자경영으로 돌아섰다. 세이칸 터널 또한 일본 정부가 엄청난 보수비용을 들여가며 간신히 유지하고 있다. 다만 아시아를 넘어 지중해 동쪽 관문인 그리스의 피레우스 항구도시를 '일대일로 이니셔티브'에 포함시킨 후 이탈리아 주요항만 투자 협정을 마친 중국이 여세를 몰아 지정학적으로 중요한 지중해 서쪽 관문인 지브롤터 해협을 끌어들이려는 전략은 자명하다. 그런 이유로 시진핑 중국 국가주석이 2018년 11월 스페인을 국빈 방문했고 중국의 스페인에 대한 지브롤터 해저터널 건설 구애는 지브롤터를 속령으로 지배하고 있는 영국의 견제 속에서 향후로도 끈질기게 지속될 것으로 보인다.

제5장
역사를 바꾼 세계 해전과 승전장군의 책략

1. 아테네 테미스토클레스가 페르시아를 대파한 살라미스 해전
2. 오스만 제국에 승리한 신성동맹 무적함대의 레판토 해전
3. 영국의 해적해군이 스페인 무적함대를 깬 칼레 해전
4. 학익진·거북선으로 일본을 침몰시킨 이순신의 한산대첩
5. 대영 제국을 연 넬슨의 트라팔가르 해전

세계사에서 해전은
제국이나 한 나라의 흥망을 가져오기도 하고,
역사의 방향을 변화시켰다.

제5장 역사를 바꾼 세계 해전과 승전장군의 책략

   세계사에서 해전은 제국이나 한 나라의 흥망을 가져오기도 하고, 역사의 방향을 변화시켰다. 역사적인 세계 해전의 순위를 매기는 것은 군사역사학자들에게도 매우 어려운 과제다. 영국 역사학자 에드워드 셰퍼드 크리지 Edward S. Creasy는 1851년 고전적인 결정적 세계 전투 15개를 발표했다. 크리지의 기준은 크게 두 가지였다. 하나는 무엇이 전투를 결정적으로 만들었나? 또 하나는 무엇이 다른 이유보다 더 중요한 전쟁을 만들었나? 여기서 '결정적 decisive'이란 용어는 전략의 권위자들조차 논리적 정의에 대해서는 일치하지 않는다. 클라우제비츠는 '결정적 전투란 직접적으로 평화에 이르는 것'으로 정의한다.

   그러나 역사에서 결정적 전투는 단지 전술적 의미가 아닌 전략적 또는 정치적 의미가 보다 중요했다. 영국 샌드허스트 왕립 육군 사관학교에서 전쟁사 교수였던 존 키건 John Keegan은 그의 책《제해권의 가격: 해전의 진화 The Price of Admiralty: The Evolution of Naval Warfare, Penguin Books, 1990》에서 근세사에서의 세계 4대 해전으로 1805년 프랑스와 스페인 함대를 상대로 승리한 영국의 트라팔가르 해전, 세계 제1차 대전의 유틀란트 해전, 제2차 세계대전 시 일본의 해상침공을 분쇄한 미국의 미드웨이 해전, 그리고 제2차 세계대전에서 연합군과 독일 U보트 간의 치열했던 대서양 전투를 다뤘고, 이 4개의 해전들이 역사 흐름을 바꾼 분기점이라고 언급했다.

　미국 해군전쟁대학의 해양 전략 교수인 제임스 홈즈 James R Holmes는 결정적 해전승리를 세 가지 요소로 분석했다. 첫째 요소는 문명, 제국, 대국의 '운명 fates'을 결정짓는 것이라 했고, 둘째 요소는 세계역사의 충돌에서 '결정적 계기 momentum'를 만든 것이라 했다. 전쟁의 '종말 endgame'을 가져온 전투가 결정적 전투이며, 전쟁에서 평화까지의 시간에 이르도록 한 직접적 전투이다. 셋째 요소는 전쟁을 승리와 평화국면으로 종결시키는 역할을 한 '무기의 시험 tests of arms'이 중요하다고 했다.[1] 제임스 홈즈 교수가 정의한 결정적 요소 기준에 따른 세계 5대 해전은 ① 기원 전 480년 아테네 함대를 주력으로 한 그리스 연합해군이 살라미스 해협에서 막강한 페르시아 해군을 격멸시킨 그리스 연합 대 페르시아 간 살라미스 해전 ② 1588년 스페인 무적함대 Spanish Armada 대 영국 간의 해전 ③ 1759년 영국 대 프랑스 간의 퀴베롱 만 해전 Battle of Quiberon Bay ④ 1279년 약 50여 척의 원나라 함대가 약 1,000여 척의 송나라 함대를 패배시킴으로써 남송을 멸망시킨 애문해전 崖門海戰 Battle of Yamen ⑤ 1571년 10월 7일 신성가톨릭동맹 함대가 투르크 함대를 격파한 레판토 Lepanto 해전 등이다.

　여기에 제임스 홈즈의 세계적 해전 선정기준 요소인 국가의 운명 결정, 세계역사의 결정적 계기, 전쟁에 결정적인 무기시험 등을 고려할 때 이순신 장군의 한산대첩도 포함되어야 한다고 본다. 따라서 본서에서는 제임스 홈즈 교수의 결정적 해전 선정 기준과 함께 현재 세계 여러 나라의 해군사관학교에서 생도들에게 가르치는 역사적으로 유명한 세계 5대 해전의 주역과 핵심전략을 요약해 보기로 한다. 세계 5대 해전은 첫째, BC 480년 그리스의 테미스토클레스 Themistocles 제독의 살라미스 Salamis 해전, 둘째, 1571년 레판토 해전, 셋째, 1588년 영국 프랜시스 드레이크와 하워드 Howard 제독의 칼레 Calais 해전, 넷째, 1592년 거북선을 앞세워 승리를 거둔 이순신 李舜臣 장군의 한산대첩, 다섯째, 1805년 영국 넬슨 Nelson 제독의 트라팔가르 Trapalgar 해전이다.

1. 아테네 테미스토클레스가 페르시아를 대파한 살라미스 해전

유럽의 고대사에서 처음이자 본격적으로 해양활동을 한 것은 그리스의 폴리스 polis들이다. 복잡한 리아스식 해안과 수많은 섬들이 도처에 널려 있으며 해안에 암벽이 많아 마을들이 육상보다는 해상 왕래가 더 용이하다. 아테네 근처에는 천연의 항구인 '피레우스 Piraeus'가 바다를 향해 열려 있다. 최근 중국 국가주석 시진핑이 내세우는 '일대일로' 정책의 서쪽 끝이자 유럽 지중해의 출발선인 피레우스 항이라는 점은 역사적 상징성에서 볼 때 중요하다. 또한 그리스의 폴리스들은 반도의 토지가 경작지로 척박하기 때문에 토지에 투자하기보다는 해운이나 무역에 투자하게 되었다. 외부에서 곡물을 수입해야만 했던 자연·지리적 조건 때문에 폴리스들 중에는 동부 지중해와 에게 해에서 주로 활동하던 해양국가의 성격이 많았다. 해양에 대한 도전은 그리스인들과 아테네인들에게 생계와 연결된 '생득권 生得權, inherent right'이었다.

고대 그리스인은 항해·조선 등의 해양기술이 뛰어났다. 특히 항해술이 뛰어난 전통을 가진 것은 크레타인들이었다. 크레타인들은 소아시아에서 이주한 사람들로 기원전 2000년 전부터 600년 정도 사이에 '미노스 문명'이라고 불리는 고도의 문화를 자랑했던 민족이었다. 지중해를 중심으로 17

세기 말까지 주로 전투용으로 사용된 '갤리선'의 원형은 기원전 3000년 전에 출현했고 그 후 페니키아인, 그리스인에 의해 사용됐다. 그리스의 역사에서 페르시아 전쟁은 중요하다. 병력의 수적으로 그리스는 페르시아를 이길 수 없었음에도 분전했고, 기어코 지켜냈다. 올림픽의 마라톤은 BC 490년 그리스와 페르시아가 마라톤에서 결전하여 승리 후 그리스 병사가 승리를 알리기 위해 아테네까지 달린 것에서 유래한다. 마라톤에서 패한 페르시아는 10년 후 대군과 대함대를 이끌고 다시 그리스를 공격했다. 페르시아 왕위에 오른 아들 크세르크세스 Xerxes(재위 BC 486~465년) 1세는 부왕 다리우스 1세의 유언에 따라 제3차 그리스원정을 추진했다. 드디어 BC 480년 크세르크세스 1세는 약 16만 명의 병력과 1,200척의 함선을 끌고 그리스로 진격했다. 육상 전투에서 그리스의 각 도시국가를 차례로 정복하였다. 그의 군대는 길이 61km이나 폭은 1~6km인 헬레스폰토스 Hellespontos 해협을 선박을 연결시킨 가교로 건넜다. 트로이의 목마로 유명한 트로이가 위치한 헬레스폰토스 해협은 훗날 알렉산더 대왕이 소아시아로 진출할 때 건너는 유럽과 아시아를 연결하는 해협이다.

당시 아테네의 최고행정관은 테미스토클레스 Themistocles(BC 524~459)였다. 그는 그리스의 이순신이었다. 이순신이 없었다면 조선의 운명을 알 수 없었듯이 테미스토클레스가 없었다면 그리스나 바다를 중심한 헬라스 문명은 존재하지 않았을 것이다. 그는 마라톤 전쟁을 승리로 이끈 밀티아데스 Miltiades 장군 휘하에서 전쟁수업을 받은 명망 높은 지도자이자 전략가였다. 아테네의 명문에서 태어나 BC 493년 집정관으로 뽑혔다. 페르시아의 위협에 대비하여 피레우스 군항 건설과 해군증강에 착수하였다. 군 선배이자 육군 강화론자인 밀티아데스와 견해가 달랐으며, 그가 죽은 후 해군력을 강화하였다. BC 483년에는 뜻하지 않게 라우레이온 은

광이 발견되었다. 거기서 나오는 수익을 군함건조에 충당하도록 민회를 설득하였고, 결국 아테네를 그리스 제일의 해군국으로 만들었다. 그는 아테네를 고대 그리스 세계에서 최강의 해군국으로 만든 '아테네 해군의 아버지'이다. 사실 아테네는 마라톤 전쟁에서도 알 수 있듯이 육군에 중점을 두었던 도시국가였다. 본래 해전은 함선을 건조하고, 또한 선원양성에 비용이 많이 들어 아테네인들은 해전준비를 소홀히 했었다.

여기서 중요한 것은 테미스토클레스의 해군력 증강 주장은 아테네의 국가전략 정통성에 도전하는 혁명적 발상이었다는 점이다.[2] 아테네의 수호신 자리를 차지하기 위해 전쟁의 여신 아테나 Athena와 바다의 신 포세이돈 Poseidon이 서로 힘겨루기를 했다는 것은 널리 알려진 이야기다. 아테네는 올리브나무와 아테나로 상징되는 땅의 도시, 육군의 도시였는데 테미스토클레스가 이를 바다의 도시, 포세이돈의 도시로 만들려 한 셈이다. 하지만 테미스토클레스는 페르시아의 침공 가능성을 경고하며, 아테네가 육지에서 강한 페르시아를 이기려면 바다에서 승부를 걸어야 하고, 에게 해를 지킬 강력한 해군을 구축할 것을 주장했다. 결과적으로 테미스토클레스의 혁명적 발상에 의해 아테네를 해군의 도시로 만들지 않았다면 살라미스 해전의 승리는 불가능했을 것이다.

그의 책략에 따라 아테네는 지중해 최강의 해군력을 갖추게 되었다. 테미스토클레스의 해군은 3단 노함선 trireme 갤리선 200여 척을 건조했다. 170명까지 노를 저을 수 있는 그리스 3단 갤리선은 페르시아 것에 비해 기동성과 충격력에서 훨씬 뛰어났다. 그리스 함선은 단단한 뱃머리를 높이 세우고 최고속력으로 돌진, 적선에 부딪침으로써 적선을 침몰시킬 수 있었다. 그리스 도시국가들은 모두 총 380척의 함대를 확보했다. 1,200척의 페르시아 함선과는 비교가 안 되는 적은 숫자지만 그리스 3단 노함선이 전투력에서 질적으로 우수했다. 최고행정관 테미스토클레스는 함선의 선원을 확보하기 위해 길거리 빈민층 사람들을 설득했다. 그들에게 전공을 세우면 부와 명예를 거머쥘 수 있다는 조건을 내세우며 설득했다. 그의 설득은 빈민계층에게 적극적으로 군대에 가담토록 하는 계기를 공여했다. 이들 빈곤층에 의해 조성된 다수여론은 주전파 여론을 형성했고 반면 전쟁을 피하자는 부유층에 경각심을 일으켰다. 노련한 지도자 테미스토클레스의 민심을 얻고, 민병을 얻는 전략이었다. 결국 페르시아 전쟁 이후 빈곤층은 참정권을 획득하면서 아테네에는 민주정치가 생겨났으니 테미스토클레스가 그리스의 민주정치를 만든 원조인 셈이다.

살라미스 해전에 앞서 페르시아 육군이 에게 해 북쪽 해안을 따라 마케도니아와 테살리아 지역을 통과해오자 그리스인들은 테르모필레의 좁은 협곡에서 맞서 싸웠다. 그곳은 테살리아에서 아티카반도로 향하는 관문으로 아테네 북쪽 130km 지점이며 동쪽으로는 에보이아 해협이 있다. 그리스 측 스파르타 왕 레오니다스 Leonidas는 7,000명의 보병을 이끌고 좁은 산길을 지켰다. 레오니다스의 결사항전은 아르테미시온 해전에서 큰 피해를 입은 그리스 해군으로 하여금 에보이아 섬과 본토 사이의 좁은 해협을 통해 퇴각할 수 있도록 시간을 벌어주었다. 육전에서의 잇따른 패배소식을 들으며 그리스 함대는 해안을 따라 아테네와 살라미스 섬을 향해 멀리 우회했다. 이후 페르시아군은 여세를 몰아 중부 그리스를 휩쓸고 아테네까지 진출했다. 육상 방어선인 테르모필레와 해상 방어선인 아르테미시온을 돌파한 페르시아의 크세르크세스 대군은 파죽지세로 아티카 반도를 점령하였으나 살라미스의 그리스군 공격이 여의치 않자 전선은 교착상태에 빠졌다. 크세르크세스 1세는 육지를 거의 점령한 상태에서 해전의 필요성을 별로 느끼지 않았으나, 아테네 명장 테미스토클레스가 그를 살라미스 해전으로 이끌어 냈다.

공포에 휩싸인 아테네의 시민들은 단단한 돌로 된 육상의 성 안에서 농성하며 버티자고 했다. 오랫동안 버티면서 페르시아 군이 물러가기를 기다리자는 것이었다. 그러나 테미스토클레스의 판단은 달랐다. 페르시아 대군에 포위된 상태로는 성벽 안에서 버텨봤자 얼마 못 가 함락될 것을 알고 있었다. 그는 성벽을 떠나 바다로 나가 해양국가 아테네의 장점을 살려 해전으로 승부를 걸면 승리할 수 있다고 국민들을 설득했다. 아테네 국민들은 테미스토클레스의 결단에 동조했고 일치단결하여 해전에 승부를 걸었다. 테미스토클레스는 페르시아 함대를 유인하여 해전을 벌일 계획을 세웠다. 그는 '살라미스 Salamis 섬'과 아티카 반도 사이의 좁은 해협을 전쟁장소로 결정했다. 해협은 폭이 2~3㎞로 좁아서 페르시아의 밀집함대를 끌어 들여 싸운다면, 우수한 해군을 거느린 그리스에 충분히 승산이 있다고 보았다.

본래 살라미스 섬은 바다의 신인 포세이돈이 아들을 낳은 곳으로서 그곳을 점령한 자가 바다를 장악한다는 전설이 전해오는 바로 그 섬이기도 하다. 테미스토클레스는 크세르크세스 1세 측에 자신의 노예 시킨노스를 보내 "아테네 해군이 배신하고 페르시아 측에 붙을 것이다."라는 거짓정보를 흘리도록 했다. 손자병법《시계편》에 나오는 '전쟁은 일종의 속임수이다'는 계략을 쓴 것이다. 테미스토클레스는 적의 움직임을 미리 알고 이를 역이용한 '장계취계 將計就計 전략'을 쓴 것이다. 그리스 연합군이 내부분열을 일으켰다고 판단한 크세르크세스 1세는 살라미스의 좁은 해협으로 함대를 이끌고 총공세에 나섰다. 구름떼처럼 몰려오는 페르시아 함대를 본 그리스군 내에서 동요가 일었으나 테미스토클레스는 부하들에게 필승의 복안을 전달하고 침착하게 전투대형을 유지하고 끝까지 버티도록 독려했다.

해전의 전술적 이점은 그리스 쪽에 있었다. 페르시아 함대가 좁은 해협 때문에 대형을 유지하지 못한 채 무질서하게 공격하는 데 비해 그리스군은 준비된 장소에서 기다리다가 반격을 취하는 것이 가능했다. 빠른 속도와 단단하게 건조된 갤리선을 이용할 수 있었기 때문이다. 살라미스 해협이 페르시아 함대로 꽉 메워질 때까지 기다리다가 테미스토클레스는 일순간에 공격명령을 내렸고 격전이 벌어졌다. 비좁은 해협으로 몰려 온 수많은 페르시아 거함들은 자기들끼리 충돌하며 기동력 불능, 통제 불능의 상태에 빠져버렸다. 전함의 수도 훨씬 적고 크기도 작지만 조류 흐름과 물길을 잘 알고 있던 아테네 함대는 기동력을 마음껏 발휘하며 페르시아 거함들을 차례차례 격침시켜 버렸다. 그리스 3단 노 함선은 적선의 노를 부러뜨리고 적선 좌우 측면을 들이받고 하는 등 충격력이 강한 전술적 이점을 유감없이 발휘했다. 약 7시간의 격전을 치른 결과 페르시아는 200척의 함선을 격침당했고 또 그만한 숫자를 그리스군에 포획 당했다. 이에 비해 그리스 함대는 불과 40척을 잃었을 뿐이었다. 크세르크세스 1세는 원정 후 시일이 너무 오래 경과한 데다가 해상에서 대패를 당해 보급마저 끊길 위험에 처하게 되자 서둘러 회군하고 말았다. 그리스 해군은 기원전 480년 살라미스 해전에서 승리한 여세를 몰아 이듬해 여름 소아시아 지역으로 출동하여 페르시아의 나머지 함대를 모조리 쳐부수었고, 페르시아 전쟁(BC 492~480년)에서 승리를 거두었다.

    살라미스 해전은 아테네 최고행정관 테미스토클레스의 뛰어난 지략과 리더십, 아테네 국민들의 애국심이 엮어낸 위대한 승리이며 세계사의 흐름을 바꿨다. 살라미스 해전 후 그리스는 두 번 다시 페르시아의 침공을 받지 않았으며 막강한 해군력을 갖춘 아테네는 오랫동안 지중해의 강자로 군림하며 에게 해, 지중해 동부, 이탈리아 남부해역에서 해상활동을 하고 해외 식민지를 건설하였다.[3] 고대 그리스에게 바다는 생명선이었고 화려한 문명도 해양을 생명선으로 활용했기 때문이다. 페르시아를 물리친 후 재침략에 대비하기 위해 아테네를 중심으로 폴리스들 간의 연합기구인 '델로스 동맹'이 결성됐다. 동맹국들은 저마다 일정한 분담금을 내었고 그것이 사실상 아테네의 국고처럼 되어 아테네 함대를 건조하고 유지하는 데 쓰였다.

아테네가 해상제국으로 떠오르면서 페르시아 전쟁 때에 중요해진 노잡이들의 역할과 위상은 더욱 중요해졌다. 살라미스 해전 이전에는 군사 장비를 개인이 부담했기 때문에 말을 소유할 수 있는 귀족들 위주의 기병대가 주력이었고 갑옷과 방패를 마련할 수 있는 부유한 시민들이 국방의 주축이자 권력의 중심이었다. 군함의 노잡이는 팔 힘 말고는 아무 것도 없는 최하층 시민들의 담당이었는데 살라미스 해전 이후 갤리선 노잡이의 중요성이 커진 것이다. 이처럼 살라미스 해전은 갤리선 노잡이와 같은 아테네 하층민들의 정치적 지위를 크게 향상시켰다. 이로써 살라미스 해전 20년 후 아테네 민주정치를 가져온 대정치가 페리클레스 Perikles (BC 495~429)의 말대로 "통치권을 모두 골고루 나누어 맡고 (…) 나라에 뭔가 기여를 할 수 있다면 가난해도 상관없는" 본격적인 민주정치가 시작된 것이다.

테미스토클레스는 아테네가 페르시아를 물리치고 그리스의 맹주가 된 후, 다음 적은 스파르타가 될 것이라고 예견했다. 육군이 강한 스파르타의 공격을 방어하기 위해서는 아테네 도심을 성벽으로 보호하는 한편, 신속하게 피레우스 항에 정박해 있는 삼단노선을 타고 스파르타 도시를 공격해야 한다는 것이 그의 전략 구상이었다. 미래를 준비하고 신속한 판단을 내리는 일 그리고 그것을 강력한 리더십으로 추진하는 일에 그를 따를 자가 없었다. 결국 테미스토클레스가 예측한대로 아테네와 스파르타 간의 펠로폰네소스 전쟁(BC 431~404년)이 발발했다. 그러나 테미스토클레스 없는 아테네는 30년 전쟁의 끝인 BC 404년 스파르타에 항복했고 결국 고대 그리스

쇠망의 원인이 되었다. 고대 그리스의 멸망은 그리스 내 폴리스 간의 전쟁이 원인이 되었고 그 후 마케도니아의 필리포스 2세(BC 382~336년)와 알렉산더 대왕으로 패권이 넘어갔다.

그런데 『플루타르코스 영웅전』으로 유명한 플루타르코스 Plutarchos는 천하 최고의 전략가인 테미스토클레스에게 치명적인 약점이 있었다고 비판했다. 그는 천성적으로 명예욕이 강하고 금전에 대한 욕심이 지나친 인물이었다는 것이다.[4] 플루타르코스는 전략가 테미스토클레스의 능력에 대해서는 인정하지만 페르시아 전쟁이 끝난 다음 델로스 동맹국을 돌아다니면서 동맹부담금을 갹출한 행동에 대해서는 비판적이었다. 정치에 입문하기 전에 그가 가진 전 재산이 3달란트(헬라어로 달란톤, 라틴어로는 달란트. 아테네의 한 달란톤은 금 26kg임)에 불과했는데 공직에 올랐을 때 무려 100달란트로 크게 불어났다. 결국 그는 BC 472년 도편추방을 당했고 도피생활을 하다가 적국 페르시아에 몸을 맡기는 불행한 처지로 전락했다. 물론 그는 조국을 배신하지 않기 위해 그리스와의 전쟁을 진두지휘하라는 페르시아 대왕의 명을 거부하고 자살로 인생을 마감했다. 역사에 남을 살라미스 해전의 영웅이 명예욕과 금전욕으로 비참한 결말을 맺게 된 것은 오늘날 우리에게 주는 역사의 교훈이다.

2. 오스만 제국에 승리한 신성동맹 무적함대의 레판토 해전

1571년에 벌어진 레판토 해전 Battle of Lepanto은 이슬람을 대표하는 오스만 제국의 서진에 맞서 가톨릭 국가들이 신성동맹을 맺고 지중해의 주도권을 지킨 세계사적인 사건이었다. 가톨릭 국가들이 승리함으로써 오스만 제국의 서지중해 지역으로의 팽창은 저지되었다. 이는 또한 가톨릭 국가들이 지중해 교역의 주도권을 잡았음을 만방에 선포했다는 데 역사적 중요성을 지닌다. 특이할 만한 것은 이 해전에서는 가톨릭 함대의 대형 범선 갈레아스 6척이 위력을 발휘했는데 이 대형 범선은 후일 스페인의 무적함대가 되는 모체였다. 오스만 제국 Osman Empire(1299~1922)은 13세기 말 아나톨리아 반도에서 등장하였으며 다민족·다종교 국가로서, 아시아·아프리카·유럽의 3개 대륙에 걸친 광대한 영토를 통치했다. 이 지역은 민족 간의 분쟁이 빈번하게 일어났으며 11세기경에 북쪽 투르크인들이 아나톨리아 반도로 대거 이주해오면서 이 지역의 혼란은 더욱 가중되었다. 투르크족은 유목민이었으며 이들은 토착세력인 이슬람인들과 갈등 속에서 자신들의 영역과 영향력을 점차 넓혀나갔고 종교적으로는 이슬람교에 동화되었다. 투르크인들이 만든 여러 소국 중에서 오스만 1세가 거느린 유목민 집단이 강력한 세력으로 등장하면서 점자 강대한 국가로 성장했다. 다양한 종교를 가진 민족들이 오스만의 지배권으로 통합되었다. 오스만 왕조는 점차 영토를 넓혀갔으며 술탄 메흐메드 2세(재위 1444~1481년)가 통치한 15세기에는 제국으로 성장할 수 있는 발판을 마련하였다. 이후 16세기에 들어 술탄 슬레이만 1세(재위 1520~1566년)가 유럽과의 전쟁에서 연승하며 오스만 제국의 전성기를 누렸다.

15~16세기 유럽인들은 그 이전 시대보다 새로운 세계를 향해 바다로 도전하는 자들이 급증하였다. 부에 대한 욕망, 가톨릭교를 전파하고자 하는 열성, 또한 미지의 세계에 대한 호기심 등 여러 가지 동기와 함께 항해술 및 해군력의 발전은 유럽 열강들의 신세계 정복 경쟁을 유발했다. 포르투갈과 스페인을 중심으로 유럽이 대서양에서 세력을 팽창시키고 있을 때, 오스만 제국은 1453년 콘스탄티노플 점령에 이어 15세기 내내 발칸 반도를 점거

했고 1522년에는 에게 해 남동부의 로도스 섬까지 점유하며 지중해로 진출하였다. 오스만의 영토 확장의 기세는 멈추지 않아 1530년대에는 서남아시아 전역을, 1550년대에는 아프리카 북단인 리비아와 알제리, 에리트레아를 점령하여 지중해 남부와 인도양으로의 활로를 장악하면서 세 대륙에 걸친 영토를 과시했다. 오스만 제국의 영토 확장으로 인해 지중해 나라들은 위협에서 자유로울 수 없었다. 특히 제노바와 베네치아는 지중해 교역 거점을 빼앗기면서 동방 교역에 큰 타격을 입었다. 그 결과 지중해를 놓고 유럽 세력과 오스만 제국 간의 충돌은 불가피했다. 일부 학설은 선박건조에 필요한 나무 때문에 레판토 해전이 일어났다고 주장한다. 이 학설은 해상교역과 해전이 빈번해짐에 따라 오스만 제국은 더 많은 배를 건조하기 위해 목재가 풍부한 지중해로 진출하기 위해 전쟁을 일으켰다는 주장이다.

1566년 술탄으로 즉위한 셀림 2세(재위 1566~1574년)는 1570년에 베네치아 속령인 키프로스 섬을 공격했다. 키프로스 섬은 베네치아가 약 100년을 지배해온 곳으로, 동지중해의 제해권을 상징하는 곳이었다. 베네치아는 로마와 스페인에 도움을 요청했다. 교황 피우스 5세 Pius V는 신성동맹을 향해 오스만 제국을 격퇴하고 가톨릭 세계를 보호하자고 호소했지만 오랫동안의 상호 적대관계인 이탈리아 도시국가들은 교황의 요청에 미온적이었다. 가장 중요한 입장인 스페인 합스부르크 왕가의 왕이자 신성 로마 제국 황제인 펠리페 2세 Fellipe II(재위 1556~1598년)는 아메리카 대륙과 네덜란드 문제가 더 중요했기 때문에 교황의 요청인 연합함대 구성에는 체면만 차리려 했다. 하지만 이후 오스만 제국이 지중해 동부와 남부를 완전히 장악하게 되면 자신의 영지인 나폴리와 시칠리아는 물론이요 본국까지 위협을 받게 된다고 판단하여 결국 대규모 함대를 꾸렸다. 펠리페 2세는 지중해의 숙적인 베네치아 공화국의 쇠망을 바랐지만 키프로스의 상실은 곧 스페인의 지중해 상권에 치명적인 결과를 초래할 것을 우려하여 우선 베네치아를 돕기로 결심했다.

　1571년 5월 베네치아·로마·스페인 3국은 스페인의 '돈 후안 데 아우스트리아' Don Juan de Austria(1547~1578)(이하 '돈 후안'으로 표기)를 사령관으로 하는 '신성동맹함대'를 편성했다. 신성동맹함대는 200척 이상의 갤리선, 6척의 갈레아스 Galleass 선(대형 갤리 상선에서 발달한 군함), 24척의 대형 수송선과 50척의 소형선으로 구성되었다. 그 후 이 함대는 다른 여러 유럽국들도 개별적으로 파견한 선박과 승무원들로 연합한 '십자군 함대'로 발전했다. 당시 오스만 함대는 코린토스만의 '레판토 Lepanto'에 집결해 있었다. '무에진자데 알리 파샤'가 이끄는 오스만 함대는 250척의 갤리선, 40척의 갤리오트 선(항해용 소형 갤리선), 그리고 20척의 소형선으로 구성되었다. 레판토 해전에서 사용된 전함은 갤리선으로서 2천여 년 전 살라미스 해전(BC 480년)에서 사용된 것과 큰 차이는 없었으나, 갤리선이 군함으로 마지막 역할을 한 것은 레판토 해전이다.

　당시 베네치아의 국영조선소는 2천여 명의 장인이 동시에 110척의 갤리선을 건조하는 능력을 보유했다. 그러나 양측 갤리선은 근본적으로는 똑같은 유형이나 몇 가지 차이점이 있었으며 그 차이가 상당히 중요한 결과를 초래했다. 신성동맹의 갤리선은 뱃머리에 5문의 대포를 올려놓았고 반면 오스만 함대의 약간 작은 갤리선에는 3문이 있었다. 그리고 신성동맹함대만 보유한 갈레아스선은 각각 약 30문의 대포를 보유했다. 갈레아스선은 갤리선보다 약 2배의 크기로서 속도가 갤리선에 비해 느렸지만 많은 병력을 싣고 많은 포를 운반했다. 그러나 이런 포들은 작은 포들로서 배를 격퇴시키기보다는 살상용이었다. 신성동맹함대 전투병들은 화승총으로 무장한 데 반해 오스만 병사들은 주로 활로 무장되어 있었다. 신성동맹 측이 군사장비에서 우위에 있었다.

　1571년 10월 7일 일요일 아침, 레판토 해군 기지에서 서쪽으로 출항한 오스만 함대와 메시나에서 출항한 신성동맹함대가 그리스 서부의 바깥쪽에 있는 파트라스 만에서 5시간에 걸친 전투가 시작되었다. 스페인 국왕 펠리페 2세의 이복동생으로 명장인 '돈 후안'이 이끄는 신성동맹함대는 중앙·우측·좌측으로 구성된 3개 전대와 1마일 후방에 예비전대를 배치하였다. 알리 파샤의 오스만 함대 역시 3개 전대와 1개 예비대로 편성하였다. 난전이 벌어지는 동안 신성동맹 측의 항해술과 병력이 우위로 입증되고 오스만 측이 패색을 보이기 시작하자 오스만 함대의 갤리선에서 노를 젓던 가톨릭교인 노예들이 반란을 일으켰다. 사실 오스만 제국의 함대는 키프로스 공략을 위해 급조되었고 갤리선의 노잡이들은 과거 지중해 가톨릭 국가들과의 전쟁 과정에서 포로가 된 노예들이었다. 이들은 격렬한 해전의 와중에 물에 뛰어들거나 선상 반란을 일으켜 신성동맹 측에 투항했다.

　오스만 측 좌익을 지휘한 알제리 왕 '울루치 알리 Uluch Ali'는 신성동맹함대의 우익을 맡은 제노바의 '지오반니 안드레아 도리아 전대'가 중앙으로부터 분리되자 재빨리 선회하여 그 틈새를 파고들며 갤리선 세 대를 격파했다. 그러자 신성동맹함대의 돈 후안은 후위에 배치된 예비전대의 산타 크루즈 후작이 적에게 포격을 가하는 동안 다시 전열을 갖춰 울루치 알리를 격파했다. 신성동맹의 돈 후안은 오스만의 기함과 알리 파샤를 집중 공격하였고 3번의 시도 끝에 배에 올라타서 알리 파샤를 참수하여 그의 목을 높이 내걸자 오스만 함대의 중앙부대도 사기를 잃고 패주하기 시작하였다. 오스만 함대는 해안으로 도주하고 신성동맹 측의 승리는 완벽했다. 이 전투에서 오스만 측 손실은 막대했다. 53척의 갤리선이 격침되고 117척과 대포 274문이 포획되었다. 15,000~20,000명이 전사하고 가톨릭교인 노예는

10,000명이 죽고 15,000명이 해방되었다. 한편 신성동맹 측은 13척의 갤리선과 7,566명을 상실하는 데 불과했다.[5]

레반토 해전에서 신성동맹 측의 승리 요인을 세 가지로 요약할 수 있다.[6] 첫째, 가톨릭교의 수장인 교황의 일관된 열의와 설득. 둘째, 연합함대 총사령관인 돈 후안의 실전경험에서 얻은 노련한 지휘능력. 셋째, 예비전대의 적절한 활용 등이다. 반대로 오스만 함대의 패배요인을 네 가지로 요약하면 다음과 같다. 첫째, 오스만군의 정찰대가 신성동맹함대의 규모를 140척이라고 잘못 보고하는 바람에 알리 파샤는 함선 수에서 우위를 점했다는 정보를 믿고 신성동맹함대의 전력을 과소평가하였다. 둘째, 신성동맹함대의 갤리선의 포격에 압도당함으로써 전투 이전에 혼란에 빠지고 병사의 사기가 떨어졌다. 셋째, 함대 총사령관인 알리 파샤의 목이 내걸리자, 전 함대가 지휘혼란에 빠졌다. 넷째, 오스만 함대의 좌익전대를 맡은 '울루치 알리'가 연합함대에 속아 중앙전대의 전열에서 멀어지면서 위기에 봉착한 중앙전대를 지원할 수 없었다. 이 전투는 약 17만 명의 병력을 동원하여 바다에서 격돌한 16세기 유럽의 최대 규모 해전이었으며 화력으로 승부가 난 최초의 해전이었다. 동시에 갤리선 시대의 최후 전투였다.

이 해전의 승패를 가른 결정적 요인은 오스만 제국의 군대가 해전보다는 육전을 위해 양성된 군대였다는 점이다. 오스만 제국의 술탄이 말한 것처럼 이들에게 "말 馬이 본업이고, 바다는 취미"였을 뿐이었다.[7] 양측 함대는 거의 육군처럼 싸웠다. 그들 지휘관들은 육군이었고 지상에서의 경험을 기초로 한 전술을 적용했다. 범선과 포술의 발전에 의해 대양에서 본격적으로 해상세력을 겨루는 해전의 양상은 레판토 해전에 나타났다. 《돈키호테》의 저자 세르반테스도 레판토 해전에 참전했다가 왼팔을 잃었다.

레판토 해전 이후 신성동맹은 일시적으로 지중해의 패권을 장악하였으며, 유럽을 향한 오스만의 팽창을 저지하였다. 오직 노를 젓는 전함들만으로 치러진 이 마지막 중요한 해상 전투는 세계적으로 유명한 결정적인 전투 가운데 하나다. 역사학자 하자르는 "레판토 전투 이후 세계를 움직이는 추는 다른 쪽으로 흔들리기 시작했다. 부유함은 동쪽에서 서쪽으로 이동하여 오늘날까지 계속되는 세계의 패턴을 갖추게 되었다."고 주장한다.[8] 역사가들은 1571년의 레판토 해전을 BC 31년의 악티움 해전 이래 가장 결정적인 해전으로 여기고 있다. 그러나 레판토 해전 승리 이후 신성동맹의 불협화음으로 이 승리로부터 얻은 이익을 극대화하는 데는 실패했다.

오스만은 전략상 중대한 손실을 입었다. 함선들은 상대적으로 쉽게 복구되었으나, 숙련된 선원과 노잡이, 군인들의 손실은 더욱 대체하기 힘들었다. 특히 중요한 것은 오스만 함대의 주요 적재무기인 복합궁을 사용하는 궁수들의 대부분을 잃었다는 점이다.[9] 역사가 존 키건 John Keegan은 고도로 숙련된 전사들의 손실은 쉽게 대체될 수 없으며 레판토 해전의 패배로 사실상 오스만군의 살아있는 전통들이 죽었다고 주장한다.[10] 레판토에서 많은 숙련된 선원들을 잃은 것은 오스만 해군의 전투능력을 약화시켰고, 이는 전투가 벌어진 바로 그 해 이후 오스만 함대가 가톨릭교 함대와의 교전을 최소화했다는 점에서 확인할 수 있다. 오스만의 패배로 지중해 유럽의 주도권을 유지하였으며, 예전에는 저지할 수 없었던 오스만을 격퇴할 수 있다는 지중해 유럽의 자신감을 신장시켰다.[11]

1503년에 베네치아 공화국이 오스만 제국에 동지중해의 패권을 뺏긴 뒤 1571년의 레판토 해전으로 가톨릭세계가 다시 제해권을 완벽하게 차지한 것은 아니었다. 레판토 해전은 오스만 제국의 팽창을 막았을 뿐이지 제해권을 되찾은 것은 아니었다. 중세 이후 유례없는 대 해전이었던 레판토 해전의 타격으로 오스만 제국은 지중해 전체를 지배하려는 방향에서 선회했다.

동지중해와 레판토의 일부 지배권을 확립하는 정도에서 만족했고 서지중해로 진출하려는 시도를 포기했다. 그 이후 유럽세계의 중심이 지중해 연안에서 북해로 옮겨갔다. 아울러 키프로스의 상실과 해적의 증가, 신항로에서의 본격적인 향신료 유입으로 이탈리아의 공화국 중 가장 마지막까지 세력을 유지하던 베네치아 공화국도 쇠퇴하기 시작하였다. 오스만의 확장 역시 정체되기 시작했기 때문에, 영국과 스페인과 같은 서유럽 열강들이 본격적으로 지중해의 주요 세력으로 부상하게 되었다. 무엇보다도 당초 레판토 해전의 소극적 참여에서 나중에는 해전의 최후 승리를 이끈 스페인 해군은 지중해의 패자로 급부상되었고 스페인 해군 함대인 아르마다는 무적함대로 유럽 세계에 위용을 떨치게 되었다. 1571년 레판토 해전의 승자인 스페인의 무적함대는 1588년 칼레 해전에서 세계 해양패권을 놓고 영국과 역사적 해전을 갖게 된다.

3. 영국의 해적해군이 스페인 무적함대를 깬 칼레 해전

칼레 해전은 영국과 스페인 사이에 있었던 해전으로 전함에 대포를 장착하여 적함을 화력으로 격파한 최초의 해전이다. 스페인은 16세기에 들어서 최전성기를 맞이했으며, 당시 스페인은 해전의 강자인 '갤리언 galleon'('갈레온'으로도 불림)을 건조했다. 갤리언은 3개 내지 5개의 돛대와 삼각돛을 장착했고, 갑판이 여러 층인 대형범선이다. 특히 포르투갈이 갤리선을 개량한 '카라크 carrack선'보다 길이가 길고 흘수선이 얕아 항해속도가 빠르다. 적재량이 커서 양편에 대포를 10여 대씩 장착할 수 있었다. 스페인의 펠리페 2세는 갤리언선 수 백 척으로 구성된 '아르마다 Armada'로 불리는 유럽 최강의 무적함대를 보유하고 있었다. 아르마다는 '절대 패하지 않는 신의 축복을 받은 군대'라는 뜻이며, 레판토 해전(1571년)에서 승리하면서 얻게 된 아르마다의 존재감은 컸다. 이 강력한 함대를 통해 신대륙을 개척하고 통상로를 보호할 수 있었고, 경쟁국인 포르투갈을 1580년에 병합함으로써 유럽에는 더 이상 스페인을 상대할 나라가 없게 됐다. 신대륙에서 금과 은을 독점하고 인도를 비롯한 동남아에서 후추, 육두구, 샤프란 등 향신료를 가져와 부를 쌓은 스페인은 당시 유럽 최강의 제국이었다. 후추는 유럽에서 동일한 무게의 금과 거래될 정도로 잘 팔렸다. 스페인은 아메리카 대륙 발견의 결과 카를로스 1세 Carlos I (1500~1558, 스페인 국왕 재임 Carlos 1세 1516~1556년, 신성 로마 제국 황제 재임 Karl 5세 1519~1556년)와 펠리페 2세(재위 1556~1598년)에 이르러 전성기를 맞이했다. 그러나 펠리페 2세의 후반기에는 해외무역에서 영국과 네덜란드가 경쟁국가로 대두하고 있었고, 국내의 정치와 경제도 쇠퇴하고 있었다.

그 즈음 스페인의 성장과 확장을 경원한 나라는 영국이었다. 신항로 개척에서 뒤쳐졌던 영국은 유럽 변방국으로 가장 가난한 나라였다. 영국의 경제력은 이탈리아 도시국가 중 하나인 밀라노보다 낮은 수준이었고 가난한 탓에 바다로 나와야 했다. 그러나 주요 식민지와 항로는 스페인, 포르투갈, 네덜란드 등이 먼저 선점하였기 때문에 바다로 나온 영국인들은 해적이 되는 경우가 많았다. 스페인의 부가 탐이 났지만 아르마다 때문에 정면으로 싸움을 걸지도 못했다. 이때 해적 왕 드레이크가 등장했으며, 영국 해군보다 강한 드레이크를 토벌하는 대신 영국 여왕 엘리자베스 1세는 '사략함대 공인 허가'를 제안했다. "영국 배를 털지 않는 조건으로 해적을 국가가 공식 인정해주며, 노략질한 수입을 국가가 세금 형식으로 반을 가져간다."

'사략 私掠 함대'는 영국 여왕으로부터 적국의 선박을 공격하고 나포할 권리를 인정받은 개인 소유의 무장 선박이며, 국가 공인 해적의 시대가 되었다. 정박의 자유, 선원과 물자의 보급, 약탈한 물건 거래를 할 수 있었기 때문에 영국 사략 해적들의 기세는 더욱 강해졌다. 이에 따라 스페인은 가장 많은 피해를 보는 국가가 되었고, 이런 해적행위에 분노한 스페인은 마침내 영국에 선전포고를 하였다. 영국에 선전포고하기 전에 스페인의 펠리페 2세는 영국을 회유하기 위하여 "해적선장 드레이크 처형, 펠리페 2세와 엘리자베스 1세 여왕 결혼, 영국의 네덜란드 지원 중단"을 요구했지만 보기 좋게 거절당했던 터였다.

전쟁의 목적은 스페인령 네덜란드 공화국에 대한 영국의 지원을 억제하고, 신세계에 있는 스페인령 영토와 대서양 스페인 선단에 대한 영국 해적의 공격을 차단하는 것이었다. 찰스 하워드 경이 이끄는 영국 해군을 칼레 바다에서 물리치고, 칼레 연안에서 지상군을 탑승시킨 뒤 런던에 상륙할 계획이었다. 스페인 무적함대의 전략적 목표는 영국 해군의 괴멸이 아니라 지상군을 상륙시키는 것이었다. 마침내 1588년 5월 스페인의 펠리페 2세는 영국을 원정하기 위하여 총사령관으로 메디나 시도니아 공작인 알론소 페레스 데 구즈만(1550~1619)을 임명하고 전함 128척, 수병 8천 명, 육군 1만 9천 명, 대포 2천 문을 갖춘 대함대가 리스본 항을 떠났다. 칼레 해전에서 스페인의 무적함대가 패배한 이유를 살펴본다.

첫째, 무적함대의 총 사령관이 '무적'이라는 명성에 걸맞지 않았다. 스페인의 명장으로 1571년 레판토 해전에서 승리를 이끈 무적함대의 명장 돈 후안은 10여 년 전에 이미 죽었다. 그 후 무적함대는 1571년 레판토 해전의 영웅이자 50년 생애 동안 단 한 번도 패전하지 않았던 명장인 산타크루스 후작인 알바로 데 바산 Alvaro de Bazan(1526~1588) 제독이 지휘했다. 알바로 데 바산 제독은 펠리페 2세에게 속전속결로 영국이 더 커지기 전에 싹을 없애는 공격을 하도록 수차례 강권했지만, 펠리페 2세는 우유부단함과 정치경제적 곤경을 핑계로 머뭇거렸다. 사실 레판토 해전의 영웅인 돈 후안과 알바로 데 바산은 영국의 사략 해적을 쳐부술 무적함대를 만들고 6만의 육군을 영국에 상륙시키는 계획을 세웠었다. 돈 후안은 식민지 네덜란드를 통치하던 인물로 6만의 지상군을 스페인에서부터 싣고 가지 말고 네덜란드 덩케르크에서 합류해 가자는 현실적인 전략을 제안하기도 했다. 그들이 당초 세운 계획은 대형 갤리온 50척 이상, 무장 상선 100여 척, 40척의 대형 수송선, 연안 작전용 보조선, 선원 2만 5천 명, 지상군 6만 명이었다. 그러나 알바로 데 바산 제독은 자신의 전략을 수용하지 않는 펠리페 2세에 실망하여 리스본에 머물렀고 칼레 해전 3개월 전인 1588년 2월에 사망하였다. 칼레 해전을 지휘해야 할 명장 알바로 데 바산 제독이 없는 스페인은 전쟁준비가 소홀한 상황이었다.

둘째, 영국 사략함대의 드레이크 선장에 의한 기습작전으로 스페인 해군의 피해와 사기가 땅에 떨어졌다. 스페인 펠리페 2세가 전쟁 결정에 주저하는 그 순간을 이용해 영국의 드레이크는 기습전으로 스페인의 군항인 카디스 항을 선제공격했다. 정공법에 강한 스페인이 기습전에 강한 영국에 한 방 먹은 셈이다. 드레이크는 약 이틀간 37척의 스페인 배를 격침시키고 함대의 물통을 만들기 위해 말리던 판자를 모두 불태워 버렸다. 배에서 물통 재료로 사용되는 나무는 1년 이상 말려야 물이 썩지 않는데 드레이크의 이 습격은 향후 칼레 해전에 큰 손상을 끼쳤다.

셋째, 스페인군은 공격전략 보고서를 전쟁 전에 공개하는 엄청난 실수를 저질렀다. 알바로 데 바산 제독의 뒤를 이어 대행체제로 함대의 지휘를 맡은 총사령관은 메디나 시도니아 공작이었다. 그는 노련한 행정가였지만 상대적으로 해전경험이 취약했기에 총사령관직을 극구 사양했지만 펠리페 2

세는 임명을 강행했다. 무적함대의 영국 상륙작전은 현대의 노르망디 상륙작전보다 큰 규모의 계획이었는데도 시도니아 총사령관은 전쟁 준비 상황을 문서로 만드는(Paperwork) 능력이 탁월하였다. 배를 제조하고 대포와 화약, 선원과 지상군, 식량과 물뿐만 아니라 간식까지 세심히 작성한《메디나 시도니아의 전쟁작전 보고서》에 크게 흡족한 펠리페 2세는 이 보고서를 책으로 출판하는 어리석은 행동을 했다. 손자병법 '용간편'에서 간첩을 이용한 상대방 정보수집은 중요한 전략이다. 영국은 첩보활동과 함께 공개된 시도니아 보고서를 입수해 스페인 무적함대의 공격 대응전략을 치밀하게 세웠다. 손자병법에서도 지피지기면 백전불태라 했는데 스페인군의 공격 전략을 훤히 안 영국의 승리는 예정된 일이었다.

넷째, 무적함대의 구성이 급하게 여러 곳에서 배를 끌어 모은 탓에 함선들의 성격과 질이 제각각이었다. 스페인 함대는 128척에 달했고 그중에 20척이 갤리언 함선과 108척의 개조한 무역선이었다. 원양항해에 맞는 함선이 있는가 하면, 그 당시 여전히 해전의 주요 전술로 자리하고 있던 승선 boarding 전투를 위하여 최대한 많은 병사들을 태우게 고안된 갤리온 선박들도 있었고, 아울러 대양과 비교하여 풍랑이 심하지 않은 지중해를 다니던 상선들과 노선 櫓船들도 포함되어 있었다.

끝으로, 스페인은 신항로 개척의 선두국가였지만 유럽 최강의 육군 강국으로 해군력은 약했다. 영국 사략 해적들의 위세가 강하였으나 영국은 육군이 약해 스페인 육군 3,000명만 영국에 상륙해도 정복이 가능하단 계산이 나올 정도였기에 스페인은 영국까지 육군을 수송할 계획에 주력한다. 그렇기에 해운이 강하고 수로가 많은 네덜란드를 식민지로 만들고도 완벽하게 정복하지 못한 상태에서 막대한 전쟁 비용을 지출하고 있었다. 해전은 배를 만들어야 하기 때문에 막대한 비용이 든다. 식민지와 신항로에서 막대한 부가 들어온 스페인은 화약이나 주철 대포 제조 기술개발에 관심을 기울이지 않고 돈으로 구매를 하였다. 영국의 엘리자베스 여왕이 자국의 기술개발을 강력히 추진한 것과 비교된다.

한편 영국의 엘리자베스 여왕은 '찰스 하워드 경'을 총사령관으로 임명하고, 사략 해적으로 유명한 존 호킨스, 프랜시스 드레이크 등 해전의 맹장들을 배치하였다. 16세기 후반에 들어서면서 유럽의 전함은 '갤리언'으로 대체되는 추세였다. 갤리언은 선체가 좁고 길어 민첩했고, 긴 선체의 측면에 많은 대포를 장착할 수 있었다. 헨리 8세(재위 1509~1547년)는 포르투갈의 선박기술자들을 대거 영국으로 이주시켜 영국식 갤리언을 건조토록 했다. 고대와 중세 해전에서는 갤리선끼리의 충돌이나 선상에서의 백병전으로 승패가 갈렸다면 근대 해전인 스페인과 영국의 해전은 갤리언 함선을 이용한 속도와 대포의 화력이 승패를 갈랐다. 영국은 모두 197척의 전함을 출동시켰는데 그 가운데 갤리언 함선은 25척, 그밖에 전투함 40척이 포함되었다. 배의 크기는 스페인 함대가 더 컸지만 스페인 배는 속도가 느렸고 지휘관들은 해전에 무지한 사람이었다. 반면에 영국은 드레이크가 지휘하고 있었고 장병들은 해적질로 잔뼈가 굵은 사람들이었다.

영국 함대는 병사의 수는 열세였으나 기동력이 뛰어났고 선원들은 잘 훈련되어 있었다. 무엇보다도 헨리 7세 때부터 시작한 해군력 증강은 헨리 8세 때에는 상당한 규모의 해군력을 갖추고 있었다. 헨리 7세(재위 1485~1509년)는 튜더 왕조를 개창한 군주이자, 대영 제국으로 발전해 나갈 본격적인 기틀을 마련한 왕이었다. 장미전쟁에서 승리하여 왕위에 오른 그는 중앙집권체제를 확립하여 정치적 안정을 도모하는 한편, 영국의 미래는 대양으로의 진출과 식민지 개척에 달려 있다고 보고 그 토대를 마련했다. 헨리 7세는 영국 해군의 초기 모습을 갖추도록 했으며 영국이 대양항해와 미래에 제해권을 장악할 초석을 마련했다. 헨리 8세 사후에 해군함대가 낙후되자 엘리자베스 여왕은 1570년대부터 존 호킨스 제독의 주도하에 근대적인 해군으로 재무장토록 했다. 칼레 해전 직전 영국은 최신식으로 설계된 갤리언을 스페인에 버금가는 규모인 25척을 보유했다.

영국은 스페인 내부의 다양한 경로를 통해 정보를 수집·분석하였다. 당시 영국 측은 스페인 왕궁에까지 간첩을 심어놓았고 스페인이 침략하기 1년 전부터 이미 침략 계획을 파악하고 있었다. 영국은 침략 계획을 알게 된 직후 방어 전략을 세웠고 네덜란드의 신교도들과도 협력 방어태세를 갖추었다. 동시에 영국은 해군 함선들의 구조를 변경하고 많은 갤리언 전함을 건조하였다. 영국 해군 전술은 이순신 장군이 사용했던 전술과 유사했다. 스페인 함대는 임진왜란 당시 일본처럼 갈고리로 상대 전함을 걸어 육군을 이용해 육탄전을 벌이려는 것이었다. 영국 해군은 이순신 장군처럼 적함과 거리를 둔 원거리전술을 썼고 우수한 철제 주물 대포로 함포 위주의 공격을 하였다. 영국은 당시 가난하고 청동기술이 뒤떨어져 청동대포 대신 가격이 4분의 1 싼 주철 대포를 개발했다. 영국 헨리 8세는 40년간의 시행착오 끝에 프랑스 장인과 영국 제철 장인이 공동으로 주철 대포를 개발하였다. 이로써 당시 유럽 철제대포 70%를 영국이 생산하고 있었다.

1588년 5월 28일 포르투갈의 리스본 항을 출발한 아르마다 함대는 영국해협을 지나 플랑드르 연안에 네덜란드 육군 1만 8천 명과 합류하여 영국 본토에 상륙할 예정이었다. 오늘날 프랑스, 벨기에, 네덜란드의 영토인 플랜더스 지방에서 스페인 알레산드로 파르네세 디 파르마 공작(네덜란드 총독 재임 1578~1592년)의 군대는 무적함대와의 접선을 기다리고 있었다. 그러나 북상하던 아르마다 함대는 악천후와 질병에 시달리며 지체하다가 7월 중순에야 영국해협으로 접근했다. 그러다가 7월 말경 아르마다가 칼레바다에 도착하면서 전투가 시작됐다. 두 나라 함대는 닷새 동안 포격전을 계속했다. 영국 함대는 소규모로 함대를 조직해서 장거리포를 이용해 치고 빠지는 방법을 계속 고수했다. 운명의 날인 8월 6일 밤 칼레 항 앞바다에 정박해 있는 무적함대를 향해 잉글랜드의 총사령관 찰스 하워드 경은 바람을 이용한 '화공전 火攻戰'을 펼쳤다. 본래 이 시기는 남풍이 부는 시기라 스페인측도 화공을 예상했지만 소형 선박들을 외곽에 분산 배치하는 정도로 화공을 막을 수 있을 것으로 판단했다. 하지만 갑자기 바람은 북풍으로 바뀌었다. 그래서 이 바람은 영국을 도운 '프로테스탄트의 바람'이라고도 한다.

영국의 하워드 제독은 스페인군의 예상을 깨고 대형 상선을 동원해 화공을 펼쳤다. 이 당시의 화공선은 단순히 불을 붙인 배를 상대 배에 충돌시키는 것이 아니라 배에 화약을 비롯한 인화성 물질을 가득 실어서 보내는 것이었기 때문에 근처에서 폭발만 해도 치명적일 수 있었다. 이를 우려한 스페인군은 외곽의 소형 선박들이 영국의 소형화공선을 접할 경우 갈고리를 걸어 함대 바깥쪽으로 예인하라고 명령했고 만일 이것이 실패하면 전 함대는 닻줄을 끊고 회피한다는 계획을 세웠다. 그러나 실전에서 스페인 함대의 선장들은 대형 상선으로 구성된 영국의 화공선을 피하기 위해 닻줄을 끊었고, 배들은 표류하며 좌충우돌했다. 마침내 견고하던 무적함대의 초승달 대형이 무너졌다. 영국군은 중국 삼국지의 하이라이트 중 하나인 '적벽대전'에서 동남풍을 이용한 제갈량의 화공법 승리처럼 전세를 일거에 장악했다. 화공선 예인작전이 실패하자 무적함대는 급히 닻을 끊고 진형을 풀어서 넓은 북해로 분산 회피했다.

시도니아 총사령관이 다시 함대를 모아 진형을 재건하려고 하였을 때 칼레 바다의 바람은 다시 남풍으로 바뀌었고 바로 곧이어 태풍이 덮쳤다. 더 큰 문제는 영국과 근접한 대륙의 네덜란드 지역의 항구는 더 이상 안전하지가 않았다. 이 시점에서 무적함대는 네덜란드에 주둔 중인 스페인 육군으로부터 무기, 화약, 군수품을 지원받기로 되었으나 네덜란드에 주둔하던 스페인군은 네덜란드 해군에 의해 기동이 봉쇄된 상태였다. 결국 전의를 상실하고 패주한 스페인 함대는 멀리 스코틀랜드와 아일랜드의 북서쪽을 거쳐 54척만 스페인으로 돌아갔다. 본국으로 돌아가는 동안 아르마다 함대는 다시 태풍과 악천후로 많은 배가 부서졌다. 또 하나의 패인은 식수오염이었다. 스페인 함대는 충분히 건조되지 않은 목재로 물통을 급조해 출격한 탓에 출항한지 얼마 되지 않아 물통과 물이 썩기 시작했다. 기본병참인 물통도 준비하지 못한 무적함대는 치명적 패배를 당했다. 흔히 영국-스페인전쟁에서 영국의 함대에 의해 스페인 아르마다 함대가 분쇄된 것으로 알려졌지만, 실제로는 영국 함대와의 해전으로 잃은 배는 3척에 불과했다. 나머지 78척의 함정은 아르마다 함대가 북해를 거쳐 영국을 우회하여 귀로 항해 중 태풍에 의한 비전투 손실로 침몰하였다.

'살라미스 해전'은 세계 최초로 기뢰를 사용한 전투였으며 '칼레 해전'은 백병 위주의 해전에서 포격 위주의 해전으로 변화한 시발점이었다. 또한 훗날인 1805년 영국과 프랑스 간 전쟁인 '트라팔가르 해전'은 '전선 battle line'을 중심한 전투 스타일이 완전 붕괴된 해전사에 길이 남는 해전이다. 칼레 해전의 결과로 스페인은 최강국의 지위를 상실하고 사양길로 접어들었고, 영국은 신흥 해양패권국가로 급성장하게 됐다. 30여 년의 장기간 (1567~1604) 지속된 영국과 스페인의 해상패권은 유럽과 세계사에 하나의 전환점이 되었다. 스페인은 1571년 레판토 해전의 승리로 제해권을 장악하여 광대한 식민지를 획득했었다. 식민지에서 얻은 재화를 바탕으로 스페인은 단기간에 국력을 신장시켜 유럽의 강대국으로 부상했다. 그러한 스페인이 1578년 칼레 해전의 패배로 국운이 기울기 시작했고 해양패권국가의 기치는 막을 내리게 되었다. 스페인이 프랑스 해군에게 패하자 영국은 해외에서 스페인 세력을 몰아내고 그 식민지를 차지하였다. 그 후 유럽의 패권은 스페인에서 네덜란드, 영국, 프랑스가 신흥강국으로 각축을 벌이게 되었다.

칼레 해전에서 승패의 요인을 열 가지로 요약해 보기로 한다.[12] 첫째, 양국의 왕의 전쟁에 임하는 자세와 전선 지휘관의 능력에서 승부가 갈렸다. 영국의 엘리자베스 여왕은 '사즉생'의 자세로 전쟁에 임했고 전선의 사령관을 프로로 채웠다. 스페인의 펠리페 2세는 결정 장애 증후군 환자처럼 전쟁이 임박했는데도 레판토 해전의 영웅인 돈 후안과 알바로 데 바산의 말을 무시했고 중요한 전략을 결정하지 못했다. 스페인 사령관 메디나 시도니아는 전투 경험 특히 해전경험이 전혀 없었고 영국은 해적질로 해전의 프로들인 존 호킨스와 프랜시스 드레이크가 주도했다. 둘째, 전략의 차이였다. 스페인 함대는 영국 본토 상륙작전에 우선순위를 둠으로써 해전에서 치명타를 당했다. 드레이크의 기습공격, 찰스 하워드 경의 화공전은 승리를 위한 전략이었다. 셋째, 스페인 사령관 메디나 시도니아의 전쟁작전보고서 유출은 패배를 자초한 악수였다. 넷째, 같은 갤리언 함선이라도 기동력과 장착된 대포성능이 달랐다. 스페인의 갤리언은 선체가 크고 중단거리포를 장착, 백병전에 주력했음에 반해 영국의 갤리언은 기동성이 민첩하고 장거리 함포사격 및 포병 전에 주력했다. 스페인은 고가의 청동대포를 고집했고 반면에 영국은 자체기술개발로 저가의 주철대포를 제작했다. 다섯째, 작전해역과 병참에서 홈그라운드인 영국군에 유리했다. 여섯째, 헨리 7세 때부터 막강한 해군 전투함대를 육성하기 시작했고, 헨리 8세 때는 갤리언 전함을 개량했으며 엘리자베스 1세 시대에는 근대 해군으로 재무장하고 영국형 갤리언 함선을 개발했다. 영국은 100여 년 동안 막강한 해군과 해양력을 준비해왔다. 일곱째, 스페인은 화약과 대포 등 무기를 돈으로 샀고 영국은 군사 국방 기술을 독자적으로 개발·축적했다. 여덟째, 해군제독인 존 호킨스의 주도 하에 통일된 지휘 전달체계 구축, 함포전술을 개발했다. 아홉째, 스페인 펠리페 2세의 무적함대와 영국 엘리자베스 1세와의 전쟁은 해전보다 전쟁비용 내지 국가채무 싸움이었다는 주장이 있다. 당시 스페인의 국가재정은 약화되었고, 푸거 가문과의 정경유착으로 계속 국채를 발행하여 국가채무가 급증했다. 칼레 해전을 준비하면서 영국의 엘리자베스 1세는 영국 상인들이 스페인 왕실에게 빌려준 차용증을 모조리 모았다. 그런 뒤에 같은 날 일시에 환급할 것을 요구했다. 이는 세계 해전의 승패를 가른 엄청난 금융전략이었다. 스페인 왕실은 전쟁비용을 최소화하기 위해 출전 전함 수를 3분의 1로 줄였고 줄어든 무적함대는 영국 해군이 충분히 상대할 수 있는 수준이었다.

4. 학익진·거북선으로 일본을 침몰시킨 이순신의 한산대첩

16세기 유럽 해전에서는 갤리선의 시대가 막을 내리고 1588년 칼레 해전을 전후로 새로이 갤리언 함선과 상업범선의 시대가 개막되었다. 그런데 거의 같은 시기 동양의 조선과 일본(왜) 간 해전에서 사용된 전략과 전쟁 무기는 칼레 해전보다 훨씬 더 혁신적이었다. 조선의 성웅 이순신 李舜臣 (1545~1598) 장군(본서에서는 이하 '이순신'으로 표기)이 세계 최초로 '바다에서 학익진 진법'과 '철갑선인 거북선'으로 일본 수군을 대파했기 때문이다. 또한 대부분의 다른 세계 해전들은 대개 단 1회의 해전 승리로 역사를 바꾸고 명장으로 회자되었지만, 이순신은 무려 7년여에 걸쳐 23전 23승을

그림 5.1. 김형구, 《한산대첩》, 1975

기록했다는 점에서 타의 추종을 불허한다. 더욱 그의 승리는 안으로는 무능한 조선조정의 통치능력과의 싸움이었고, 밖으로는 막강한 병력의 일본과의 싸움이라는 내우외환의 싸움이었다는 점에서 높이 평가된다.

 일본을 장악한 도요토미 히데요시는 1592년 명나라를 치겠으니 조선에게 길을 내달라는 '정명가도 征明假道'를 통첩하며 조선을 침략했다. 그 후 한반도는 '임진왜란'(1592~1598년) 전쟁의 소용돌이 속에 빠지게 되었다. 일본은 100여 년의 전국시대(1467~1568년)를 거치면서 지휘관과 장병들의 전투경험이 쌓였고 무기에서도 포르투갈로부터 조총 제조기술을 받아들여 월등한 화력으로 무장했기 때문에 육전에서 조선군은 참패했다. 이순신은 한산대첩(1592년)에서 임진왜란 초기의 태풍노도와 같은 일본군의 공세를 꺾어 조선정복과 정명가도라는 도요토미 히데요시의 꿈을 초장에 좌절시켰다. 백의종군 직후 오직 13척의 배로 명량대첩(1597년)에서 일본의 최강 해군을 격파하여 종전으로 치닫게 했고, 노량대첩(1598년)에서 임진왜란을 종식시킨 위대한 명장이었다.

이순신이 전라좌수사로 임명된 것은 임진왜란 발발 1년 2개월 전인 1591년 2월이었다. 그의 나이 47세로 당시 영의정 유성룡의 천거 덕분이다. 결국 유성룡의 '신의 한 수인 이순신 발탁'은 왜적으로부터 나라를 구했다. 이순신은 임진왜란 직전 일본군이 부산포 공격하기 불과 며칠 전인 1592년 4월 11일에 신병기인 거북선 건조를 완료하였다. 또한 임진왜란 발발 직전 이순신은 '수륙 水陸의 전투와 수비 중 어느 하나도 없애서는 안 된다'며 수군의 중요성을 상소하였다. 그 결과 임진왜란이 일어나기 직전 이순신이 있는 전라좌수영은 40척의 전선을 보유했고 수군의 진용을 갖출 수 있었다. 이처럼 한 치 앞을 내다보지 못한 조선에서도 영의정 유성룡과 이순신의 통찰력과 예견력은 남달랐다.

장장 7년에 걸친 임진왜란의 혹독한 시련은 1592년 4월 14일부터 시작되었다. 고니시 유키나가의 일본군은 바다에서 조선군의 저항이 없는 가운데 부산상륙작전을 완료했고, 부산에 이어 동래성을 공격했다. 스페인군은 칼레 해전에서 패해 영국 땅도 밟아보지 못한 반면 일본군은 조선 상륙에 성공했다. 그 양자 간의 결정적 차이는 무엇일까? 첫째는 적군의 침략계획과 결정적 침략시기에 대한 정보의 차이였다. 칼레 해전 직전 영국은 스페인의 침공 시기와 군사력에 대한 정보를 손바닥 보듯이 알았고 사략 해적 선장이었던 프랜시스 드레이크로 하여금 선제 기습공격을 할 정도였다. 그러나 손자병법에서 전략의 핵심인 '오사칠계 五事七計'는 고사하고 '상대를 알고 나를 알면, 백 번 싸워도 위태롭지 않다 知彼知己, 百戰不殆'는 병법의 기본을 무시한 조선의 선조 왕은 경적필패를 자초했다. 역대로 일본을 야만시해온 조선은 일본의 전쟁야욕을 사전에 충분히 간파할 수 있었음에도 불구하고 끊임없는 정쟁과 취약한 국방 상태에서 예정된 침략을 당했다. 임진왜란 5년 전부터 쓰시마 도주는 전쟁이 일어나면 중개무역을 할 수 없기 때문에 조선의 통신사 파견을 요구하면서 일본의 침략 가능성의 경고로 조총을 조선 조정에 보냈다. 조선은 통신사 파견에 논란을 거듭하다 1590년 3월 6일에야 일본통신사 일행을 파견했다. 그러나 1591년 1월 28일 1년이나 일본에 체재했다 조선으로 돌아온 두 사람의 첩보는 불운하게도 정반대였다. 정사인 황윤길은 일본의 침략가능성이 높고 전쟁에 대비해야 한다고 했고 부사인 김성길은 침략도 전쟁도 가능성이 없다고 보고했다. 당시 동인이 우세한 선조 조정에서는 동인인 김성길의 보고를 중시했다. 7년 전쟁은 조선 선조와 집권층이 수많은 전쟁의 징후와 정보에 조금만 관심을 가졌다면 충분히 예견하고 대비할 수 있는 전쟁이었다.

둘째는 전쟁의 최전선인 부산과 경상도 앞바다 해전에 대한 대책도 없었고, 그나마 조선 수군 병력배치의 집결과 분산체제에 문제가 있었다. 무적함대를 맞이한 영국 해군은 전력을 칼레 바다로 집결시켰지만 조선의 부산 앞바다는 무방비 상태였다. 바다로 둘러싸인 국가의 최전선은 바다이며 바다가 뚫리면 전쟁의 절반 이상을 진 것이다.《난중일기》에 기록된 이순신이 1592년 4월 30일 선조에게 올린 상소문이다.

"지난번 부산과 동래의 연해안 장수들이 배를 잘 정비하고 바다에서 엄격한 위세를 보이면서 전선을 병법에 맞게 운용하여 적을 육지로 기어오르지 못하게 했더라면 나라를 욕되게 한 환란이 이렇게까지는 되지 않았을 것입니다."

일본이 별 저항 없이 부산에 상륙했을 때 이순신은 전라좌수영이 설치된 여수에 주둔하고 있어서 적에 맞아서 싸울 수가 없었다. 물론 그의 충언대로 바다에서 적을 막았다면 육지가 전란에 휩싸이는 것을 피할 수 있었을 것이다. 조선 조정은 일본의 침입을 뒤늦게 4월 17일에야 알았다. 1592년 4월 19일 일본군들은 조선반도에 상륙하자마자 거침없이 북진했다. 조선의 허리인 충주에서 신립 장군이 조령의 험난한 천혜의 요새지 대신 탄금대를 전쟁터로 택하여 패배했는데, 이는 손자병법《구지편 九地編》에 반하는 우매한 전략이었다. 조선 신립 장군의 기병대는 일본군의 조총부대에 대패했고 더 이상 조선관군의 저항다운 저항 없이 일본군은 쾌속 북진했다. 4월 30일 선조는 황망히 서울을 버렸다. 조선은 제대로 싸워보지도 못한 채 파죽지세의 일본군에게 20일 만에 수도 한양이 함락당하고 2개월 만에 평양까지 잃었다. 그 후 선조가 평안도 의주로 피란 갔다는 비보를 이순신 장군은 접했다. 평양에서 의주까지는 3일 남짓한 거리에 불과했다. 일본군이 조금만 더 밀어붙였다면 조선의 숨통은 완전히 끊어질 상황에서 고니시가 평양에 주둔한 이유는 두 가지라고 학자들은 분석한다. 하나는 서해를 통해 일본에서 올 수군 10만 명을 기다렸고 다른 하나는 일본군이 곡창지대인 전라도를 점령하여 군량미를 조달하려 했기 때문이라는 것이다. 그러한 일본 수군 10만 명의 병력 충원과 호남 군량미 확보라는 도요토미 히데요시의 핵심 전략을 깬 것이 이순신의 '한산대첩'이었다.

그처럼 일본군에게 남해바다의 제해권은 전략상 중요했다. 조선 육군이 참패를 거듭한 것과는 반대로 이순신의 조선 수군은 한산대첩 이전에 이미 남해상의 옥포·합포·적진포·당포·율포 등 해전에서 일본군을 연파했다. 일본군에 비해 조선군이 해상 전투에서 우세했던 근본적인 강점은 대포, 거북선, 그리고 전투기량에 있었다. 물론 그 위에 이순신과 같은 명장이 그들을 지휘하고 있었기 때문이었다. 이순신의 조선 수군에게 해전에서 연전연패하면서 일본은 전쟁에서 가장 중요한 병참보급로에 문제가 발생했다. 일본군의 당초계획은 남해와 서해를 통해 한강과 대동강으로 군수물자를 공급하는 것이었다. 따라서 전쟁을 이기기 위해서 일본은 반드시 해로를 뚫어야 했고, 일본 수군은 한산도 해전에 전력을 총집결하여 이순신 함대를 무너뜨리려 했다. 일본 수군은 해적으로 약탈과 해전에 능한 장병을 모으고, 총사령관으로는 육군을 따라 북상했던 일본 수군의 맹장인 와키사카 야스하루를 전격 투입했다. 와키사카가 거느리는 정예부대 일본 수군은 군세를 보강하고 대형 전선 36척을 주력으로 총 73척이 거제도 견내량으로 진출하였다. 와키사카는 지금까지의 일본군 패전은 해전을 모르고 육전에만 능한 자들이 지휘했기 때문이라는 오만함과 일거에 전세를 만회하려는 조급함으로 일본 수군의 장기인 기습전 대신 전면전을 서둘렀다.

왜군에 대한 입수정보를 바탕으로 이순신은 고심을 거듭하며 네 가지 전략을 수립했다. 첫째, 한산도 해전은 전면전을 펼치되, 견내량 좁은 바다로 유인한 후 한산도 넓은 바다에서 학익진으로 전면 포위 공격한다. 한산도 해전 이전까지는 이순신 함대가 연안포구에 정박했던 일본전선을 찾아다니며 전투를 벌였으나 이번에는 일본 수군 정예부대가 공격해오는 상황이었다. 견내량의 지형을 최대한 이용하여 기습법과 정공법을 펼친다. 둘째, 조총과 백병전에 능한 일본 수군을 이기기 위해서는 근거리 접근 전술 대신, 중장거리 포인 총통으로 적의 선박을 부수는 원격 전술을 구사한다. 셋째, 선박 재질과 구조상 일본의 세키부네 関船보다 강한 조선 전함인 판옥선 板屋船을 이용한 '당파전략'을 구사한다. 넷째, 학익진 양 날개에 거북선을 배치하여 포위된 적선 중앙으로 돌격전으로 적의 혼을 빼앗고 대장선을 집중 공격하여 적장의 목을 베거나 적의 사기를 꺾는다.

한산도 해전결전의 날인 1592년 7월 8일. 이순신은 이른 아침 당포를 떠나 견내량으로 향하다 왜군에게 공격을 퍼붓지 않고 슬그머니 되돌아섰다. 그는 전선 대여섯 척으로 건성공격을 가하도록 행동하는 한편, 주력 전선들은 싸움을 피하려는 양 기동하면서 한산도가 있는 넓은 바다 쪽으로 서서히 항진했다. 견내량은 수심이 얕고 암초가 많으며 수로가 좁기 때문에 조선 수군의 주력 전선인 판옥선이 활동하기에는 어려움이 많았기 때문이었다. 조선 수군의 행동을 본 와키사카는 총공격의 명령을 내렸고, 왜군 73척은 앞을 다투면서 조선 수군을 추격해 나섰다. 이순신 수군의 교묘한 유인책에 속은 왜군들은 조선 수군의 전선들을 쫓아 결국 한산도와 미륵도가 마주보는 넓은 해역까지 뛰쳐나왔다. 이순신의 첫 단계 유인작전이 성공했고, 계략에 따라 이순신은 재빨리 뱃머리를 돌려 일제히 공격 돌진을 명령했다.

그때 판옥선 54척으로 구성된 조선 연합수군의 전선들이 펼친 진형이 '학익진 鶴翼陳'이었다. 그것은 포위 섬멸을 노려서 형성하는 진형이다. 육지도 아닌 바다에서 날씨와 해류 및 조류 변화가 무쌍한 변수로 위험부담이 큰 진법이며, 일직선이 아닌 사선의 학익진을 갖추려면 이순신 같은 탁월한 지휘관의 능력과 고도의 기동 훈련을 반복해야 했다. 한산대첩이 세계 해전에서 빛나는 까닭은 바로 학익진 때문이다. 이순신 이전의 세계해전은 주로 육박전, 백병전이었다. 이순신은 총통을 이용한 포격전 개념으로 바꾸었고, 포격전에서 한걸음 더 나아가 본격적인 진법인 학익진을 적용했던 것이다. 물론 학익진은 고대 육상 전쟁에서 카르타고의 한니발도 비슷한 진법을 썼고 삼국지에서도 제갈공명이 사용했다고 전해 오지만, 바다에서 함선으로 학익진을 펼친 것은 이순신이 최초였다. 학익진으로 왜군을 서서히 포위하면서 이순신 예하의 전선들은 적진의 선봉장 적선에 대하여 포화를 집중했다. 한산도 앞바다는 130여 척을 헤아리는 전선들이 뒤엉켜 치고받는 난투장이 되었다. 이순신의 학익진 전법은 후세 해군전략에 심대한 영향을 남겼다. 프랑스 해군을 섬멸시킨 넬슨 제독의 1805년 트라팔가르 해전, 1905년 러·일 해전을 승리한 도고 헤이하치로 일본 제독의 '정 丁자' 전법, 현재 영국과 미국 해군이 사용하는 'T자 전법'에도 활용되었다. 영국 해전사 연구가인 조지 알렉산더 발라드는 "해군 전문가가 아닌 사람들은 이 함선의 기동이 도면 위에서는 간단하다 생각할지 모르나, 해군장교는 그것이 실제 해상에서는 얼마나 힘든지를 안다. 이러한 기동이야말로 숙련된 함대의 표본"이라고 극찬했다.

그 당시 육전에서 왜병이 우세했던 결정적인 요인은 신병기인 조총을 사용했기 때문이었다. 그러나 해전에서는 조선 수군의 총통 銃筒이 보다 큰 위력을 발휘했다. 조총은 살상용이지만 총통은 일본군 전선을 파괴했다. 소총과 대포와의 싸움이다. 당시 해전술은 주로 래밍(ramming, 상대방 배에 부딪히기)과 보딩(boarding, 상대방 배에 올라타기) 전술에 의존했다. 그러나 이순신의 수군의 경우는 달랐다. 래밍이나 보딩 같은 백병전 대신 적군의 전선을 파괴한 것이다. 조선군 판옥선은 일본군에 비해 방향전환이 용이한 특징을 지녔을 뿐만 아니라 전술적으로도 대포를 보유하고 포격을 실시함으로써 해전에서 절대적 우세를 나타냈다. 1555년 청동으로 제작한 유통식 화포인 조선군의 대포는 다양했으며 크기와 구경에 따른 천·지·현·황 총통의 성능은 위력적이었다. 최대형의 천자총통의 경우 구경 17cm, 무게 8kg의 포탄을 4km까지 날릴 수 있었다. 일본군이 고작 조총이나 도검으로 배 위에서 백병전을 벌이는 데만 관심을 두고 대포를 보유하지 않은 것은 치명적인 약점이었다. 이것은 마치 서양의 역사를 바꾼 1588년 영국과 스페인의 칼레 해전의 판박이였다. 당시 스페인은 근거리 포와 백병전 전술을, 영국은 철저히 장거리대포와 전함격파 전술로 승리했다. 역사의 비슷한 시기에 동양과 서양에서 세계 최고의 해군 제독이 유사한 전술을 구사했고, 결말도 비슷한 것은 불가사의하다.

수군 전함의 구조와 재질에 있어서도 조선 수군의 '판옥선'은 견고했다.

16세기 유럽 해전에서는 갤리선의 시대가 막을 내리고 새롭게 갈레온선과 범선의 시대가 개막되었다. 16세기 스페인 군선과 영국 군선, 18세기 네덜란드 무역선 등은 노 젓기가 없고 바닥이 볼록한 갤리언선이다. 이들 군선과 무역선은 연안이 아니라 대양 항해가 주였다. 반면 우리나라는 삼면이 바다이고 리아스식 해안으로 조수간만의 차가 커 언제든지 배가 육지로 올라올 수 있어야 하고 기민하게 움직여야 해서 평평하게 만든 판옥선이다. 우선 갤리선을 보기 어려운 당시 동양에서 판옥선은 갤리선과 같은 원리로 항해했다. 조선의 전선인 판옥선은 소나무로 만들어 매우 견고했다. 갑판의 판자도 두꺼웠고, 배를 지탱하는 골격도 대들보처럼 견고한 구조였다. 선체가 U자형으로 안정감과 방향전환이 좋다. 이중 돛으로 역풍에도 전진이 가능하고, 많은 함포로 무장할 수 있어 해전에 유리했다. 반면 일본배 '세키부네 関船'는 얇은 삼나무 판자로 만들었다. 그래서 일본배에는 총통을 싣지 못했다. 총통을 발사할 때의 반동을 선체가 견딜 수 없었기 때문이다. 선체가 V자형으로 속도가 빠르고 장거리 운항에 유리했다. 반면, 암초가 많은 연안에서는 항해나 방향전환이 어렵다. 더구나 조선 판옥선 선두에는 당파용 귀두가 두 개 돌출되어서 이것으로 일본배의 선체를 들이 받는 당파전략으로 선체를 무너뜨리고 침몰시켰다.

지자총통과 현자총통이 화염을 뿜기 시작했을 때 조선 수군의 전열을 뛰쳐나가 적진 속으로 뛰어들며 종횡무진 좌충우돌하는 공격대는 용맹무쌍한 거북선이었다. 이순신의 철갑선은 기발한 상상력과 실행력으로 서양보다 250년 앞섰다. 거북선은 여러 가지 점에서 이순신 장군의 천재성을 함축했다. 우선 갤리선을 보기 어려운 당시 동양에서 그는 갤리선과 같은 원리로 항해했다. 그리고 10문의 대포로 막강한 파괴력을 발휘하고, 나아가 철갑에 의해 과감한 적진 돌파를 가능케 한 것은 그야말로 어느 곳에서도 찾아볼 수 없는 독창적인 작품이었다. 거북선은 세계 최초의 철갑선이다. 그것은 대형전선인 판옥선에 상개 판을 덮어씌우고 쇠 송곳을 꽂아 적병이 덤벼들거나 발붙이지 못하도록 만들어진 전선이었다. 선체가 단단하여 충돌파괴력이 강하며 근접 화력이 우세한 동시에 적병의 승선 습격을 막을 수 있어 공격과 방어 두 가지 면에서 뛰어난 장점을 갖추고 있었다.

이순신 장군과 나대용 장군의 만남으로 거북선은 탄생했다. 물방개에서 아이디어를 얻은 과학자이자 조선기술자이며 충용을 겸비한 나대용 장군이 직접 설계하여 제작했고, 이순신 장군이 총괄 지휘하여 건조된 거북선은 임진왜란 초기에 모두 3척이었다.[13] 거북선은 조선함대의 주력선인 판옥선의 평탄한 갑판 위에 아치형의 철판 덮개를 씌우고 그 위에 송곳칼들을 설치함으로써 적에 의한 보딩을 막고, 또한 사방에 난 대포구멍을 통해 포격을 실시하고 궁수들도 불붙은 화살을 날려 공격할 수 있게끔 만들어졌다. 길이 약 30m, 폭 9m, 높이 7m의 이 전함은 서양 갤리선처럼 노를 이용하는 선박으로서 좌우에 각각 10개씩의 노를 갖추었다. 뱃머리는 거북 머리를 하고 유황을 태워 벌어진 입으로 안개를 토하도록 하여 적을 혼란케 했다. 승선 인원도 판옥선과 비슷하거나 약간 적은 정도였다. 임진왜란 당시를 기준으로는 대략 125명 정도가 탔다. 항해 및 보조 요원의 숫자는 10명, 활을 쏘는 사부는 14명, 화포를 사격하는 화포장과 포수는 32명, 나머지 70여 명이 노를 젓는 노군이었다.

레판토 해전이나 칼레 해전에서도 보듯이 해전은 대장선이나 선봉장선이 집중공격을 이겨내지 못해 불타고 깨어지고, 대장의 목이 효수되면 그것으로 상황 끝이었다. 그와 반대로 전투를 이끄는 장수 간의 싸움에서 초전을 이기면 사기는 충천하고 더더욱 용맹해지는 법이었다. 거북선과 사력을 다하는 용맹스러운 장수들이 분전하고 또 역투했다. 한산도 해전에서 조선 연합 수군은 왜적의 대형 전선 25척과 중형 전선 17척 그리고 소형 전선 5척 등 모두 47척을 깨뜨리거나 불태워 버렸다. 사로잡은 것은 대소전선 12척이었다. 전열을 이탈해 살아 도망친 전선은 대형 1척과 중형 7척, 그리고 소형 6척 등 14척에 불과했다. 왜장 와키사카는 목숨만 건진 채 구사일생으로 도망쳤다.

그 이튿날, 이순신은 전날의 격전에도 불구하고 또 다른 왜적을 찾아 안골포로 나아갔다. 그 곳에는 왜적의 수군장 가토가 이끄는 42척의 세력이 부산으로부터 옮겨 와 정박하고 있었다. 이순신의 수군은 그곳 포구에 깊숙이 박힌 채로 항전하는 왜군을 일방적으로 철저하게 분쇄하였고 왜군 전선 42척을 완전히 격침시켰다. 두 차례의 큰 전투를 통해 조선 수군이 입은 희생은 전사 19명과 전상 114명이었다. 이순신 좌수사가 지휘하여 남도 연합 수군이 치른 한산 앞바다의 해전과 안골포 전투의 승리를 묶어서 '한산대첩'이라 한다. 한산 대해전의 승리는 임진왜란의 전국 전반에 중요한 영향을 끼쳤다. 한산대첩에 뒤이어 큰 전과를 거두는 부산포 해전이 있었지만 그 때부터 반도의 남녘 바다에서 날뛰던 왜적의 수군은 자취를 감추고 말았다. 한산해전의 승리는 조선 수군이 남해의 제해권을 완전히 장악하는 분수령이 되었으며, 결과적으로 왜의 호남 내륙침공을 좌절시키고 나아가 왜를 이길 수 있다는 자신감을 갖게 하였다. 일본의 도요토미 히데요시는 한산도에서 패전한 뒤로 전략을 바꿨다. 그 전략은 임진왜란 초기인데도 조선 수군을 만나면 도망가라는 것이었고 내륙에 올라가 방어 작전을 펴라는 것이었다. 북진한 왜군을 위한 병참로가 큰 타격을 받게 되었다. 뿐만 아니라 전라 수역으로 진출함으로써 수륙병공을 성사시키려던 왜적의 계획은 무산되었다.

한산대첩 이후 육전에서 일본군이 승승장구하는 것과 달리 해전에서는 이순신 장군이 남해안에서 일본 해군에게 연전연승했다. 그 결과 일본 해군은 서해로 진입할 길이 막혔고 육군 또한 전략적 후방이 불안하여 평양에서부터 후퇴할 수밖에 없었다. 그리고 조선 조정으로부터 지원요청을 받은 명나라는 서해로부터의 위협을 받지 않는 가운데 쉽게 원병을 보낼 수 있었다. 조선·명 연합군의 형성으로 일본군은 수세적 입장으로 바뀌었으며, 결국 그 후 전쟁은 장기화하고 쌍방 사이에 공방 및 소강상태를 거듭했다. 한산대첩의 승리로 인해 조선 수군은 왜군의 전라도 침공을 불가능하게 했을 뿐 아니라 남해 해상권을 완전히 장악함으로써 일본 침략군에게 결정적인 타격을 주었다. 한산대첩의 성격을 임진 3대첩인 행주대첩, 진주대첩에 견주어본다면 행주대첩과 진주대첩은 수비를 잘해 얻어낸 승리이고, 한산대첩은 적을 공격해 얻은 승리라 하겠다.

이순신 장군의 여러 일화가 있지만, 23전 23승의 해전 중 세계 4대 해전에 빛나는 것은 한산대첩이다. 임진왜란 초기인 1592년 7월의 한산대첩이 있었기에 일본의 조선 정복 시나리오가 깨졌다. 미국인 사학자 헐버트 H. B. Hullbert는 "이 해전은 한국에서의 살라미스 해전이라 할 수 있으며, 이는 일본 침략군에게 사형선고를 내린 것"이라고 평가했다. 유성룡은 『징비록』에서 한산도 해전의 의미를 다음과 같이 정리했다.

"왜적들은 수륙이 합세하여 서쪽으로 쳐 내려 오려 했는데, 이 한 번의 해전으로 그 한 팔이 끊어져버린 것과 같이 되었다. 따라서 고니시 유키나가가 비록 평양을 빼앗았다고 해도 그 형세가 외로워서 감히 더 전진하지 못하였다. 이로 인해 조선은 전라도와 충청도를 보전할 수 있었고, 나아가서 황해도와 평안도 연안지역까지 보전할 수 있었다. 또한 군량을 조달하고 호령을 전달할 수 있었기 때문에 나라의 중흥이 이룩될 수 있었다."

한산도 해전이야말로 나라의 운명을 다시 일으킨 대승리였지만, 더욱 드

라마틱한 이순신의 해전은 명량대첩과 노량해전이었다. 일본은 일본으로 귀국했던 가토 기요마사 부대가 다시 바다를 건너올 것이니 수군을 시켜 생포하도록 하라는 거짓 정보를 1507년 초에 흘린다. 손자병법의 《용간편》의 내간과 사간을 활용한 전략이었다. 이 거짓정보로 조정은 혼란에 빠졌고, 선조는 이순신에게 공격을 명했다. 일본의 술수를 꿰뚫고 있던 이순신은 거부했다. 그러나 선조는 그에게 세 가지 죄를 물었다. '조정을 기만해 임금을 무시한 죄, 적을 놓아줘 나라를 저버린 죄, 남의 공을 가로채 모함한 죄'* 1597년 2월 수군통제사 이순신이 체포되어 고문 끝에 관직을 삭탈당하고 백의종군했다. 원균이 이순신을 모함하는 악역을 담당했지만, 우의정 정탁의 변호로 사형을 면하고, 도원수 권율의 밑에서 두 번째로 백의종군하였다. 사실 이순신이 지킨 바다는 1592년 5월 3일 옥포 해전에서 시작하여 1597년 2월 선조의 명을 무시했다는 터무니없는 정쟁모함으로 체포될 때까지 남해바다는 이순신의 수군에 의해 철통같이 지켜졌었다.

명량대첩 직전의 상황은 도요토미에 의해 정유재란이 재발했고 이순신은 어이없게도 영어의 몸이었고 무능한 원균이 삼도수군통제사가 되었다. 이순신의 후임 원균이 1597년 7월 칠천량 해전에서 일본군에 참패하고 전사한 이후, 다시 수군통제사로 임명된 그는 13척(부임 당시는 12척이었으나 명량대첩 직전에 추가로 1척 건조)의 함선과 빈약한 병력을 거느리고 명량에서 133척의 적군과 대결하여 31척을 격파하고 92척을 파손 및 대파하는 대승을 거둔다. 이때 이순신은 이 절체절명의 위기에서 그 유명한 장계와 함께 세계 해전에 남을 대승리를 거두고 빼앗긴 해상권을 회복하였다. 이순신의 장계는, "신에게는 배가 열두 척이 있나이다. 죽을힘을 다해 항전

---

* 《선조실록》 1597년 3월 13일

하겠나이다. (今臣戰船尙有十二 出死力拒戰) 지금 수군을 폐지하면 적이 바라는 바로, 적은 호남을 거쳐 쉽게 한강까지 진격할 것입니다. 오직 그것이 두려울 뿐입니다. 비록 전선이 적으나 신이 아직 살아 있으므로 감히 무시하지 못할 것입니다."[14] 손자병법의 《지형편》과 《구지편》의 전술을 운용하여 특이한 소용돌이 와류가 발생하는 명량해역에 힘을 집중한 이순신의 승리였다. 이순신이 지휘하는 조선 수군은 10배 이상의 적을 맞아 명량협수로의 조건을 최대한으로 이용해 그들의 서해 진출을 차단함으로써 정유재란의 대세를 다시 조선군에게 유리하게 하였다. 1592년 한산대첩은 임진왜란 초반에, 1597년 명량대첩은 임진왜란 후반에 전세를 결정지은 이순신의 승리였다.

이후 일본에서는 1598년 도요토미 히데요시의 사망으로 군대가 철수하게 된다. 이순신의 수군은 1598년 2월 고금도로 진영을 옮긴 뒤, 1598년 음력 11월 19일 명나라 제독 진린 陳璘과 연합하였고, 노량해전은 이순신 장군이 목숨을 바쳐 승리한 해전이다. 영국의 넬슨 제독의 마지막 장면과 유사하기에 후세에 많이 회자되는 해전이다. 그때의 상황은 일본군이 일본으로 돌아가는 퇴로를 간청했고, 명나라와 조선 조정의 일부도 반대했던 해전이었다. 그러나 이순신은 자신의 원칙을 지켰고, 조선의 장수로서 마지막까지 임무에 충실했다. 그것은 아름다운 명장의 완성이었다. 임진왜란 때 조선과 일본의 승패를 가른 것은 첫째, 곡창지대인 호남을 차지하여 군량을 확보하는 것. 둘째, 이러한 호남 땅을 지키고 군량을 수송하기 위해서는 남해안과 서해안의 바닷길을 장악하고 있었어야 할 것이었다. 이순신 장군은 호남의 중요성을 '若無湖南, 是無國家(호남이 없다면 국가도 없다)'로 웅변했다. 결국 임진왜란 때에 해상 병참로를 장악한 조선에 일본은 결국 패배할 수밖에 없게 되었다. 이순신의 삶은 우리에게 '임전무퇴'라는 화두를 남겼다. 이순신은 외부의 적은 물론이고 내부의 적 앞에서 물러서지 않았다. 그의 물러서지 않음의 절정은 한산대첩과 명량해전에서의 승리였고, 그 승리를 통해 승승장구하던 일본을 꺾고 패망과 절망의 조선을 살렸다. 명나라는 임진왜란 종전 후 멸망했고, 대륙은 청나라가 차지했다. 일본은 도요토미 히데요시가 죽고 도쿠가와 이에야스의 에도 막부 시대(1603~1867)가 시작됐다.

근현대 역사상 3대 해군 제독으로는 트라팔가르 해전의 영웅인 영국의 호레이쇼 넬슨, 임진왜란의 영웅 이순신, 그리고 러·일 전쟁 때 일본을 승리로 이끈 도고 헤이하치로가 거론된다. 넬슨은 1805년 '트라팔가르 해전'에서 나폴레옹이 지휘하는 프랑스와 스페인의 연합함대를 격파하고 해전에서 승리하여 유럽의 해상지배권은 영국으로 넘어갔다. 일본의 도고 헤이하치로 東鄕平八郎는 1905년 '쓰시마 해전'에서 발트 함대를 무찌른 후 세계 해전의 명장으로 부각되었다. 나폴레옹 군대를 격파한 넬슨 제독에 필적할만하다는 평을 들었으나, 그는 "이순신의 인품이나 무공에 비하면 장교 밑에 해당하는 하사관"에 불과하다며 이순신의 위대함을 극찬하였다. 영국의 조지 알렉산더 발라드 제독도 저서《해양이 일본 정치사에 미치는 영향, 1921》에서 이순신은 '전략의 천재로서 인류 역사상 가장 위대한 지도자 중 한 사람'이라고 평했다. 그는 넬슨과 도고는 국가의 적극적 지원을 받으면서 전쟁을 치렀으나 이순신은 왕과 신하들의 시기와 음모, 모함, 심지어 훼방까지 받으면서 수군훈련과 정비강화, 선박과 무기건조, 식량조달 및 보급품을 스스로 조달하면서 전쟁을 했다는 점을 높이 평가했다. 이순신은 세계사적으로도 학자들의 조명을 받고 있는 '글로벌 영웅'이다. 미국 해군 역사가 조지 해거먼 George Hagerman은 "그는 단지 조선을 수호한 데 머물지 않고, 일본의 대륙침략을 300년 동안 멈추게 한 세계사적 영웅"이라고 했다.

미국 리더십 전문가 짐 프리드먼은 "이순신은 일본의 침략을 막아 동아시아의 역사는 물론 세계사까지 바꿨다."며 "극단적인 시련 속에서도 끊임없이 배우고, 적응하고, 변화시킨 그의 리더십은 세계 정치, 경제, 사회, 문화 분야의 지도자들이 배워야 할 것"이라고 말했다.

메이지 유신(1853년에서 1877년 전후의 시기) 이후 급성장하기 시작한 일본은 그들의 해군 참모대학에서 고금의 해전을 학습토록 했다. 일본 메이지 해군 장교 중에서 특별히 이순신의 인간됨과 애국충정, 필승의 신념과 뛰어난 전략 전술에 관하여 해군 및 국민일반에게 이순신 장군을 처음 알린 것은 오가사와라 나가나리다. 그는 1898년《제국해군사론》과 1902년《일본제국 해상권력사 강의》두 저술에서 모두 이순신을 높이 평가했다. "이순신은 담대하고 활달함과 동시에 정밀하고 치밀한 수학적 두뇌를 지녔다. 그는 전선의 건조, 진법의 변화, 군사전략, 전술에 이르는 모든 부문을 자신의 뜻대로 개량해 성공을 거두었다. 거제도에서는 지형을 이용하고 진도에서는 조류를 응용하는 등의 갖가지 뛰어난 계책을 시행하여 매번 승리하였다. 조선의 안녕은 오직 이 사람의 힘 덕분이었다."[15]

이순신 장군의 리더십에 대한 전문가들의 의견을 모아 정리하기로 한다.[16]

첫째, 이순신 리더십의 핵심은 '진 眞, 진 盡, 진 進'자로 집약할 수 있다.[17] 한 점 부끄럼 없는 '마음' 진 眞, 끝까지 다하는 '자세' 진 盡, 모두를 이끌고 나아가는 '힘' 진 進이다. 이순신의 책임감은 어떤 상황에서도 자세를 흐트러뜨리지 않고 맡은 바 소임을 다했고 대의를 위해서 의연하게 대처했다. 그의 진실한 충심은 두 차례의 백의종군이 말해준다. 그는 마음속으로 통분했어도 진실이 밝혀질 때까지 묵묵히 기다렸고 국가를 위해 더 큰 임무를 생각했다. 이순신의 승리는 원칙을 지킨 한결같은 리더십 때문이었다. 시대 흐름에 부응하여 이순신은 적극적이고 창의적으로 시대변화를 읽고 미래를 대비하였다.

둘째, 이순신 장군은 항상 《손자병법》,《육도삼략》과 《동국병감 東國兵鑑》등 병법과 진법을 학습했고 탁월한 팀플레이에 의한 전술운용능력이 탁월했다.* 각종 병서는 이순신에게 교과서였다. 이순신은 손자병법에서 가장 이상적이라 한 전승전략인 ▲싸우지 않고도 이기고 ▲싸워야 하는 경우 최소의 소모로 이기고 ▲싸움마다 승리한 세 가지의 특징을 실현했다. 제갈공명이 육상전투에서 쓴 학익진을 해상전투에 시현한 것은 이순신의 학습능력과 창의력이 접목된 결과였다. 학익진 진법과 같은 육전병법을 해전에서 구사하며 적군분산전술, 대장선 집중공격전법을 구사하여 승리했다. 그는 이미 30대부터 북방변방에서 여진족과의 치열한 전투를 경험했고, 특히 심리전에 강했다. 적장의 수급을 베어 효수하는 법, 화염과 대포소리로 적군에 공포심을 유발한 점 등은 손자병법의 《화공편》이나 나폴레옹의 심리전과 유사했다. 이순신의 조선 수군은 팀 스피릿 훈련을 했고 왜군은 해적 중심의 개인플레이를 했다. 팀플레이로 개인기를 이긴 것이다.

셋째, 병법에서 중시하는 '지형지리'를 최대한 활용하기 위해 해양조류의 흐름, 지형지세를 철저히 조사하고 이에 맞는 유인책을 구사했다. 이순신은 해전에 앞서 각종정보를 수집하고 분석하여 지리를 잘 읽은 전략가로 남해안에서 벌어진 해양 전투에 해양과학 지식을 활용했다. 울돌목, 노량진, 명량 등 세계해전에 기록될 섬 주변 해역의 해류, 조류를 정확하게 파악하고 빅 데이터 기록을 통해 바탕 한 전략적 의사결정을 구사했다. 명량해전에서 와류와 조석간만의 타이밍을 이용한 것은 백미였다. 천문과 지리에 밝았던 제갈공명도 삼국지의 하이라이트인 적벽대전 시 동남풍 예측도 농사를 지

---

* 동국병감은 조선 문종 때 우리나라의 역대 전쟁사를 정리한 책이다.

으면서 기상통계에 능했던 제갈량이기에 예견가능한 일이었다.

넷째, 창의적이고 혁신적인 철갑선으로 만든 거북선, 천·지·현·황의 총통 대포를 개발하여 전력에서 필승구도를 준비했다. 이순신의 철갑선인 거북선은 이들 서양의 군함보다 더욱 혁신적이라는 사실이 놀랍다. 거북선은 여러 가지 점에서 이순신 장군의 천재성을 나타냈다. 영국 넬슨 제독의 돌파력에 거북선의 파괴력을 합친 것이 이순신의 독창적인 작품이었다. 이순신 장군은 창의력이 대단했을 뿐만 아니라, 그것을 실제 전쟁 수단으로 활용하여 세계 해전 역사에서도 빛나는 한 페이지를 장식했다. 당시 일본은 소총, 조선은 대포로 싸웠다는 점에서 무기의 우위를 점했다. 반대로 육전에서는 일본은 소총, 조선은 화살이 주력무기였다는 것은 역사의 아이러니다. 세계 해전역사에서 이순신의 철갑선은 서양보다 무려 250년이나 앞선 것이었다. 산업혁명 이후 각국의 해군들은 철갑선을 제작하게 되고 그것을 주력 선으로 삼아 해전을 수행해왔다.

다섯째, 병참의 중요성을 인식하여 군량미를 조달할 수 있도록 백성들의 농업을 보호했고, 군·관·민 삼위일체 총력전으로 대응했다. 공자는 논어에서 나라를 다스리는 세 가지 덕목으로 무기·식량·백성의 신뢰를 꼽았다. 그중 가장 중요한 것은 백성의 신뢰라고 했다. 한나라 유방은 천하 통일 후 전략의 장량, 전투의 한신보다 군수병참의 소하가 일등공신이라고 칭찬했다. 이순신은 장군으로서만 아니라 전쟁 중에도 둔전을 통한 군량미 확보와 지역경제를 튼튼하게 함으로써 백성들이 따르게 하였다. 전쟁은 병참전쟁이자 물류전쟁임을 중시한 이순신의 농업보호, 병참로 확보 등이 승리의 관건이었다.

여섯째, 이순신을 알아본 유성룡의 백낙 같은 안목이 나라를 구했고 이순신은 훌륭한 장군들을 발탁하여 전쟁을 승리로 이끌었다. 백낙은 인재를 알아보는 안목 있는 사람을 일컫는 말로 중국 주나라 때 준마를 가려내는 재주가 탁월했던 백낙이라는 사람의 이름에서 유래했다. 인사가 만사였다. 옛말에 "울타리 하나도 말뚝 세 개가 받쳐야 서고, 영웅호걸도 돕는 이가 셋"이라고 했다. 용렬한 군주인 선조에 대칭적 인물은 영의정 유성룡이다. 선조가 피난후퇴를 하고 압록강을 건너려는 순간 "조선 땅에서 한 발자국이라도 나가면 조선은 우리 땅이 아니다."고 막아선 인물이었다. 유성룡은 이순신과 권율과 같은 인재를 등용하고 임진왜란에 대비해 군비확충과 경제안정에 힘쓴 명재상이다. 이순신의 사람 보는 안목도 뛰어났다. 이순신 전문가 제장명은 이순신의 팀을 구성하고 있었던 파워 인맥이 막강했다고 분석한다.[18] 그가 언급한 대표적인 인물들은 다음과 같다. ▲난중일기에도 언급한 5명의 핵심 측근 장수는 정운(최고의 돌격대장), 권준, 어영담(물길의 달인), 또 다른 이순신 李純信, 배홍립(이순신과 함께 수군재건) 등 ▲조정에서 도운 이로 유성룡(이순신의 멘토이자 전라좌수사 천거), 정탁(원균과 조정의 모함에서 목숨 구해줌), 이원익, 정언신(이순신의 참된 스승) 등 ▲전쟁을 승리로 이끄는 데 도움과 경험을 전수하고 병기를 개발한 이로 정걸(이순신에게 30년 경험 전수), 이억기, 나대용(거북선 설계), 제만춘(적정 고급정보 제공), 선거이, 류형(이순신의 후계자) 등.

　일곱째, 이순신 장군은 연합국인 명과의 국방외교와 인간관계가 탁월했다. 고려에 서희 장군이 있었다면, 조선에는 이순신 장군이 있었다. 이순신은 명나라 장수들과 전쟁터에서 수 없이 심리적 갈등상황을 가졌지만, 병력지원국의 거만을 인내하면서 승리를 위해 자존심을 낮추고 예를 다했다. 바로 오직 나라를 구하기 위한 충심의 마음으로 자신을 낮춘 것이다. 최종승리를 위해 때로는 명나라 장수 진린에게 공훈을 돌렸고, 진린도 훗날 명나라로 돌아가 이순신을 명장으로 높이 평가하고 보고했다. 이순신은 인내했고 현명했다.

여덟째, 역사는 기록하는 자의 것이고, 이순신의《난중일기》는 값진 교훈을 기록했다. 이순신의《난중일기》와 유성룡의《징비록》은 아픔의 기록이지만, 위기의 나라에서 위정자들이 어떻게 생각했고 대응했고 용감했고 비겁했는지 알 수 있기 때문이다. 패전국 일본의 후예들은 읽고 또 읽는데 사실상 패전국이었던 우리 후손들은 왜 안 읽을까? 기록을 성찰하는 국민이라야 미래가 있다. 이순신 장군은 차가운 머리와 뜨거운 가슴의 소유자였다. 그의 애국충정은 물론 시와 인문학적 소양의 탁월함도 난중일기에서 볼 수 있다.

5. 대영 제국을 연 넬슨의 트라팔가르 해전

영국이 '해가 지지 않는 나라 대영 제국'을 건설할 수 있던 것은 전 세계 바다를 제패한 해군 덕분이었다. 그 영국 해군에는 대영 제국을 구한 바다의 신 호레이쇼 넬슨 Horatio Nelson(1758~1805)제독이 있었다. 트라팔가르 Trafalgar 곶은 스페인 남부 서해안 지브롤터 해협의 북서 약 50㎞에 위치한 곳이다. 1805년 10월 21일, 곶 서쪽 해역에서 트라팔가르 해전이 벌어져 호레이쇼 넬슨 제독이 이끄는 영국 함대가 육전의 세계최강 나폴레옹에 맞서 프랑스와 스페인 연합군을 깨고 영국을 지켰다. 만약 이 전투에서 영국이 졌더라면 세계사는 상당히 달라졌을 것이다.

프랑스 혁명(1789년)은 프랑스와 유럽, 세계의 운명, 나폴레옹과 넬슨의 인생까지 바꾸었다. 프랑스 혁명 후 전 유럽이 프랑스 혁명전쟁(1792~1802년)과 이어진 나폴레옹전쟁(1803~1815년)으로 전쟁터가 된 탓이다.

이미 오랫동안 입헌군주제를 발전시켜온 영국은 유럽의 다른 왕정국가와 마찬가지로 프랑스 혁명을 용납하기 어려웠다. 특히 100년 넘게 식민제국 건설 경쟁을 벌여온 프랑스가 혁명을 통해 더 강력한 나라로 부상할 수 있다는 점을 고려할 때, 섬나라 영국의 국가 전략은 바다에서는 제해권을 장악하는 한편 대륙이 강력한 프랑스에 장악되지 않도록 견제하는 것이었다. 영국은 프랑스와 육지전쟁을 벌였지만 전황은 영국에 불리했다.

　혁명을 통해 프랑스는 이미 강력한 근대 국가로 탈바꿈하고 있었다. 용병이 아닌 국민군대, 무능한 귀족이 아닌 유능한 평민 장교 나폴레옹이 이끄는 군대의 위력은 강했다. 다만 바다 상황은 달랐다. 영국의 강력한 해군이 버티고 있었기 때문이다. 넬슨처럼 바닷사람들이 지키는 바다는 프랑스 해군이 넘볼 수 없는 영역이었다. 넬슨은 12세의 나이인 1770년 해군사관후보생도 시절부터 항해 기술 습득에 놀라운 열정과 재능을 보였고 착실하게 해군 장교의 길을 걸었다. 넬슨은 대서양을 횡단하고 북극해를 통한 인도항로 개척에 참가하는 등 다양한 해양경험을 쌓았다. 동인도회사를 보호하기 위해 출항한 인도양 항해에서는 처음으로 전투를 경험했다. 1780년 미국 독립전쟁에 참전했으며, 약관 20세에 프리깃함의 함장이 되어 영국 해군사상 최연소 기록을 세웠으며, 이미 최일선 전쟁에서 잔뼈가 굵은 '야전통'이었다.

　프랑스가 프랑스 혁명전쟁을 선포하자, 넬슨은 1793년 5월 지중해 해상권을 확보하기 위해 전쟁에 참여했다. 1794년 코르시카 전투에서 영국군은 전투에서 큰 승리를 거두었으나 넬슨은 적의 포격 파편에 얼굴을 맞아 오른쪽 눈의 시력을 상실하는 큰 부상을 입는다. 또 곧 이어 치른 이탈리아 전투에서 넬슨은 나폴레옹의 천재적 전략에 좌절감을 경험했다. 넬슨은 프랑스군의 보급로가 될 제노바 앞바다를 봉쇄했으나 프랑스 군대의 총사령관 나폴레옹은 영국 해군이 지키는 바다를 피해 카르타고의 한니발 장군이 했던 기막힌 방식으로 알프스를 넘은 것이다. 발상의 전환으로 영국의 해군력을 무력화시킨 나폴레옹의 군대는 북이탈리아에 주둔한 오스트리아 군대를 격파했다. 넬슨과 나폴레옹의 운명적인 첫 대결은 나폴레옹의 승리로 끝났다. 나폴레옹과의 간접 대결에서 패배한 넬슨은 원인과 전략을 분석했다. 넬슨은 영국의 전략은 육지 대신 바다에서, 해군의 힘을 바탕으로 싸워 이겨야 한다고 판단했다. 이렇게 육지의 천재 나폴레옹과 바다의 천재 넬슨, 두 사람의 10년 전쟁이 시작됐다.

넬슨의 전략대로 나폴레옹과의 전쟁 중 영국은 육전보다는 해전에 더 몰두했다. 당시 영국 해군은 전쟁준비가 잘 되어 있었던 데 반해 프랑스 해군은 유례없이 부실한 상태였다. 혁명에 수반되는 숙청에도 불구하고 육군은 전투력을 유지할 수 있었으나 훈련된 선원과 지휘관을 요하는 해군은 그럴 수 없었다. 야전경험이 있는 해군지휘관의 확보는 물론 실전경험을 가진 병사가 부족했다. 쓸 만한 일반 해군병사를 양성하는 데는 최소한 6개월이 소요되고, 기술병사를 양성하는 데는 최소한 4년이 걸렸기 때문이다. 프랑스는 영국의 해로를 막아보려 했으나 모든 면에서 역부족이었다. 한편, 우세한 해군력을 가진 영국은 프랑스 해안을 봉쇄함으로써 프랑스 무역의 숨통을 옥죄어, 프랑스 함대로 하여금 항구에서 나와 바다에서 해전을 하도록 유도했다.

1794년부터 1805년 트라팔가르 해전까지 넬슨의 영국 해군은 프랑스에 여섯 차례 큰 승리를 거두었다. 영국의 트라팔가르 해전 승리는 약 200년 전인 칼레 해전(1588년)에서 영국이 스페인의 무적함대를 격파한 후 최대의 승리였다. 넬슨의 영국 해군은 군함을 기술적으로 발전시키지 못했으나 해군전략과 전술을 전보다 훨씬 위력적으로 개발하였다. 영국군의 새 전략은 1797년 세인트 빈센트 곶 해역에서 영국 제독 존 저비스 경 Sir John Jervis(1735~1823)과 넬슨 제독이 스페인 함대를 무찌를 때 그 위력을 입증했다. 첫째, 기존의 단종진과 전열전술에서 벗어나 중앙돌파전술을 개발했다. 이 전술은 적의 전열 사이를 비집고 들어가 무너뜨린 다음 적을 두들기는 교전방법이었다. '영광의 유월 초하루'라고 불리는 이날 영국군은 새로운 중앙돌파전술로 공격을 시도했고 성공했다. 둘째, 중앙돌파전술과 각종 진법을 융통성 있게 구사하기 위해 유기적인 신호체계와 함대 운용교리를 정리했다. 셋째, 영국 해군에는 해상전술을 펼치고 리더십과 소통이 뛰어난 야전통의 지휘관들이 많았다.

훗날 '영국 해군의 아버지'로 존경받는 존 저비스 경은 영국 해군력의 기초를 다진 사람으로서 탁월한 전략가이자 행정가였다.* 그는 인재를 발굴하는 안목이 뛰어났으며, 넬슨의 비범함을 한눈에 알아보고 발탁한 인물도 바로 그였다. 마치 임진왜란 때 영의정 유성룡이 영웅 이순신 장군을 발탁한 것과 비슷하다. 동서고금의 역사에서 승리의 드라마에는 이처럼 위대한 영웅과 영웅을 알아보는 비범한 주연이 있었다. 넷째, 해상전투의 무기체계와 숙련도에서 우월했다. 당시 영국 해군과 연합함대의 숙련도를 비교해보면 질적 차이가 확연했다. 대포 사격술만 해도 영국 해군은 1분에 1발씩 쏠 수 있었음에 반해, 프랑스 해군은 2분에 1발, 스페인 해군은 프랑스 해군보다 더 심해서 3~4분에 1발을 쏘는 등 뒤떨어지는 숙련도를 보였다. 근거리에서 교전이 이루어졌던 당시 영국 해군은 똑같은 포문이더라도 상대방보다 3~4배 높은 화력을 낼 수 있었다. 대포의 점화방식도 차이가 나서 영국은

---

* 존 저비스 경은 1797년 세인트 빈센트 해전, 7년 전쟁, 미국독립전쟁, 나폴레옹전쟁에 참여했던 해군 제독으로 영국역사상 처음으로 '경 Lord'의 호칭이 부여되었다. 영국 해군함정 건조 방식에 '블록 공법'을 도입했고, 영국 해군 호칭에 'Royal' 사용을 도입하였다.

부싯돌, 프랑스의 경우 심지를 사용한 탓에 함선이 흔들거릴 때의 발사 명중률은 격차가 더 컸다. 사격교리에서도 영국은 바람을 맞는 방향인 풍상에서 선체 사격을 선호했고, 프랑스의 경우 바람이 불어가는 방향인 풍하에서 돛대 사격을 선호했다. 영국은 선체를 직접적으로 타격, 프랑스는 마스트와 상부 구조물을 노려 전체적인 전투력 저하를 유도하는 식이었으나, 당시 대포의 정밀도를 보면 영국이 훨씬 효율적이었다.

육전의 영웅 나폴레옹에게 해전의 트라우마를 안긴 것은 영국의 넬슨 제독이었고 그 시작은 '나일 해전'(1798년 8월 1일~2일)이었다. 1798년 넬슨과 나폴레옹이 직접 대결한 나일 해전은 1805년 트라팔가르 해전의 전초전이었다. 이탈리아 원정으로 프랑스의 영웅이 된 나폴레옹의 다음 목표는 이집트였다. 천재와 범인의 차이는 사물의 본질을 꿰뚫는 통찰력이다. 나폴레옹 전쟁(1803~1815년)을 치루면서 나폴레옹은 눈앞에 수십만 대군을 자랑하는 프로이센·오스트리아·러시아는 허상일 뿐이고, 프랑스의 진짜 적은 강력한 해군과 광대한 식민지, 막대한 교역을 바탕으로 세계경제를 움직이는 영국이라고 판단했다. 천재 나폴레옹은 이 전쟁이 결국 영국과 프랑스의 대결임을 알았다. 그 영국의 아킬레스건은 인도 식민지였다. 이집트는 인도로 가는 길목인 동시에 인도 교역의 목줄인 수에즈 해협의 입구였다. 알렉산더 대왕을 동경했던 29세의 청년 나폴레옹은 5만 병력을 이끌고 이집트 알렉산드리아로 향했다. 나폴레옹은 영국이 프랑스군의 본토 침공할 것에 대비하는 상황에서, 예상을 뒤엎고 이집트를 정복한 후 멀리 인도까지 진출하려는 '성동격서'의 군사 전략을 추진했던 것이다.

넬슨 역시 나폴레옹의 목표가 인도의 길목인 이집트라고 확신했다. 그 역시 대국적인 관점에서 전략을 읽는 천재였던 것이다. 나폴레옹을 추격한 넬슨의 함대는 나일강 하구 아부키르 만에 정박해 있는 프랑스 함대를 발견했다. 1798년 8월 1일 오후였다. 어둡기 전 전투가 가능한 시간은 2시간에 불과했다. 넬슨은 속전속결을 선택했다. 어두워질 때를 기다렸다가 넬슨은 프랑스 함대 뒤쪽으로 접근하여 기습적으로 공격했다. 좁은 공간에서 프랑스 함대는 삽시간에 혼란에 빠졌고 13척의 군함 가운데 단 2척만이 탈출했을 뿐, 나머지는 모두 격파되었다. 이처럼 1798년 8월 1일 아부키르 만에서 벌어진 '나일 해전'에서 넬슨의 영국 함대가 프랑스 함대를 대패시켰고 위기를 느낀 나폴레옹은 이집트를 포기하고 프랑스로 도망가듯 돌아갈 수밖에 없었다.

나폴레옹의 인도 정복의 꿈도 대영 제국의 근간을 흔들겠다는 야망도 물거품이 됐다. 트라팔가르 해전 이전에 넬슨은 이미 나폴레옹의 꿈을 산산이 부쉈다.

'나일 해전'에서 객관적 전력에서 앞섰던 프랑스 해군은 왜 졌을까. 지휘관의 판단 착오와 무능 때문이다. '지친 상태인 영국 해군이 야습하지 않을 것'이라고 안이하게 판단한데다 함정과 해안포대는커녕 함정끼리의 유기적 운용도 전혀 없었다. 나폴레옹에게는 일생 첫 패배를 안긴 나일 해전은 근대사의 물줄기를 바꿨다. 나폴레옹은 애써 확보했던 이탈리아와 지중해의 패권을 잃었다. 전성기에 동방으로 진출하려는 나폴레옹의 야심이 무참히 좌절됐기 때문에 '나일 해전'은 이로부터 7년 후에 벌어진 트라팔가르 Trafalgar 해전(1805년)보다 세계사적으로 더 의미가 있는 사건으로 평가되기도 한다. 트라팔가르 해전은 영국 본토로 침공하려는 프랑스·스페인 연합함대를 격파한 데서 끝났으나 나일 해전은 지구 전체의 판도에 영향을 미쳤다. 이집트에 발판을 마련해 시리아로 진격하여 오스만 제국을 속국으로 삼고, 홍해를 넘어 인도의 지배권을 영국에게 빼앗아 알렉산더와 로마를 합친 것보다 큰 제국을 이루려던 나폴레옹의 야망도 나일 해전에서 꺾였다.

사실 훗날 프랑스 외교관 드 레셉스에 의해 기획되어 1869년 완공 개통된 수에즈 운하도 이집트 원정 당시 나폴레옹이 동반했던 학자들이 구상했던 작품이었다.

나폴레옹은 세계전쟁사에서 가장 돋보이는 존재이다. 그는 한니발과 알렉산더와 카이사르가 치렀던 모든 전투를 합친 것보다 더 많은 전투를 치렀다. 나폴레옹은 육전에서 연전연승하고 있었으나 그의 마음속에 늘 영국 해군은 두려운 존재였다. 영국을 침공하려는 계획을 세웠다가도 영국해협의 거센 파도와 영국 해군의 막강한 힘 때문에 포기하지 않으면 안 되었다. 하지만 나폴레옹은 쉽게 의지가 꺾이는 사람이 아니었다. 그는 유럽의 절대강자였고, 그렇게 만든 것은 그의 뛰어난 전략과 책략 때문이었다. 마침내 나폴레옹의 군대가 유럽을 장악한 후 마지막으로 방향을 돌린 곳은 영국이었다.

나폴레옹은 영국과 회심의 일전을 위해 1803년 미국에 214만 km^2의 광활한 루이지애나 주를 1500만 달러에 매각하고 전쟁비용을 마련했다. 나폴레옹의 계획은 스페인과 힘을 합쳐 영국과 교전하고자 그의 연합함대와 기병대를 바다에 집결시켰다. 나폴레옹은 영국 해군을 전부 섬멸할 필요까지도 없다고 생각했다. 그에게 필요했던 것은 단 군대를 상륙시키는 데 필요한 6시간을 포함해서 딱 24시간동안의 영불 해협의 제해권이었다. 나폴레옹은 영불 해협을 방어하는 영국 해군을 섬멸하고 24시간 동안만 영불 해협의 제해권을 확보할 수 있으면 6시간 안에 18만 명의 지상군을 영국에 상륙시킬 수 있다고 계산했다. 상륙 이후는 지상전에서 불패를 자랑하던 천재 전략가인 나폴레옹 본인의 몫이었으므로 문제가 없다고 생각했다. 그 중요한 24시간을 확보하는 것이 프랑스 해군의 임무였다.

요약하면, 나폴레옹의 큰 전략 구상은 프랑스 해군의 열세를 만회하기 위해 스페인 함대와 힘을 합친 연합 해군을 구성하고 연합함대로 하여금 영불해협 근처의 영국 주력함대를 스페인 앞바다인 트라팔가르 해협으로 유인하여 영국 해군의 전력을 분산시킨 후, 프랑스 해군 주력함대가 영국해협에 남아있는 영국 함대에 승리하여 프랑스 육군을 실은 수송함대가 영국본토를 상륙할 시간을 버는 것이었다.[19]

나폴레옹은 전함대로 하여금 스페인 카디스 Cadiz항 80㎞ 동쪽 지점에 위치한 '트라팔가르 곶'으로 집결하라는 군사명령을 보냈다. 그러나 나폴레옹은 명령했지만 대부분의 프랑스 해군 수뇌들은 실현 불가능할 것으로 추정했다. 프랑스 항구에 정박 중인 나폴레옹의 함대는 막강한 영국의 해군력에 의해 거의 모든 항구가 봉쇄되어 있었기 때문이었다. 그럼에도 불구하고 1805년 9월말 나폴레옹의 요구에 응한 스페인 함대 해군 제독 피에르 데 빌뇌브 Pierre de Villeneuve(1763~1806)는 2,640문의 총과 함포들로 무장한 33척의 스페인 함대를 이끌고 교전을 위해 카디스 항에서 출항했다. 그러나 트라팔가르 해전 이전에 이미 양측 군대는 사기에서 큰 차이가 있었고, 승부는 정해져 있었다. 빌뇌브 제독의 함대 선장들은 이미 패전 분위기에 물들어 있었고 오랜 시간의 정박 기간 동안에 군기가 문란해졌기 때문이었다. 게다가 프랑스 해군 제독 프랑수아 로실리의 명령 아래 스페인의 함대 선장들은 임무를 제대로 수행치 못했고, 선원들 대부분은 카디스의 빈민가에서 강제 징용된 난민들이었기 때문에 함포는커녕 배를 항행시키지도 못하는 자들이었다. 영국 해군 역시 해안마을에서 강제 징병된 신참 수병들이었지만, 영국 해군에는 바다에서 단련된 능숙한 선장들이 많았다. 이들로 인해 신참 수병들은 엄격한 규율과 고된 훈련 속에 점차 강인해져 전쟁에 만반의 준비가 되어있는 상태였다. 프랑스도 노련한 항해사들이 많기는 했지만 혹독한 훈련을 받아 강인해진 영국 해군을 맞아 고전을 면치 못하였다.

　1805년 10월 21일 넬슨은 그의 마지막 전투인 트라팔가르 해전을 치른다. 이 해전은 스페인의 트라팔가르 곶 서쪽에서 빌뇌브 제독이 이끄는 33척의 연합함대(프랑스 함대 18척과 스페인 함대 15척)와 호레이쇼 넬슨 제독의 영국 함대 31척 사이에 벌어졌다. 넬슨은 언제나처럼 전열의 맨 앞에 섰고 전투는 격렬했다. 영국이 승기를 잡았지만 연합함대의 저항도 만만찮았다. 양쪽 다 이 전투의 중요성을 알고 있었기 때문이다. 해전의 최대 관건은 평행하게 이동하는 두 개의 함대 사이에서 수많은 함포를 어떻게 포격하느냐에 달렸다. 연합함대의 빌뇌브는 자기 함대에게 북쪽을 향해한 줄로 늘어서도록 명령한 반면, 넬슨은 두 개의 전열을 편성해 서쪽에서부터 우측으로 빌뇌브의 함대를 공격하도록 지시했다.

　공격에 나선 넬슨 함대는 메시지를 깃발 신호로 보낸 후 연합함대의 진형 한가운데를 돌파하여 선제포격과 중앙돌파전술을 시작하면서 전투를 시작했다. 이 전술에 연합함대는 삽시간에 분단되어 전투지휘가 이루어지지 않고 효율적인 전투를 수행하지 못한 채 개별 선박 단위로 저항하다 격파당했다. 넬슨은 선박 조종과 포술 면에서 영국 함대가 더 뛰어나므로 적군의 배가 수적으로 더 많다 해도 근접전에서 큰 타격을 입힐 수 있다는 사실을 활용했다. 넬슨 제독을 승리로 이끈 그의 전술은 빅토리아 전함으로 중앙 돌파하여 적 함대의 배틀 라인을 둘로 갈라놓은 후, 이어지는 함대를 평행상태에서 발포하고 90도 선회하여 적의 선열을 끊는 것이었다. 마지막으로 혼란해진 적의 함대를 들이 닥쳐 승리로 이끄는 이 전술로 훗날 해군 전술에 많은 변화를 주었다.

　승리를 목전에 두고 있던 오후 기함 빅토리아에서 진두지휘하던 넬슨이 총에 맞았다. 왼쪽 폐와 척추가 부서지는 치명상이었지만 넬슨은 자신이 쓰러진 사실을 숨긴 채 부하들을 독려했다. 승리의 소식을 전해들은 넬슨 제독은 희미한 목소리로 "나는 20살에 한 약속을 지켰다. 나는 나의 의무를 다했고, 하나님께 감사드린다."라는 말을 마친 후 눈을 감았다. 넬슨의 눈부신 작전으로 빌뇌브는 생포되었고 적선 30척 가운데 18척을 나포하거나 침몰시켰다. 프랑스·스페인 연합군측은 1만 4,000명을 잃었으며 이중 절반은 포로가 되었다. 약 1,500명의 영국군이 죽거나 다쳤지만 함대는 온전했다. 트라팔가르 해전의 참패로 영국 본토를 침공하려던 나폴레옹의 계획은 완전히 좌절되었다. 넬슨은 해전 사상 매우 독창적이고 용맹한 제독이었고, 조국을 지켜냈고 대영 제국의 기반을 남겼다. 범선 시대 최후의 해전 중 하나인 트라팔가르 해전에서 영국은 프랑스 해군을 상대로 완벽한 승리를 거두고 제해권을 장악했다. 넬슨은 이 해전을 참패한 나폴레옹으로 하여금 육전에만 제한시켰고 결국 몰락의 길을 걷게 했다.

트라팔가르 해전 1년 후인 1806년 11월 나폴레옹은 영국과의 모든 통상과 영국함선의 유럽 내 항구 기항을 금지하는 '대륙봉쇄령'을 내렸다. 당시 전 유럽을 지배하던 황제 나폴레옹의 영국에 대한 보복이었다. 하지만 이 대륙봉쇄령은 나폴레옹의 패망을 부추기는 기폭제가 되었다. 넬슨 제독의 트라팔가르 해전 승리는 나폴레옹의 몰락과 곧이어 빅토리아 여왕시대로 연계된다. 빅토리아 여왕시대인 19세기 내내 세계의 바다를 장악함으로써 영원히 해가 지지 않는 대제국을 건설했다. 국왕 조지 3세는 넬슨의 사망 소식에 "우리가 얻은 것보다 더 많은 것을 잃었다."라고 애도했으며, 오죽하면 《더 타임스 The Times》는 전투 결과를 "기뻐해야 할지 슬퍼해야 할지 모르겠다."라고 논평했다. 넬슨은 우리나라의 이순신 장군에 비견되는 인물이다. 이순신처럼 넬슨도 마지막 전투에서 적탄에 맞아 세상을 떠났다. 넬슨의 유언도 이순신처럼 "나의 죽음을 아무에게도 알리지 말라."였다. 넬슨은 조국의 존망을 결정하는 위기에서 자신의 눈, 팔, 목숨까지 기꺼이 바쳤으며 솔선수범으로 제독의 직분을 충실히 수행했다. 그는 결국 전장에서 숨을 거두며 대영 제국 해군의 상징이 됐다. 그의 기념비는 런던 한복판의 트라팔가르 광장에 남아 아직도 영국 국민에게 영웅으로 남아 있다.

제6장
바다 너머를 경영한 나라

1. 스승 아리스토텔레스와 제자 알렉산더 대왕
2. 지중해 제국 팍스 로마나
3. 바이킹의 해양유산
4. 베네치아 공화국의 해양책략

르네상스 시대에 군주론 The Prince을 쓴 마키아벨리,
프랑스의 나폴레옹 황제, 영국의 넬슨 제독,
미국의 조지 워싱턴 대통령은 물론 현대 기업가들도
감탄한 이 서양 최고 영웅의 강력한 매력과 전략은 무엇일까?

제6장 바다 너머를 경영한 나라

1. 스승 아리스토텔레스와 제자 알렉산더 대왕

마케도니아의 알렉산더 대왕 Alexandros the Great (BC 356~323)은 지중해를 넘어 인도양에 이르는 거대한 제국을 건설했으며 그리스는 물론 이슬람이나 동양에도 많은 전설을 남겼다. 로마의 첫 황제였던 아우구스투스뿐만 아니라 르네상스 시대에 군주론 The Prince을 쓴 마키아벨리, 프랑스의 나폴레옹 황제, 영국의 넬슨 제독, 미국의 조지 워싱턴 대통령은 물론 현대 기업가들도 감탄한 이 서양 최고 영웅의 강력한 매력과 전략은 무엇일까? 본서에서는 두 가지를 소개보기로 한다. 하나는 육전에 강했던 알렉산더 대왕이 산전수전을 승리한 창의적 전략이다. 다른 하나는 스승 아리스토텔레스와 제자 알렉산더 대왕이 중심을 이룬 '미에자 아카데미'의 제왕학과 지도자 교육의 주요 내용을 요약하고, 여기서 영감을 얻은 미국 조지 마셜 장군이 제2차 세계대전에서 활약한 기라성같은 장군들을 훈련한 '포트 베닝 아카데미' 스토리를 살펴보기로 한다.

알렉산더 대왕이 거대 제국을 건설할 수 있었던 것은 세 가지 전략으로 요약할 수 있다.[1]

첫째, 기존 정석전략과는 다른 천재적 전략으로 공략했다. 해군이 없는 알렉산더 대왕은 동방으로 진군할 때 200여 척의 거대한 페르시아 해군이 큰 위협이라고 판단했다. 이런 경우 기존의 정석전략은 그에 대항하기 위해 많은 투자와 시간을 들여 대함대를 만드는 것이다. 그러나 알렉산더 대왕은 "페르시아 해군을 지상전으로 격파한다."는 기상천외의 전략을 구사했다. 해군이 식수를 얻는 데 필요한 해안선의 수원지를 모두 공격하여 식수 공급을 끊었다. 결국 페르시아 해군은 곤궁에 빠졌고 알렉산더 대왕은 전쟁에서 승리했다. 지중해 도시 티루스 공략도 기존 정석전략을 뒤집는 천재성이 발휘된 전투였다. 육지에서 1㎞ 떨어진 티루스 섬은 식수가 나오는데다 성벽이 높아 정복하기 힘든 천혜의 요새였다. 해군이 없는 알렉산더 대왕은 육지에서 티루스 섬에 이르는 1㎞ 공간을 매립하여 난공불락의 섬 티루스를 육군으로 정복했다.

둘째, 부하들에게 지속적으로 도전을 시키는 강한 리더십의 소유자였다. 승리를 거둔 군대나 기업일수록 현상유지에 대한 유혹이 크다. 알렉산더 대왕은 계속된 승리에 사치와 해이를 즐기게 된 부하들에게 "안락한 생활은 노예에게나 어울리는 것이며 엄격한 생활이야말로 왕에게 어울리는 것이다."라고 하면서 근검과 극기심을 솔선수범한 인물이었다. 강병을 만든 알렉산더 대왕의 강한 리더십의 세 가지 비결은 ▲스스로 극기심을 발휘하여 전장의 선두에서 싸웠다. ▲더욱 먼 미래를 내다보며, 비전을 부하들과 공유했다. ▲무사안일의 도피처를 미리 끊어 버리는 '배수의 진'을 쳤다.

셋째, 통치규모를 확대시키기 위한 특화된 거버넌스 방안을 연구하고 적용했다. 전투에서 승리하고 정복한다 해도, 군대가 떠나가면 곧 반란이 일어난다. 세계적인 제국을 건설하기 위해 통치규모의 확대와 전략은 알렉산더 대왕에게 큰 연구과제였다. 알렉산더 대왕의 통치 확대정책은 ▲전략적 제휴로 아군을 만든다. ▲압도적인 우위나 권위를 구축해나간다. ▲'해방군'이라는 기치를 내건다. 무력으로 압도하면서도 페르시아를 차별대우하지 않고 통치기구에 효과적으로 편입시켜 아군으로 만들었다. 페르시아의 압제로부터 해방시키는 해방군을 자처했기 때문에 알렉산더 대왕의 군대를 환호하며 맞는 도시들도 있었다.

알렉산더 대왕은 그리스 통일과 아시아 정벌의 야망을 가진 아버지 필리포스 2세 Philippos II(재위 BC 359~336년)왕의 높은 기대를 받으며 성장했다. 필리포스 2세 왕은 목표를 성취하기 위해 도움이 되는 전술은 무엇이든지 이용하였고, 목적이 수단을 정당화하는 철학의 소유자였다. 그리스 북부의 마케도니아 왕국을 통치하던 필리포스 2세는 그리스 남부의 폴리스들 간에 벌어진 정치사회적 혼란을 기회로 활용하여 '코린트동맹'을 결성시켰고 이를 지휘하였다. 마케도니아의 필리포스 2세는 '카이로네이아 Chaeroneia 전투'(BC 338년)에서 군사정치를 반대하는 그리스 아테네와 테베의 연합군을 분쇄하고 그리스를 통일하였다. 그는 아드리아 해에서 에게 해까지 영토를 확장했다. 자신이 그리스 선진교육의 최대수혜자였던 필리포스 2세는 알렉산더 왕자의 교육이 가장 큰 숙제였다. 필리포스 2세는 아들이 13세가 되자 어머니 올림피아스의 종교적 신비에 빠지지 않고, 마케도니아인의 씩씩한 기상을 가진 지도자로 훈육시킬 수 있는 큰 스승을 찾았다. 필리포스 2세는 알렉산더에게 '사람과 문화에 대한 세심한 이해', '지도자의 지침과 단련', '지혜와 용기', '보람 있게 사는 법'과 같은 제왕학의 구체적인 교육과정을 설계하였다.

그러나 큰 스승은 멀리서 찾을 필요가 없었다. 바로 필리포스 2세의 주치의인 니코마코스 Nikomakhos의 아들이 '아리스토틀 아리스토텔레스' Aristotle Aristoteles (BC 384~322)였기 때문이다. 니코마코스는 알렉산더가 태어날 때 그를 받아낸 의사였고, 필리포스 2세에게 아들인 아리스토텔레스에 대해 늘 자랑해왔던 터였다. 아리스토텔레스는 당시 그리스 문명의 요람이었던 아테네에 진출하여 '아카데메이아 Akademeia'를 입학해서 플라톤 밑에서 20여 년 동안 학문을 배웠다. 그의 지칠 줄 모르는 근면성과 탁월한 재능으로 플라톤은 그에게 '아카데메이아의 예지'라는 별명을 붙여줄 정도로 특별히 사랑했다. 아리스토텔레스 역시 스승을 매우 존경했다. 하지만 플라톤이 죽자 "스승이냐, 진리냐"를 외치면서 자신의 독자적인 학설을 주장했고 아카데메이아의 새 원장으로 별로 대단하지도 않은 플라톤의 조카가 임명되자 자존심이 상하여 그곳을 뛰쳐나오고 말았다. 그러나 그가 스승에 대해 좋지 않은 감정을 갖고 있거나 교만했던 것은 아니며 다만 학문적 방법이나 성향이 서로 달랐을 뿐이다.

플라톤이 천재적 영감의 소유자로서 시인에 가까웠다면, 아리스토텔레스는 냉철한 분석적 사고의 소유자로서 산문가에 가까웠다고 할 수 있다. 아리스토텔레스는 아테네의 시 외곽에 '리케이온 Lykeion'이라는 학원을 세워 항상 나무가 우거진 가로수 길을 산책하면서 강의를 해서 소요학파 逍遙學派라는 이름이 유래되었다. 이곳에서 그가 12년 동안 제자들을 가르치고 있던 중 필리포스 2세 국왕의 특별한 부름을 받았다. 고대 그리스의 가장 위대했던 두 인물인 아리스토텔레스와 필리포스 2세의 만남은 인류와 서양문명에 결정적 영향을 주었다. 무엇보다도 그리스 현인계보가 '소크라테스→플라톤→아리스토텔레스'라는 점에서 스승 아리스토텔레스와 제자 알렉산더의 만남은 신화를 창조할 수밖에 없는 기적적 인연이었다. 스승 아리스토텔레스에 대해 그리스 시인 아르킬로쿠스는 "플라톤이 철인군주들에 의해 행해진 모든 것을 포괄하는 거대한 열정을 가진 고슴도치였다면 아리스토텔레스는 현실에 충실한 체계적 사상가인 여우"라고 표현했다.[2]

정신세계의 제왕인 플라톤을 스승으로 삼고, 현실세계의 제왕인 알렉산드로스 대왕을 제자로 삼은 아리스토텔레스는 역사상 보기 드문 행운아였다. 필리포스 2세는 아들 알렉산더를 공부시키기 위해 마케도니아의 수도인 펠레의 미에자에 '아리스토틀 스쿨 School of Aristotle*'을 설립했다. 그는 교장인 아리스토텔레스를 위시하여 당대 최고의 학자들을 초빙했다. 아리스토텔레스의 조카이자 제자인 칼리스테네스 Calistenes, 위대한 과학자 테오프라스토스 Teoprastos, 예술가 리시포스 Lisipos 등이 대표적인 스승들이었다. 많은 마케도니아 귀족의 자제들이 논리적이며 과학적으로 사고하는 기술을 배우기 위하여 이 학교에 보내졌다. 당시 그들 사이에는 찬란한 그리스 문화, 특히 아테네의 지적이고 예술적인 분위기를 동경하는 분위기가 만연해 있었다.

아리스토텔레스는 기상학, 윤리학, 정치학, 물리학 등 다양한 분야에서 150권이 넘는 저서를 쓴 해박한 학자이자 불세출의 철학자이며, 천재과학자였다. 그는 알렉산더와 마케도니아의 명문귀족의 자녀들에게 《도덕과 정치의 논리 The Doctrines of Morals and Politics》를 가르쳤다.[3] 알렉산더와 귀족 자녀들은 신체를 단련했고, 문법, 음악, 기하학, 수사학, 의학, 철학 등 그리스의 선진 학문을 배웠다. 알렉산더는 호메로스의 《일리아드 Illiad》에 나오는 트로이 전쟁 이야기에 완전히 매료되었다. 그는 《일리아드》의 대부분을 외우고 있었으며 호메로스의 작품을 통해 위대한 영웅에 대한 자신의 꿈을 키웠다. 겸손과 야망, 자연과 세계를 가르쳤을 뿐만 아니라 유럽과 아프리카, 아시아를 하나로 융합하는 세계주의와 보편적 지성을 가르쳤다. 결국 위대한 스승의 수준 높은 교육이 알렉산더의 거대한 이상을 품어낼 기초를 만든 것이다. 알렉산더 대왕은 작은 규모의 부대가 지혜로운 전략과 용병술

---

* 플라톤의 '아테네 아카데미'와 대비하여 '미에자 아카데미 Mieza Academy'라고도 한다.

로 큰 규모의 부대에게 승리를 거둘 수 있는지를 보여준 역사상 첫 번째 장군이었다. 후일 알렉산더 대왕은 "나는 아버지께 생명을 스승님께 지혜를 빚졌다."고 말했다.

그리스 작가인 니코스 카잔차키스 Nikos Kazantzakis(1883~1957)가 쓴 《청년 알렉산더, 2008》에 나오는 이야기다. 알렉산더 대왕은 그리스와 200년간 대립한 동방의 강자 페르시아와 전투하기 직전 부하들에게 자기의 전 재산을 나누어 주었다. 그때 한 부하가 알렉산더 대왕에게 물었다. "그러면 대왕의 것으로 무엇을 남겨놓으셨습니까?" 대왕이 답했다. "나에겐 희망이 남아 있다." 가장 아끼는 '희망'이라는 보물만 남기고 모든 것을 나눠주는 장면에서 그의 위대함을 보여준 일화다. 아리스토텔레스는 아시아를 정복하겠다는 알렉산더에게 '정복의 의미'를 물었다. 알렉산더 대왕은 "도시를 정복하고 요새를 만들어 스스로 왕임을 선포하는 것"이라고 말했다. 아리스토텔레스는 "그것만으로는 안 된다. 그것보다 더 중요한 것은 그들의 '정신을 정복' 할 수 있어야 한다."고 강조했다. 알렉산더는 다시 답하기를 "정신을 정복하겠다. 그들에게 야만을 절제할 수 있는 통제력, 지고한 선善인 자유에 대한 지식을 가르쳐 계몽하겠다."고 답했다.

아리스토텔레스의 가르침은 단순히 물리적으로 지역의 통치권을 차지하는 것만으로는 정복했다고 할 수 없고, 결국 사람들의 마음을 얻어 자발적 복종을 얻지 못하면 소용없다는 뜻이다. 아리스토텔레스는 정복지에 평화를 심어야 한다는 뜻의 'Pax' 전략을 알렉산더에게 가르친 것이라 해석될 수 있다. 알렉산더 대왕은 전쟁 중에도 학자와 기술자들을 데리고 다녔고, 그리스의 문화와 정복지의 문화를 서로 교류할 것을 권장하고 추진하였다. 그렇게 융합된 문화가 '헬레니즘 Hellenism'이고, 알렉산더 대왕은 '팍스 헬레니즘 Pax Hellinism'을 유산으로 남겼다.

그림 6.1. 스승 아리스토텔레스(우)와 제자 알렉산더(좌)

아리스토텔레스가 '미에자 아카데미'에서 알렉산더 대왕에 가르친 전략 기술을 파사 보즈 Partha Bose가 분석한 다섯 가지 핵심요소로 정리하면 다음과 같다.[4]

첫째, 집단지성의 힘을 기르기 위한 교육과 훈련. 소크라테스식 문답법으로 문제해결을 위한 통합적이고 통찰력 있는 방법을 찾도록 가르쳤다. 서로의 생각이 다를 수도 있다는 점과 서로의 견해를 활용하고, 타인들의 도덕적 표준을 측정하고 서로서로 협동하여 문제를 풀도록 '집단지성'을 장려하고 동료애를 가르쳤다. 아리스토텔레스에게 교육받은 7년 동안 '미에자 아카데미'는 세상에 대한 보다 넓은 시각을 가지게 해주었을 뿐만 아니라 방과 후 사교의 시간은 교육과정만큼이나 중요하였고, 동료 간에 '사회성 socialization'을 형성시켰다.

둘째, 지도자로서의 의사결정 능력 교육과 훈련. 아리스토텔레스의 책 《니코마코스 윤리학 Nicomachean Ethics》의 중심 주제 중 하나는 위기상황에서 순간적으로 도덕적 선택이나 결정을 해야 할 경우를 대비하여 인성교육과 중용교육을 강조했다. 아리스토텔레스의 '중용 golden mean'이란 시종일관 중용에 맞는 행동, 덕 있는 행동을 거듭함으로써 구체적인 삶 속에서 중용의 태도가 습관화된 상태가 인간으로서 최선의 경지라고 정의했다. 중용을 중시한 점은 공자와 아리스토텔레스가 유사하다. 아리스토텔레스의 중용은 공자의 '가운데 중 中'의 개념과는 무관하며, '쓸 용 庸'의 개념에 가깝다. 또한 그는 의사결정 연습을 많이 할수록 더 옳은 결정을 내릴 수 있는 능력을 갖추게 된다고 가르쳤다.

셋째, 전쟁이론보다는 실전에서 살아남는 것이 중요함을 교육. 미에자 아카데미에서 학생들은 의사결정 방법을 배웠으며 그것이 그들로 하여금 세계를 정복하게 할 수 있을 뿐만 아니라 거대한 제국을 건설할 수 있다는 것을 배웠다. 아리스토텔레스는 알렉산더에게 스스로 생각하고 자립하는 법이 실패와 성공, 죽음과 삶을 구분한다고 가르쳤다.

넷째, 비판을 수용하는 열린 자세. 분석적 추론, 자기비판, 지적 성실과 같은 덕목을 연마함으로써 비평적인 사고와 위험을 감수하는 문화가 발전하게 되었고, 그 안에서 모든 사람들과 제도는 도전과 탐구를 자연스러운 것으로 받아들이게 되었다.

다섯째, 지도자로서 명석한 질문을 하는 기술을 훈련시킴. 아리스토텔레스는 장차 지휘관이나 지도자가 될 소년들에게 질문에 대한 분류법을 깨우치게 하여, 후에 그들이 정보를 나누고, 새로운 정보를 얻으며, 정확하게 정보를 찾는데 그것들을 이용하게 했다. 최고 지도자의 조건 중 하나는 참모와 부하들에게 핵심적인 질문을 던질 수 있어야 함을 강조했다. 클레이튼 크리스텐슨 하버드대 교수도 질문하는 힘이 창조성에 이르는 첫 걸음이고, 창조성이 결국 파괴적 혁신에 이른다고 주장하는 이치와 같다.

이러한 아리스토텔레스의 교육을 바탕으로 알렉산더 대왕은 전쟁에서 승리하고, 사람을 이끌고, 신화를 만들어 내고, 새로운 땅을 정복하고, 물자를 공급하고, 서로 다른 문화를 완벽하게 하나의 세계로 통합해 국제적 제국으로 만들 수 있었다. 플루타르코스는 철학을 통해 절제를 실천한 초기의 알렉산더 대왕의 행동과 정복과 권력만 탐닉한 카이사르의 생애가 갖는 차이는 크다고 말했다. 헤겔은 호메로스의 시 속의 청년 아킬레우스가 그리스의 생활을 열고 현실의 청년 알렉산더 대왕이 그것을 닫았다고 하면서, 대왕을 "현실 세계가 일찍이 산출한 것들 가운데 최고로 자유롭고 최고로 아름다운 개성"이라고 찬양했다.[5] 아리스토텔레스의 교육을 받아 알렉산더 대왕은 타고난 풍부한 정신을 조소적 정신으로 완성시켰다. 그는 그리스인의 오랜 과제였던 아시아에 대한 정복을 수행했으며 동양과 서양의 오래된 반목과 항쟁에 매듭을 지음과 함께 그리스의 고차적인 문화를 동양으로 확대시켜 아시아를 헬레니즘이 생성되는 땅으로 변화시키는 역할을 했다. 알렉산더 대왕은 역사상 가장 짧은 기간에 가장 강력한 문화적 충격인 '팍스 헬레니즘'을 남겼다. 알렉산드리아란 알렉산더 대왕이 건설한 도시라는 뜻으로 이집트의 항구도시 알렉산드리아 외에 터키, 아프가니스탄 등에 남아 있다.

훗날 20세기에 아리스토텔레스가 알렉산더 대왕을 훈련한 교육방식을 벤치마킹한 것은 미국의 위대한 전략가이자 정치가인 조지 마셜 장군 George C Marshall, Jr (1880~1959)이었다. 마셜 장군은 대령으로 세계 제1차 대전(1914~1918)후 조지아 주의 포트 베닝 Fort Benning에 위치한 보병학교 부교장으로 부임했다. 그는 세계 제1차 대전을 통해 전쟁을 이끄는 고급장교 교육의 중요성을 깨닫고 보병학교를 맡게 되자, 재임 중 (1927~1932년)에 '미에자 아카데미' 교육방식과 교육내용을 접목한 '포트 베닝 아카데미 Fort Benning Academy'를 운영했다. 마셜 장군은 보병학교에서 주요 국가에서 보병교육의 지침이 될《전쟁에서의 보병 Infantry in Battle, 1934》교범을 작성했다. 책의 서문은 '미에자 아카데미'에서 강조한 것처럼 세계의 전쟁터에서 가져야 할 지휘관의 덕목을 강조했고, 이론적 학습서가 아닌 실전적 학습에 중심을 뒀고, 평화 시와 달리 예측이 어렵고 불확실한 변수가 많은 실제 전쟁을 가상한 훈련을 목적으로 많은 역사적 사례를 담았다. 아리스토텔레스가 알렉산더 대왕에게 가르친 '세계문화에 대한 이해', '지도자의 지침과 훈련', '지혜와 용기'는 물론 전략핵심인 전술적 혁신, 단순성, 작전유연성 등이 베닝 교육혁명의 요체였다.[6]

특히 '포트 베닝 교육혁명'의 덕분으로 스틸웰 장군, 브래들리 장군, 리지웨이 장군 등 200 여명의 기라성 같은 명장들이 배출됐으며 이들이 훗날 제2차 세계대전(1939~1945년)을 승리로 이끌었다. 아리스토텔레스의 리더십교육 또는 전략교육은 알렉산더 대왕 그리고 마셜 장군으로 계승되었고 '미에자 아카데미'에서 '포트 베닝 아카데미'로 명맥이 이어진 것이다. 위대한 인물들의 인재를 보는 안목은 동서양 고금을 통해 탁월하다. 마셜 장군의 인재발탁능력 역시 탁월했으며 훗날 미국의 34대 대통령이 된 드와이트 아이젠하워, 조지 패튼 장군, 클라크라인을 설정하여 이승만 대통령의 평화선을 실효적으로 만든 마크 웨인 클라크 장군 등은 그의 천거로 역사의 인물이 되었다. 미국 버몬트대학의 역사교수 마크 스톨러 Mark A. Stoler는 마셜 장군은 1917년부터 1945년까지 육군 및 제1차·제2차 세계대전에 수많은 공헌을 했으며 직업군인임에도 '평화의 군인 Soldier of Peace'이라고 평가했다.[7] 1943년《타임》지는 '올해의 인물'로 마셜 장군을 선정했으며 마셜 장군은 트루먼 대통령 재임 시 국무장관(재임 1947~1949년)과 국방장관(재임 1950~1951년)을 역임했다.

조지 마셜 장군은 미국 국무장관으로서 1947년부터 1951년까지 미국이 서유럽 16개 나라의 경제부흥을 위해 120억 달러 규모의 대외원조계획인 마셜 플랜 Marshall Plan 을 수립했다. 당시 미국은 서유럽 경제를 재건시켜야 공산주의 확대를 막을 수 있다는 판단에서 이 계획을 실행했다. 미국은 이 프로그램을 통해 자국의 경제성장을 촉진하고 위상도 강화하는 계기가 됐다. 국무장관의 이름을 딴 세계규모의 대외원조 계획도 전무후무하지만 마셜 장관은 이러한 공로 때문에 1953년 노벨평화상을 탔다. 그리스 최고의 지성인 스승 아리스토텔레스와 그로부터 특별 교육을 받은 제자 알렉산더 대왕을 벤치마킹한 마셜 장군의 성공이야기다. 마셜 플랜도 아리스토텔레스가 알렉산더 대왕에게 가르친 정복지에서의 '평화 Pax' 달성이 진정한 승리의 목적이라는 Pax전략을 이어받은 것이라 해석될 수 있다. 마셜 플랜으로 20세기 초반부터 추진돼온 Pax Americana 시대는 중흥의 계기를 맞아 도약했고, 미국 달러화는 제2차 세계대전 이후 세계기축통화로 우뚝 서게 됐다. 바로 '미국 달러화의 세계기축통화'가 마셜 플랜의 이면에 숨겨진 진짜 마셜의 책략일 수 있다. 21세기 시진핑이 추구하는 '일대일로 정책'의 내면에도 마셜 플랜과 같은 방식으로 위안화를 세계기축통화로 하려는 거대한 책략이 뒤에 있지 않을까 생각한다.

2. 지중해 제국 팍스 로마나

팍스 로마나 Pax Romana 또는 로마의 평화는 로마 제국이 전쟁을 통한 영토 확장을 최소화하면서 평화를 누렸던 BC 27년에서 AD 180년까지의 시기를 말한다. 초대 황제인 아우구스투스의 통치 시기부터 시작되었기 때문에 '아우구스투스의 평화(Pax Augusta)'로 불리기도 한다. 그리스의 폴리스들이 바다로 진출하던 BC 8세기경 작은 도시로 출발한 로마는 수 세기에 걸친 전쟁과 개혁의 과정을 거치면서 이탈리아 반도를 통일하였다. 알렉산더 대왕이 정복의 방향을 동방으로 향한 덕분에 로마를 비롯한 지중해 서쪽은 정복당하지 않았다. 급성장한 전반기의 로마는 검약과 강건함, '노블레스 오블리주 Noblesse Oblige'로 뭉쳐진 나라였다. 로마를 통일로 이르게 한 가장 중요한 계기를 만든 것은 BC 367년의 『리키니우스・섹스티우스법』 제정이었다. 동법의 제정으로 로마 내부에서는 귀족과 평민의 융화가 이루어졌고 밖으로는 느슨한 라틴동맹이 해체되면서 로마를 중심한 로마연합이 발족됐다. '조직의 로마'도 동법에서 비롯되었다. '다수 민족에 의한 한 국가 전략 Out of Many, One People'은 훗날 영국과 미국이 세계전략의 일환으로 추진되었다. BC 390년 '켈트족에 의한 기습충격'을 당했던 로마는 이처럼 조직의 로마로 거듭나면서 BC 270년에 이탈리아 반도를 통일하였다.

로마 통일의 마지막 장애물은 그리스 북서부에 위치한 에피루스국의 피로스 Pyrrhus왕(BC 319~272)이었다. 그는 최고의 전략・전술가로 회자되었고 동지중해를 기반으로 서쪽을 정벌해 세계를 통일하려고 했다. 피로스는 이탈리아 반도와 시칠리아 섬에 대규모 원정을 감행했고 로마군을 상대로 승리를 여러 번 거두기도 했다. 그러나 거둔 승리에 비해 피로스 측의 손실이 너무 많았다. 이득이 없는 무의미한 승리를 이룬 경우, 즉 전술적 승리를 전략적 승리로 환원하지 못한 경우를 '피로스의 승리 Phyrric Victory'라고 한다. 이와 반대되는 개념은 '파비우스의 승리 Fabius Victory'라고 하는데 이것은 싸우지도 않고 승리를 거두거나 혹은 큰 피해를 입었음에도 끝끝내 전쟁에서 이기는 것을 뜻한다. 파비우스는 제2차 포에니 전쟁에서 지구전 전략을 사용하여 로마를 지킨 로마집정관 파비우스 막시무스를 말한다. '피로스의 승리'는 '전투에서는 이기되 전쟁에서는 지는 셈'이고 '파비우스의 승리'는 '전투에서는 지되 전쟁에서 이기는 셈'이라 할 수 있다. 피로스는 마지막 원정에서 시칠리아의 카르타고를 무찌르고는 다시 로마와 겨루었으나 패퇴하고 그리스로 돌아갔다가 사망했다. 피로스가 사라지자 지중해의 패권을 노리는 카르타고를 막을 세력은 로마뿐이었다.

로마가 세계제국으로 발전할 수 있었던 것은 '카르타고 Carthage'와 장장 118년 동안이나 싸웠던 포에니 전쟁(BC 264~147년)에서 승리했기 때문이었다. 당시 지중해가 세계의 중심이었고, 지중해 해상권을 쥐는 국가가 세계를 지배하던 때였기 때문이다. 사실 로마에 망하기 전의 카르타고는 '바다사람들'로 불리던 페니키아인의 일부가 망명하여 세운 나라로 해상무역이 놀라울 정도로 활발하였다. 같은 상업민족인 그리스가 몰락한 후 지중해 세계에서 카르타고가 월등한 경제대국이었다. 지중해 역사를 바꾼 포에니 전쟁 전까지의 로마는 카르타고와의 불평등 조약(BC 348년)에 따라 사르데냐와 코르시카 섬 서쪽, 즉 지중해 서쪽 전역과 통상이 금지되었다. 오죽하면 "카르타고의 허가 없이 로마인은 바다에서 손도 씻을 수 없다."라고 할 만큼 카르타고의 경제력과 해상력은 압도적이었다. 카르타고의 상업 활동 무대는 지중해의 아프리카 해안은 물론 대서양 연안과 심지어 아일랜드까지 진출하였다. 그들은 지중해에서 중개무역을 했으며 지중해 곳곳에 상업기지와 식민지를 보유하였다. 그러나 카르타고는 부유해지면서 망국의 길에 들어섰다. 카르타고의 최전성기에 나타난 명장 한니발은 세계를 놀라게 했지만 결국 그가 주도한 전쟁으로 본인도 카르타고도 파멸의 국면을 맞았다. 역사의 아이러니다. 카르타고는 국방을 용병에게 맡겼으며 장기간의 전쟁으로 내분이 일어났고 바다를 장악하는 전략을 소홀히 하였기 때문이다.

라틴어로 '페니키아인과의 전쟁'을 의미하는 포에니 전쟁에서 로마와 카르타고는 국운을 걸고 세 차례 사투를 벌렸다. 대국 카르타고와 신흥 로마가 포에니 전쟁에서 맞붙은 이유는 장화처럼 생긴 이탈리아 반도 발끝에 위치한 시칠리아 섬 때문이었다. 서지중해의 해상권을 장악한 카르타고는 계속해서 동지중해를 향하여 세력을 넓혀 갔으며 지중해 중심부에 위치한 시칠리아는 과거 3세기 동안 구세력인 그리스와 신흥세력인 카르타고의 패권이 충돌한 전략 요충 지점이었다. 포에니 전쟁 직전 당시 시칠리아 섬의 서측 반쪽은 카르타고가 차지했었고, 동측 반쪽은 그리스 식민도시 메시나 Messina와 사라쿠사가 지배하고 있었다. 반쪽을 차지했던 카르타고가 동쪽으로 섬 전체를 차지하려고 한 것이 발단이었다. 그러나 그 시도는 뜻밖에 연이은 암초에 부딪쳤다. 먼저 그리스 도시국가의 하나인 에피루스의 왕 피로스가 카르타고의 야심을 야무지게 막아냈다. 그리고 그 다음 암초는 바로 로마였다.

카르타고의 명장 한니발 Hannibal(BC 247~183년)이 마침내 시칠리아를 침공했을 때 그리스계 도시 메시나는 로마에 원군을 요청했다. 당초 전쟁준비가 안된 로마는 망설였지만 결국 시칠리아가 넘어가면 이탈리아 반도도 위험하다는 지정학 중요성 때문에 파병하게 되었다. 이러한 로마의 마지못한 그리고 우연한 파병이 118년에 걸친 포에니 전쟁으로 발전하였다. 그러나 포에니 전쟁이 카르타고의 멸망으로 종결되었을 때, 로마는 지중해의 확고부동한 패권국가가 되었다. 지중해는 로마인에게 '우리의 바다'가 되었고 도시 로마는 '세계의 수도'로 불리게 되었다.[8]

- 제1차 포에니 전쟁(BC 264~241년): 주 전쟁터는 시칠리아와 그 주변 바다. 로마 승리에 결정적 도움은 남부 이탈리아의 그리스계 도시국가들에 의한 선박 건조와 해군 창설임. 로마의 방위전쟁으로 시작되었지만, 전쟁 결과 로마는 지중해 서쪽 절반의 해상권을 획득함.

- 제2차 포에니 전쟁(BC 218~202년): 로마 대 한니발의 전쟁. 카르타고의 명장 한니발이 '알프스 넘기'로 이탈리아 반도에 쳐들어가면서 17년 전쟁. BC 216년 '칸나에 전투'에서 알렉산더 대왕의 전법인 '기병의 기동성 활용'으로 한니발 완승. 전쟁은 이탈리아뿐만 아니라 스페인, 아프리카까지 확대. 역사가에 따라서 '역사상 최초의 세계대전'이라고 부를 만큼 큰 전쟁. 로마는 집정관 파비우스 막시무스의 지휘하에 지구전을 추진했고, 파비우스의 승리로 귀결됨. 약관의 명장 '스키피오 아프리카누스' Scipio Africanus(BC 235~183)가 등장하여 BC 202년 아프리카 '자마 전투'에서 로마가 승리하고 카르타고는 항복 서명 및 해군 해체.

- 제3차 포에니 전쟁(BC 149~146년): 전쟁터는 카르타고 본국. 이 전쟁의 결과로 카르타고 멸망. 그 후 1세기에 걸쳐 카르타고의 수도는 사람이 살지 않는 땅이 됨.

포에니 전쟁에 관한 부분은 로마의 역사가 리비우스도 그의 저서 《로마사》에서 3분의 2 이상을 할애할 정도로 로마사의 중요하고 방대한 하이라이트이다. 천재 명장 한니발과 싸운 것은 '조직의 로마', '다수 민족에 의한 국가전략'이었다. 로마는 본래 육군국가였지만 포에니 전쟁에서 카르타고를 이기기 위해 페니키아인과 그리스인들로부터 조선술과 항해술을 배웠다. 따라서 로마 제국의 해군은 기본적으로 그리스 해군의 선박과 항해술을 계승했다고 볼 수 있다. 제1차 포에니 전쟁 직전까지 로마는 놀랍게도 대형전함이 한척도 없었다. 이탈리아 반도를 통일하는 동안에는 바다로 나갈 일이 없었기 때문이다. 로마의 첫 공격목표는 시칠리아 섬이었다. 로마는 선박건조기술도 해전도 경험이 전무 했다. 그러나 운 좋게 BC 260년 봄 로마로 표류해 온 카르타고의 3단 갤리선을 나포하여 이 배를 모방하여 두 달 만에 갤리선 100척을 건조했다. 그러나 카르타고와의 첫 해전에서 갤리선은 급조했지만 노 젓는 선원조차 갖추지 못한 로마는 참패했다. 카르타고는 로마 갤리선의 노를 부러뜨린 후 움직일 수 없게 한 후 옆구리를 처박아 침몰시켰다. 그 후 로마는 정상적인 해전으로는 승산이 없다고 판단했고 대신 선박 끝에 날카로운 송곳이 달린 일종의 잔교인 '코르부스 corvus'를 개발했다. 로마군은 카르타고 선박에 코르부스를 박아 잔교를 타고 넘어가 백병전을 치렀다. 코르부스로 해전을 육전으로 바꾼 것이고, 이 전략은 알렉산더 대왕이 해전을 육전으로 변환하여 티루스 성을 공략했던 전략을 응용한 것이라 할 수 있다. 코르부스는 아테네와 스파르타 간의 펠로폰네소스 전쟁에서 공성용으로 쓰였던 장비를 로마인들이 창의성과 실용성으로 벤치마킹한 무기였다. 결국 자국의 군선은 커녕 상선조차 없던 로마가 막강한 카르타고 해군을 이겼다. 육전에 강했던 로마가 천년이 넘도록 바다를 넘나들던 해양강자인 카르타고를 바다에서 꺾어 버린 것이다

 제2차 포에니 전쟁은 '로마 대 카르타고'라기보다 '로마 대 한니발'의 전쟁이었다. 육지에서 압도적으로 강했던 로마는 한니발 한 사람에 의해 17년간 '본토 결전'에서 곤욕을 치렀다. 28세의 한니발은 로마 방위망의 허를 찌른 '알프스 넘기'라는 전대미문의 전략을 시작으로 로마군단을 마음대로 농락했다. 알렉산더 대왕이나 한니발이 명장이라 일컫는 것은 '기병의 기동성 활용'이었다. 그들은 어느 군대나 똑같이 갖고 있는 보병이나 기병인

데도 용병술로 전혀 다른 유기적 기보연합 전술형태로 전쟁의 승리를 취한 천재지휘자였다. 아울러 그는 로마에 대한 정확한 정보를 갖고 있었다. BC 216년 칸나에 전투에서도 한니발은 압도적 승리를 얻었다. 칸나에 패배 직후 로마의 집정관으로 취임한 퀸투스 파비우스 막시무스 Quintos Fabius Maximus(BC 275~203)의 전략은 맞서 싸우지 않고 싸움을 지연시키고 소모전을 통하여 상대편을 지치게 하는 '지구전 전략'이었다. 그는 한 사람의 천재 한니발을 무너뜨리기 위해 로마의 모든 조직력을 동원했다. 국가적 위기에 직면하면 대부분의 나라는 분열한다. 펠로폰네소스 전쟁에서 아테네가 진 것도 결국은 그 때문이었다. 그러나 로마는 달랐다.『리키니우스·섹스티우스법』에 의해 귀족과 평민의 단결이 성공하고 있었다. 역사가에 따라서는 로마에게 승리를 안겨준 일등 공신은 '자마 전투'의 승자인 스키피오 아프리카누스가 아니라 '지구전 전략'을 쓴 파비우스 막시무스라고 평가한다. 그가 사용한 지연과 고갈 전술이 한니발의 구도를 무력화시키고 로마의 막대한 전쟁 동원력이 가동될 시간을 벌어 주었던 것이다. 그는 지키고 인내함으로써 로마를 구했다. 상처뿐인 영광의 '피로스의 승리'와는 반대로 싸우지도 않고 승리를 거두거나 혹은 큰 피해를 입었음에도 끝끝내 이기는 것을 '파비우스의 승리'라고 하는 이유이다.

로마 파비우스의 지구전 전략이 6년이 경과할 즈음인 BC 210년 로마는 천재 명장 '스키피오 아프리카누스' Scipio Africanus(BC 236~183)가 등장했다. 그의 등장으로 제2차 포에니 전쟁은 전혀 다른 양상이 되었다. 그때까지 '천재 한니발 대 조직의 로마' 전쟁 양상에서 이제는 두 천재인 '한니발 대 스키피오'의 싸움이 되었다. 공수가 바뀌었고, 싸움의 무대도 로마가 아닌 카르타고 본국이 있는 북아프리카로 옮겨졌다. 그리고 BC 202년에 치러진 '자마 전투'에서 한니발은 자신의 전략을 답습한 약관 24세의 스키피오에게 패하고 말았다. 결국 로마군은 카르타고와의 해전에서 연이어 승리한 후 시칠리아를 거쳐 북아프리카 카르타고의 심장부로 진군했다. 물론 로마 승리의 가장 큰 공은 남부 이탈리아의 그리스계 해양 도시국가들의 지원 때문이었다. 비록 한니발 같은 불세출의 명장이 있었음에도 불구하고 카르타고는 해전패배로 지중해의 제해권을 상실하였다. 자마 전투로 16년을 끌어온 제2차 포에니 전쟁은 종결을 맞는다. 카르타고 의회는 로마가 제시한 강화조건을 승인하고 전쟁을 종결시켰다. 이후로 로마의 징벌적 휴전조항에 의해 카르타고는 다시는 지중해에서 군사강국도 해양강국도 되지 못했다. 약 반세기 후 제3차 포에니 전쟁이 발발했지만 그때도 카르타고는 자신의 영토를 간신히 지킬만한 군사력만 가질 뿐이었다. 결국 제2차 포에니 전쟁의 영향으로 카르타고는 쇠락과 멸망의 길로 가게 됐다.

카르타고로부터 해양관련 자산을 고스란히 물려받은 승전국 로마 제국은 지중해 연안 전체를 둥그렇게 둘러싸고 지중해를 내해 內海처럼 이용하여 교역을 독점하였다. 그 결과 지중해 동부로는 헬레니즘 문화권, 이집트와 유대, 서부로는 아프리카 북부의 카르타고, 이베리아반도, 갈리아, 지중해 밖으로는 브리타니아, 게르마니아에 이르는 대제국을 건설하였다. 로마인은 정복자였지만 피정복자를 '공동운명체'로 만들어가는 것을 제국의 기본정책으로 삼은 민족이다. 공생은 로마인이 추구한 기본적 사고방식이었다. 로마에 납세만 하면 인종을 불문하고 자유롭게 교역활동을 할 수 있었다. 고대 그리스 헬레니즘은 군사집단이었지만 로마는 법률과 제도로 상업활동을 활성화시킨 국가경영시스템을 갖추었다. 19세기 독일 법학자인 루돌프 예링 Rudolf von Jhering (1818~1892)은 저서 《로마법의 정신》에 "로마는 세 차례 세계를 정복했다. 처음에는 무력으로, 두 번째는 기독교로, 세 번째는 법으로"라는 유명한 글을 실었다.

17세기 프랑스의 시인 라퐁텐이 표현한 '모든 길은 로마로 통한다'는 길에는 육상의 가도와 지중해 해상의 길이 내포되었다. BC 312년에 시작한 로마 가도부설은 BC 1세기의 공화정 시대에 본국 이탈리아를 총망라하여 완성되었고 제정 로마시대에 들어서는 유럽, 중근동, 북아프리카에 걸쳐 망라해 나갔다. 국가 방위 측면에서 볼 때 도로망 건설은 로마에게나 적에게 공격루트가 될 수 있어 공수양날의 검이기도 하였다. 세계사에서 동시대에 로마와 중국이 인프라 건설에 국력을 쏟아 부었지만 두 나라의 '국가경영'과 '삶'의 방식은 전혀 달랐다. 로마의 도로망은 사람과 물자와 정보가 왕래하는 가도이자, 궁극적으로는 '팍스 로마나'로 연결된 데 반해, 만리장성은 사람과 물자의 왕래를 끊는 장벽이었고 중국에 '팍스'를 가져다주지 못했다.[9] 로마가 통일을 이룬 무렵 중국은 춘추전국시대의 혼란을 거친 후 진나라가 BC 221년 전국을 통일하였다. 짧은 진나라 시대가 붕괴되자 BC 202년에 유방에 의해 한나라가 세워졌다. 한나라를 이은 후한 시대는 서방과의 교역이 활발해서 로마황제인 마르쿠스 아우렐리우스 Marcus Aurelius Antonius(재위 161~180년)의 사자가 찾아온 시기였으며 실크로드의 최초 원형이 만들어졌던 시기였다.

팍스 로마나 시대를 이룩하는 데 로마의 해양력이 얼마나 중요한 역할을 했는지는 다음과 같은 문구를 통해 알 수 있다. "우리는 로마문명을 전파하는데 로마의 도로들이 준 영향에 대해 아주 많이 듣고 있다. 그러나 그 기적을 일으킨 로마함대의 영향에 대해서는 거의 완전히 무시해 왔다. 로마 제국이 그 도로들만큼이나 함대에 많이 의존했던 사실은 아직도 입증될 수 있다."[10] 로마 제국은 방대한 식민지와 속주들로부터 공물로 받은 물품을 중개무역을 통해 국부를 축적했다. 로마 제국에서 연상되는 코스모폴리탄 cosmopolitan적인 문화와 극단적인 사치 및 향락풍조는 바로 이 부 때문에 가능했다. 따라서 로마 제국은 지중해를 중심으로 한 '지중해 제국'이라 할 수 있다. 그런데 로마 제국의 형성과 유지는 로마인들이 지중해를 마음대로 항해하여 오갈 수 있었을 경우에만 가능했다. 강성해진 사라센 제국이 아프리카 북부지역과 스페인 남부를 장악하고 지중해의 제해권을 잠식하며 로마 제국을 초승달 모양으로 포위하자 로마 제국은 급격히 몰락하기 시작했다. 지중해의 새로운 제해권 세력이 지중해의 새로운 강자를 만들었다.

로마 제국 시절 서구세계 전체를 지배했던 이탈리아는 15세기에서 16세기에는 독특한 영광과 독특한 굴욕이 함께 있었다. 한편으로 이탈리아는 여러 개의 소국으로 갈린 채 주변 강대국의 외침이 끊이지 않던 땅이었고 다른 한편 '르네상스'가 꽃핀 장소였다. 당시 이탈리아는 서로 대립하고 전쟁했으며, 정치체제도 군주국, 공화국, 신정정치체제 등 다양하여 '하나의 정부와 하나의 체제를 갖춘 강력한 통일 이탈리아'를 바라던 시기였다. 특히 프랑스와 스페인이 통일왕국의 위력을 보이던 때였고 이탈리아는 맥을 못 추던 때였다.

니콜로 마키아벨리 Niccolò Machiavelli(1469~1527)는 이런 시대상이 낳은 사람이자 이탈리아의 통일과 번영을 꿈꾸며 새로운 정치사상을 모색한 정치사상가다. 마키아벨리는 국내외 정세에 대한 정확한 판단력과 분석력을 발휘하며 29세의 나이(1498년)에 피렌체 공화국 제2장관직에 임명됐다. 이후 마키아벨리는 약 14년 동안 피렌체의 고위공직자로 활동하며 내무, 외무, 병무 등의 일을 두루 맡았다. 그 중 10년간은 대사로서 교황 율리우스 2세, 프랑스의 루이 12세, 신성 로마황제 막시밀리안 1세, 스페인의 페르난도 2세 등 당시 주요강국의 지도자들을 두루 만났다. 그들의 인물됨과 행동방식을 그리스와 로마 고전에 나오는 인물들과 비교해가며 통치술과 국제정세, 정치에 대한 지식과 지혜를 정리했다. 그러나 마키아벨리의 생애는 강대국의 틈바구니에서 1512년 스페인에 의해 주저앉은 피렌체 공화정과 함께 몰락의 길로 접어들었다. 이처럼 책략과 야망을 갖춘 마키아벨리는 파란만장한 삶을 살았지만, 분열과 혼란이 계속되는 이탈리아를 위해서 공화국 통치 체제가 세워지고 강력한 군주가 등장할 것을 기대하였다. 그가 그린 이상적 군주에게 가장 필요한 것은 권력뿐이며, 상황에 따라서는 그 어떠한 모략을 사용해도 좋다는 현실주의적 정치 이론을 전개했다.

그 이론의 결정판이 바로 1513년에 쓰고 1532년에 출간된 《군주론 IL PRINCIPE, 영어로는 The Prince》이다. 그의 간결한 문체, 상상력이 풍부한 내용, 그리고 수많은 격언들이 솔직하고 대담하며, 냉혹한 비판과 질책을 했다는 점 때문에 당시뿐만 아니라 현재에도 사람들의 흥미를 끌고 있다. 그의 논리는 16세기 말 분열된 이탈리아를 통일시키고 자국의 힘을 강력하게 키우고 강대국과 우호적인 관계를 맺기 위해서는 꼭 필요한 것이었다. 목적을 위해서는 수단방법을 가리지 않는 권모술수의 원전이라는 '마키아벨리즘'의 핵심은 '국가의 존재 이유'와 '현실 정치론'이다. 《군주론》은 정치 외교와 국방, 군주의 통치 기술, 처세, 덕목 등 나라의 최고 지도자가 국가를 지혜롭고 현명한 통치를 위한 방법론이 담겨 있다. 《군주론》은 모두 26장으로 되어 있으며 구체적인 구성을 보면 세 부분으로 나눌 수 있다. 첫 번째는 국가의 종류와 역사(1장~11장)이고 두 번째는 군사와 국방 문제(12장~14장), 세 번째는 군주의 처세와 덕목(15장~23장: 통치론, 24장: 이탈리아 정치, 25장: 운명과 자유, 26장: 이탈리아의 평화)이다.

마키아벨리의 정치철학은 '목적이 수단을 정당화한다'는 말로 단순화할 수 없는 냉철한 정치적 관찰과 신중한 수사적 설득이 결합되어 있다. 그는 《군주론》에서, "군주로서 성공하려면 먼저 좋은 법과 좋은 군대를 갖추어야 한다. 힘없는 나라는 결코 상대방의 실질적인 협력을 얻어내지 못한다. 정치와 행정, 외교 등에서 실패하지 않으려면 기독교적인 미덕은 잠시 잊어버리고 고대 영웅들의 비르투 Virtu(재능)를 본받을 필요가 있다.* 군주에게 가장 중요한 일이 무엇인가? 나라를 지키고 번영시키는 일이다. 일단 그렇게만 하면, 과정에서 무슨 짓을 했든 칭송받게 되며, 위대한 군주로 추앙받게 된다."고 주장했다. 마키아벨리의 메시지는 도덕 따위는 의미가 없다는 니힐리즘이 아니며, 더 큰 도덕을 위해서는 세세한 부분에서 때로는 악덕을 행할 필요도 있다는 뜻이었다. 그것이 마키아벨리가 꿰뚫어본 정치의 본질이었다.[11]

《군주론》은 '군주가 군주의 역할을 훌륭하게 연기하는 것(Actor)'의 중요성을 강조했다. 마키아벨리는 오늘날 지도자들이 지도자답게 연기하기 위한 처세와 지혜의 핵심 7가지를 《군주론》에 담았다.[12] "① 군주는 역사에 등장하는 지도자들의 성공과 실패를 통해 배운다. ② 성공과 실패는 시대와 상황에 잘 맞느냐에 따라 결정된다. ③ 군주는 사랑을 받으면서 동시에 두려운 존재가 되는 것이 이상적이다. 그것이 어려우면 '두려운 존재'가 되는 편이 좋다. ④ 국가를 지키기 위해서는 냉혹함은 반드시 필요하다. ⑤ 운명은 저항하지 않을수록 더욱 기승을 부린다. ⑥ 군주는 대중의 변덕에 휘둘리지 말고 스스로 행동해야 한다. ⑦ 평화로운 때야말로 미래를 준비해야 할 때이다."

마키아벨리의 《군주론》은 피렌체의 권력자 로렌조 메디치에게 헌정되었고 마키아벨리의 능력을 선보임으로써 메디치에게 발탁되기 위한 목적으로 쓰어졌다고 한다. 그러나 끝내 그 '목적'은 이뤄지지 않았고, 마키아벨리는 불운하게 살다가 갔다. 그러나 《군주론》은 내분과 불안한 외세에 시달렸던 이탈리아를 강력한 군주를 통해 구하고자 한 국가전략이었다. 《군주론》

---

* 마키아벨리가 말하는 지도자의 3가지 조건은 ▲비르투 Virtu(재능) ▲포르투나 Fortuna(행운) 그리고 ▲네세시타 Necessita(시대의 요구에 필요한 것) 이다.

은 500년이 지난 지금에도 적용될 정도로 날카롭고 예리한 통찰력을 갖추고 있어, 정치·경제·사회 각 분야의 지도자들에 의해 수없이 읽히고 해석되고 반박되고 숭배되어 왔다. 그리고 역사를 바꾸어 왔다.

3. 바이킹의 해양유산

유럽 역사의 활동무대를 유럽 대륙 전체로 확장시킨 것은 '바이킹 Viking'이었다. 특히 바이킹의 해상이주가 전개된 780~1070년의 약 300년간의 시기를 '바이킹 시대 Viking Age'라 한다. 바이킹은 그 시대에 활약한 덴마크와 스칸디나비아 출신의 해양상인들을 일컫는다. 바이킹의 해적활동이 생겨난 주요인은 스칸디나비아의 기후가 한랭하여 농토로서는 토지가 척박했고 전통적으로 장남 상속제도와 일부다처제였기 때문에 2남, 3남들은 바다에 나가서 타인의 물건을 약탈하든지 무역을 하지 않으면 생활할 수 없었다.[13] 처음 바이킹은 수십 명이 한 떼를 이루어 상선을 훔치거나 약탈하다가 급기야는 수천 명이 진용을 갖추어 유럽을 침공하기 시작했다.

바이킹들은 바다에 대한 방대한 지식, 능숙한 선박조종술, 대양을 오갈 수 있는 항해술, 수많은 항해경험을 갖고 있었다. 바이킹족이 이용한 바이킹선은 크게 두 가지 종류로 하나는 탐험, 무역, 전투 등의 다목적 선박인 '드라카르 Drakkars'였고 다른 하나는 무역, 수송 및 대서양 항해에 특화된 '크나르 Knarr'다. 바이킹이 진정한 바다의 정복자가 될 수 있었던 것은 서기 700년경 당시 첨단 장치인 돛을 발명한 덕이었다. 거기다가 바이킹은 계기장치 없이도 대서양을 항해할 정도로 파도와 바람을 잘 읽어냈는데 오늘날의 나침판과 같은 세 가지의 훌륭한 도구 즉, ▲태양 위치 표지판 ▲태양 그림자 판 ▲태양석의 과학을 갖추었기 때문이었다.

　바이킹들은 경이로운 항해술로 아이슬란드나 그린란드는 물론이고 현재 캐나다 동부, 뉴펀들랜드까지 진출하였다. 5세기경부터 바이킹들은 유럽으로 진출하여 독일 북부의 앵글족, 유럽 북서부의 색슨족, 덴마크의 유트족은 바다를 건너 영국 원주민인 켈트족을 몰아내고 영구적인 터전을 마련하여 앵글 색슨의 시조가 되었다. 850년경에는 일단의 바이킹이 동쪽으로 진출하여 9세기 발트 해 연안에 노브고르드 왕국을 건국하는데 러시아의 모태다. 노르만인 루스족이 이 나라를 세웠는데 러시아의 어원은 이 '루스'에서 비롯된다. 855년에는 파리를 침공하여 7천 파운드의 은을 약탈했고 885년에는 파리를 무려 1년 동안 포위했다. 프랑스 북부에 침입한 바이킹은 911년 바이킹족의 수장인 '롤로 Rollo'가 노르망디 공국을 건설하여 상업 활동을 했고, 남부 이탈리아에서 북해까지의 항로를 개척했다. 그 후 2세기 동안 아라비아와 지중해 간 항로가 시들해지는 대신 이 항로는 유럽 해상무역의 주요통로가 되었다. 바이킹족들은 러시아의 강들을 따라 흑해의 콘스탄티노플까지 진출했으며, 907년과 941년에는 비잔틴 제국의 수도인 콘스탄티노플을 두 차례 침공하여 비잔틴황제로부터 우호적인 사업적 특권을 얻어냈다.

　덴마크 출신 바이킹들은 프리슬란트, 프랑스, 잉글랜드 남쪽에 진출했다. 1013~1016년에는 크누트 대왕이 잉글랜드 왕위에 있었다. 스웨덴 출신 바이킹들은 오늘날의 발트 해 연안, 러시아, 우크라이나에 진출해 슬라브 국가를 건설하였다. 이 지역의 강을 따라 흑해, 콘스탄티노폴리스, 비잔티움 제국에까지 진출하였다. 노르웨이 출신 바이킹들은 주로 북서쪽과 서쪽으로 향해 페로 제도, 셰틀랜드 제도, 오크니 제도, 아일랜드, 영국북부와 아이슬란드에 진출하였다. 982년 아이슬란드 또는 노르웨이 사람으로 알려진

에리크 Eirik Raude는 유럽 최초로 북아메리카 그린란드에 정착한 인물로 알려져 있다. 1000년경에는 아이슬란드 태생 탐험가인 비아르니 헤리올프손이 북아메리카를 발견하였고 그의 보고에 의해 레이프 에이릭손과 토르핀 칼세프니는 그린란드로부터 북아메리카로 정착을 시도하였다. 그들은 북미 동부, 캐나다의 뉴 펀드랜드 섬 북쪽 반도에 있는 한 지역을 '빈란드 Vinland'라고 불렀다. 일설에는 바이킹들이 콜럼버스보다 앞서 아메리카 대륙을 왕래하였다고 한다. 이들의 북아메리카 정착지역이 콜럼버스보다 바이킹이 먼저 아메리카 대륙을 갔다고 논쟁이 되는 지역이다.[14]

1066년 노르망디공인 윌리엄에 의해 노르만 왕국이 건국되었고 이는 영국의 모태가 됐다. 이 대목은 유럽 역사의 중요한 장면이다. 1066년 9월 28일, 런던으로부터 100여㎞ 떨어진 잉글랜드 남부 페븐지 Pevensey 해안에 700여 척의 배가 닿았다. 크고 작은 배에서 쏟아진 것은 1만여 명의 군대였다. 야심만만한 윌리엄 노르망디 공작이 '무력을 통해서라도 잉글랜드 왕권을 계승'하기 위해서였다. 윌리엄공이 손쉽게 잉글랜드를 차지한 데는 세 가지 유리한 전략이 있었다. 첫째, 노르망디의 경제력과 문화 수준이 잉글랜드보다 높았다. 둘째, 입체적 전력을 갖고 있었다. 잉글랜드 군대가 농민 출신의 징집 보병 위주인 반면 윌리엄의 군대는 궁수의 엄호 사격 아래 기사가 돌격해 승기를 잡고 보병이 마무리하는 전술을 구사했다. 프로 군대가 아마추어 군대를 이긴 것이다. 셋째, 천시가 도왔다. 노르만 왕국은 도버해협을 끼고 영국과 프랑스에 걸쳐있는 나라였다. 영국 노르만 왕국은 프랑스 북방에 영토를 계속 보유했고 이런 사유로 영국과 프랑스 간 백년전쟁(1339~1453년)의 아픈 동기를 제공했다.

유럽 국가들은 바이킹의 혹독한 약탈에 시달렸지만 역설적으로 중개무역과 상인의 부흥을 가져왔다. 바이킹족의 침입으로 영주 중심의 장원과 소

농경제가 파괴되었고, 식민지 탐험과 해상무역이 발달하기 시작했다. 해운 비즈니스와 연안지역 경제를 활성화시켰다. 아프리카 연안에서 근동까지, 아이슬란드에서 스페인까지, 무릇 교역이 행해지는 곳에는 반드시 바이킹의 모습이 보였다. 그들은 해로를 통하여 실어온 수 많은 물품의 운송과 유통을 장악한 탁월한 해상물류상인들이었다. 그 과정에서 발생한 교역도시들 중 일부는 국가가 되기도 했다. 10세기 후반에는 발트 해, 북아프리카, 인도까지 무역활동이 확대되었으며, 도시발전과 경제부흥에 도화선 역할을 했다.[15]

10세기 후반 대부분의 바이킹은 해상무역에 종사하게 되었다. 오늘날 서구세계의 해양관련 용어와 제도의 기원을 바이킹의 언어와 제도에서 찾는 것은 바로 이 때문이다. 바이킹은 자의든 타의든 유럽정치제도에 중대한 전환점을 마련해주었다. 바이킹의 게릴라전에 속수무책이었던 당시 유럽의 중앙 권력은 차츰 해당 지역 주민들에게 외면받기 시작했고 이러한 권력 이동은 지방 영주의 힘을 강화하고 왕의 세력을 약화시키는 결과를 낳았다. 이후 지도자 없이 모든 구성원이 동등하게 활동하는 바이킹의 평등주의 DNA가 영국의 '마그나카르타 Magna Carta'와 프랑스 대혁명은 물론 도시국가 폴리스의 창설에 영향을 주었다 할 수 있다. 이후 바이킹의 활동은 북구에서 출발하여 약 200개 이상의 도시들이 참여한 한자동맹(13~15세기)으로 이어졌다. 중세 말에는 이탈리아의 도시들이 활발한 해상활동으로 많은 부를 축적하여 독자적 공화제 도시국가들이 되었다. 베네치아, 제노바, 피렌체, 나폴리를 중심으로 한 도시국가들은 지중해에서 동양과 서양의 중개무역을 했으며 나아가 대서양 연안을 따라 항해하여 프랑스 연안과 영국 남부 연안에서까지 무역활동을 하였다. 또한 도시국가들은 십자군 운동(1096~1291)의 제3차 운동부터 십자군을 해상으로 수송하는 데 중요한 역할을 하였다. 근대의 여명을 열었던 르네상스가 이 도시국가들에서 처음 시작된 것은 이러한 바이킹의 해양활동 덕분이었다고 할 수 있다.

바이킹의 사회제도는 오늘날 북유럽을 사회복지가 가장 발달한 나라로 만들게 한 원동력이다. 그들 공동체는 두려움 없이 떳떳하게 생활의 의무를 다하겠다는 맹세를 통해 결속해 있었다. 그들은 서로 형제처럼 대하고 이기적으로 행동하지 않으며 모든 정보를 독점하지 못하도록 되어 있었다. 그들은 전투에 임하고, 동료의 원수를 내 원수처럼 무찌르고 지위나 직위에 관계없이 모두 평등하게 분배할 수 있도록 전리품을 기둥 밑에 가져다 놓아야 했다. 바이킹 시대의 유산이라고 불리는 '뷔페'는 스칸디나비아반도에 위치한 스웨덴에서 시작된 음식문화이다. 바이킹 전투 집단은 놀라울 정도로 서로를 공평하게 대했고 모두가 그 원칙을 엄격하게 지켰다. 이러한 '규칙 준수'와 '공정성'의 유산이 오늘날 북유럽국가들을 가장 살기 좋은 복지사회 지역으로 탈바꿈하게 했다. 덴마크, 노르웨이, 스웨덴 등 스칸디나비아 지역에 살았던 역사의 한 부분인 바이킹은 단순한 해적이 아닌 조선기술과 항해술을 떨치고 해상교역경제의 장점을 널리 알린 존재였다. 동시에 정치권력의 재편과 자유와 평등의 사회적 가치를 유럽에 퍼뜨린 '오션 노마드'들이었다. 이들의 모험정신과 항해술과 과학기술은 영국과 네덜란드의 후손들에게 그대로 전승되어졌고 바이킹 2세들인 그들은 중세 이후 근세까지 바다를 통해 세상을 지배하는 역사를 이어갔다.

1) 덴마크 머스크 라인의 경영전략

바이킹의 후예 덴마크는 북해유전과 가스전 외에 특기할 만한 지하자원이 없다. 다만 국토의 60% 이상이 농경지이고, 인구 대비 경지규모가 넓어 농업은 대단히 유리한 여건을 갖추고 있다. 덴마크는 18세기 국제여건의 변화를 농업과 경제의 일대 전환계기로 활용했다. 1740년에 시작해 1815년에 나폴레옹이 패배하기까지 이어진 유럽강대국 간의 전쟁으로 국제농산물가격이 크게 상승하자 덴마크는 이를 '곡물수출과 해운산업 진흥'국가전략으로 활용하는 데 성공했다. '전쟁 중에 부자난다'는 금언을 덴마크가 해운을 국가전략으로 삼으면서 실현했다. 덴마크는 화물선단의 수가 급격하게 팽창하면서 교전당사국을 오가는 화물운송의 허브 hub로 부각됐고 이제껏 농업에만 의존하던 경제구조에서 벗어나 세계를 연결하는 해양국가로 발돋움했다. 우리나라도 월남전(1960~1975년) 동안 군수물자를 운송하면서 해운항만산업이 크게 발전했다. 덴마크는 1807년 나폴레옹 편에 가담했고 1815년 나폴레옹이 패배하면서 덴마크 해운업은 중립성을 잃고 호황이 끝났으나 제1차 세계대전이 발발하면서 또 다시 중립의 깃발 아래 호황을 맞게 된다.

'머스크 Maersk그룹'은 덴마크의 대표기업이다. 머스크그룹은 피터 머스크 몰러 Peter Maersk Moller와 그의 아들 아놀드 피터 몰러 Arnold Peter Moller가 1904년 스벤보르 Svendborg 증기선 회사로 출발한 덴마크의 복합 기업이다. 머스크그룹의 주력 기업은 세계 최대 해운사이며, 세계 1위 컨테이너 선사인 머스크해운이다. 오덴세 Odense 조선소를 건설해 1918년부터 1966년까지 선박을 발주했다. 1928년 석유 운송에 대한 수요가 증가하면서 처음으로 유조선을 발주했다. 이후 덴마크 북해 석유 탐사를 위해 해저 유전 시추장비 수송을 담당하는 자회사 '머스크 서플라이 서비스'를 설립했다. 1972년 덴마크에서 유전이 최초로 발견되자 자사의 마리 머스크 유조선을 통해 덴마크 내 석유를 운송했고, 석유 탐사를 위해 머스크 드릴링 기업을 설립해서 유전 굴착장치를 운영했다. 1970년대에 컨테이너 운송업이 확장되면서 해외 곳곳에 자회사를 설립했고 1979년에는 해상 선박, 항만 등을 운영하는 네덜란드 해운기업 스빗처 Svitzer를 인수해서 해상 물류사업을 강화했다. 2005년에는 네덜란드의 P&O Nedlloyd를 인수했고, 해저 유전 개발업체 커 맥기 Kerr-McGee의 북해 연안 석유 및 가스 지분을 인수했다. 크고 작은 인수 합병전략을 통해 그룹 규모를 키웠고 선박 대형화를 통해 비용을 절감하면서 대형 해운기업 및 에너지 기업으로 성장했다.

해운업계의 글로벌 1등 기업 머스크 라인은 '지속적인 관리'를 110년 전통의 핵심가치로 삼고, 호황기에 불황을 대비한 선제적 구조조정과 수익·효율성 중심의 조직 개편을 통해 성장해왔다. 머스크그룹의 경영전략은 평생 고용, 가족적 분위기, 해외 지사에 과감한 권한 이양을 통해 자율성을 존중하면서 발 빠른 성장전략으로 발전해왔다. 머스크그룹은 다양한 사업 포트포리오를 경영하고 있으나 주요한 사업 영역은 운송 및 에너지 분야이다. 먼저, 운송 사업에는 사프마린, 씨에고 라인 Seago Line, MCC Transport를 포함하는 세계 최대 해운업체 머스크 라인 Maersk Line이 있고, 그룹 내 40%를 차지하고 있다. 이외에도 네덜란드 로테르담에 본부를 두고 종합 물류 사업을 담당하는 그룹 계열사 APM 터미널과, 화물 운송 관리 서비스 사업을 담당하는 댐코 Damco, 스빗처 등이 있다. 세계 최대의 컨테이너선 운용 회사이자 보급선 운용 회사이다. 다음으로 에너지 사업에는 머스크 오일, 머스크 드릴링, 머스크 탱커스, 머스크 서플라이 서비스 등이 있다. 나이지리아, 네덜란드, 멕시코, 콜롬비아, 미국, 아르헨티나, 베트남, 중국 등 총 135개 국가에 진출해있다.[16] 2015년 기준 한 해 매출액이 약 403억 달러, 총 자산이 약 624억 달러이고, 총 종업원 수는 약 88,355명이다. 전 세계에 330개의 터미널을 운영하고 있다. 또한 600여 척의 컨테이너 선박과 190만 개의 컨테이너 및 전용부두 등을 보유한 글로벌 해상 운송 업체이다.

하지만 세계 1위의 머스크 라인도 성장과정에서 여러 차례 위기가 있었다. 머스크 라인의 주 사업은 컨테이너선이며 특히 1970년대부터 1990년대 중반까지 성장을 거듭하였다. 그러다가 90년대 후반부터 전 세계 해운선사들이 앞 다퉈 대형 컨테이너선을 주문하면서 시장 수요에 비해 공급과잉 상태가 되어가고 있었다. 2000년대 초반에 해운 업계에 호황기가 찾아왔지만 머스크 라인은 해운업이 레드오션의 저가 운임경쟁 시장이 될 것으로 예상하고 2002년 들어 효율성과 프로세스를 중시하고 냉정한 성과주의를 기반으로 하는 '미국식 차가운 기업문화' 도입을 위해 1차 변신을 시도했다. 그러나 오랜 관행으로 굳어진 조직 문화와 해외 지사의 강한 반발 때문에 실패했고 머스크 해운은 비용 절감을 위해 유휴자산 매각 등 다양한 방법으로 위기를 타개하기 위해 노력했다.

2008년 글로벌 금융위기와 함께 전 세계 해운산업의 불황이 시작되었고, 머스크 라인은 2차 구조조정을 시도하였다. 혁신 프로그램을 도입하였고 회의문화부터 중앙통제방식으로 바꿔 자율성을 축소시켰다. 직원 성과평가를 위해 상대평가제도를 도입하였고 대내외 홍보와 의사소통 역량을 대폭 강화했다. 평생직장 개념은 사라졌고 이직률이 급등했다. 25만 명을 넘던 그룹 직원 수는 2008년부터 2012년까지 5년 동안 절반 이상 회사를 떠나 10만 명 선으로 줄었다. 직원들의 충성도가 낮아지고 이직률과 직원 회전율이 높아짐에 따라 새로운 인력 충원과 교육비는 증가하였다. 경험 많은 사람의 이직으로 회사 지식과 노하우는 감퇴하였다.[17] 그러나 이처럼 새로운 성과위주 경영 혁신의 결과, 전반적인 비용이 획기적으로 절감되었고 업무 생산성은 아주 높아졌다. 새로운 시스템에 잘 적응한 고성과자들은 과거보다 훨씬 더 빨리 승진하고 높은 인센티브를 받게 되었다. 효율성을 강조하는 분위기가 만들어지자 결국 과거 '성장 중심 문화'에서 수익성과 안정성을 최우선으로 하는 '성과 중심 조직 문화'로 탈바꿈할 수 있게 되었다.

이후 머스크 라인은 해운산업에서 독보적 시장점유율 1위 자리를 굳히게 되었다. 2014년 상반기 매출 12조 6천억 원, 영업이익 1조 9백억 원으로 경쟁사들보다 최소 5% 포인트 이상 높다. 같은 기간 글로벌 해운기업 15개 중 오직 4개만 적자를 면하고 있는 상황에서 올린 성과였다.[18]

글로벌 경기 침체와 선박 공급 과잉으로 해운업 침체가 장기화되고 있는 가운데 침체 속에서도 꾸준한 성장세를 유지하고 있는 세계 1위 해운선사 머스크 라인에 대한 관심이 높아지고 있다. 머스크의 경영전략은 컨테이너 선박의 대형화, 미래에 대한 적절한 대응과 사업다각화 전략, 인수합병을 통한 몸집 키우기, 정부의 지원, 그리고 친환경전략이 주요내용이다.

첫째, 세계컨테이너 선박의 대형화를 선도해왔다. 머스크 라인은 AP몰러-머스크그룹의 컨테이너사업부문으로 전 세계 해상 화물의 15%를 운송한다. 경쟁사들이 해운업 시황 부진으로 선박 발주를 줄일 때, 머스크 라인은 반대로 과감하게 신조선에 투자한 전략이 현재의 실적을 견인하는 원동력으로 작용하고 있다. 선박의 대형화전략이 세계선사 간의 해운동맹 재편에 영향을 주고 있다. 머스크 라인은 선박연료 유가 상승을 감안해 속도를 줄이는 대신 한 번에 많이 나르는 연비 절감과 초대형 컨테이너선 증대전략을 추진하면서 조선업 흐름은 선박 대형화로 이동하였으며, 이는 불황에 빠졌던 세계 조선업의 흐름을 바꿨다. 선박 연료인 벙커C유 가격은 1990년대 1톤당 90달러대에서 최근 600달러대로 올랐다. 선박 연비가 10% 높아지면 연료비를 1년에 20만 달러가량 아낄 수 있다. 표 6.1에서 보듯이 선박의 대형화 추세는 1,000 TEU 규모의 1세대 선박에서 8,000 TEU 규모의 7세대 선박 출현까지 40년이 걸린 반면, 그 이후 15년 만에 10세대인 20,000 TEU 선박이 출현하였고 그 과정을 선두기업인 머스크 라인이 주도하였다.

표 6.1. 컨테이너 선박 대형화 추이

구분	1세대	2세대	3세대	4세대	5세대
길이 (미터)	190	210	210~290	270~300	290~320
적재량 (TEU)	1,000	2,000	3,000	4,000	4,900
시기	1960년대	1970년대	1980년대	1984년	1992년
구분	6세대	7세대	8세대	9세대	10세대
길이 (미터)	305~310	355~360	365	400	400
적재량 (TEU)	6,000	8,000	12,500	15,000	20,000
시기	1996년	2000년	2006년	2010년	2015년

　머스크 라인은 대우조선해양에 세계 최대 규모인 1만 8천 TEU급 컨테이너선을 20척 주문해 최근까지 5척을 인도받았다. 특히 머스크 라인 측이 강조해온 경제성, 에너지 효율성, 친환경성의 3요소를 모두 만족시킨 세계 최초의 '트리플-E급 Triple-E' (Economy of Scale, Energy Efficiency, Environment Friendly) 선박으로 평가받고 있다. 아이러니컬하게도 우리나라는 가장 강력한 경쟁상대에게 저렴하고 경쟁력 높은 선박을 제작 공여함으로써 해운업 자멸을 초래한 셈이다. 우리나라는 공생전략 대신 조선업 살자고 해운업 죽인 전략을 택한 격이다. 컨테이너선의 대형화를 선도했던 머스크 라인이 22,000 TEU급 내지 23,000 TEU급 컨테이너선 수주를 언제 나설지 세계의 관심사다. 현대상선은 2020년 6~7월에 세계 최대 규모이자 효율성 역시 역대급 수준인 2만 3천 TEU급 컨테이너선 12척을 동시에 인도받을 계획이다.

둘째, 타 대형 선사에 비해 에너지 사업을 핵심으로 사업다각화 전략 등 안정적인 사업 포트폴리오를 운영하고 있다. 사업다각화 전략은 불확실성이 큰 해운업 시장에서 지속적으로 성장세를 유지하는 비결로 꼽힌다. 국적선사들이 해상 운송업 의존도가 절대적인 것에 비해 머스크 라인은 해상 운송업 비중이 전체 매출의 30%에 불과하다. 해상 운송업은 운임에 따라 변동 폭이 큰 특징이 있다. 머스크 라인은 해상 운송업 외에도 트레이딩, 터미널사업, 정유, 선박건조, 해양플랜트, 벙커링 등 다양한 관련 사업을 운영하고 있다. 우리나라 해운업계는 머스크처럼 다양한 사업할 수 있는 정책적인 지원은커녕 만일 주력 사업이 아닌 연관 사업에 관심을 보이면 문어발 확장이라고 비난받는 실정이다.

셋째, 덴마크 정부의 투·융자 지원은 머스크의 성장에 중요한 요인으로 작용했다. 덴마크는 해운업황이 장기간 부진을 지속하자 최근 수출신용기금 5억 2천만 달러를 비롯해 62억 달러 규모의 금융권 차입을 지원했다.

넷째, 머스크 라인은 글로벌 선사들과 인수합병을 통해 몸집을 키웠고, 해운동맹체제를 통해 치열한 치킨게임을 선도하고 있다. '해운동맹 alliance 전략'은 선사들이 운임을 비롯해 운송 조건에 관한 협정을 맺고 선박과 노선 등을 공유해 마치 하나의 회사처럼 영업하는 경영전략으로 '치킨게임'이 지속되는 21세기 초반의 글로벌 해운경쟁에서 가장 핵심적인 전략이다. 2000년대부터 세계 해운선사 1위의 자리에 있었던 머스크 라인은 2010년대 중반 각각 업계 2, 3위였던 MSC, CMA·CGM과 세계 최대 해운동맹인 P3를 결성하려고 하였으나 중국 상무부의 미승인으로 실패하였고, 이후 긴급히 MSC와의 2자 해운동맹인 2M을 체결하면서 해운업계에 초거대 공룡이 탄생한다. 그리고 2010년대 이후 서브프라임 모기지 사태로 시작된 장기 불황으로 인한 해운업 수주 감소가 현실화되자, 해운업계에서는 특히

2M과 같은 거대 해운동맹을 필두로 운임을 덤핑하는 치킨게임이 시작되었다. 덴마크의 머스크 라인의 몸집 불리기는 90년대 후반부터 시작되었다. 1999년 사프마린 Safmarine을 시작으로 미국의 시랜드 SeaLand, 2005년 당시 세계 3위 컨테이너 선사였던 네덜란드 P&O 네들로이드 Nedlloyd를 흡수하면서 세계 정상의 자리를 차지했다. 머스크 라인은 최근 재편된 세계 3대 해운동맹인 2M, Ocean, The 중에서 가장 큰 2M을 스위스의 MSC와 함께 이끌고 있으며, 우리나라 현대상선은 2M과 한시적으로 전략적 협력관계(2017. 4.~2020. 3.)를 맺고 있다.

 다섯째, 해운경영기술개발과 기후변화협약에 대응한 친환경 선박 개발 주력하고 있다. 컨테이너선은 전 세계 교역의 80%를 담당하는 운반 수단으로 벙커유를 주 연료로 사용한다. 벙커유로 인한 탄소배출량은 전 세계 탄소배출량의 3%를 차지하는 것으로 알려져 있다. 머스크 라인은 지난 2016년 IBM과 손잡고 컨테이너 화물 추적 블록체인 프로젝트를 시작했다. 온라인 금융이나 가상화폐 거래에서 해킹을 막는 기술인 불록체인 기술은 보안성 때문에 기업 간 거래 혁신 수단으로 주목받고 있다. 컨테이터 운송 시에 블록체인 기술을 활용하면 관련 정보를 모두가 실시간 공유할 수 있고 각종 서류를 없애 국경 간 배송 속도를 높일 수 있다. 아울러 머스크 라인은 2020년 1월부터 시행되는 국제해사기구 IMO의 환경 규제를 앞두고 유류할증료 및 운임인상을 추진 중이며, 아울러 엔진 제조업체 및 선박 제작사부터 신기술 업체 등은 2030년을 목표로 '탄소배출량 제로 Carbon-free' 선박 개발에 박차를 가하고 있다.

2) 스웨덴 발렌베리 그룹의 후계자 양성전략

바이킹의 후예인 스웨덴 최고의 금융가문인 '발렌베리 가문 Wallenberg Family'은 북유럽의 로스차일드로 불리며 160년(1856년 기업 설립)이 넘도록 5대에 걸쳐 가족경영으로 세습하고 있다.* 발렌베리 가문의 창업자인 앙드레 오스카 발렌베리 André Oscar Wallenberg(1816~1886)는 17세에 해군사관학교에 입학하여 해군 장교가 되었다. 미국에 2년간 머물면서 미국의 은행사업에 큰 충격을 받고 스웨덴에 은행 설립의 꿈을 키웠다. 그는 스웨덴 최초의 증기선의 선장을 역임했고, 중부지역 해군책임자를 거쳐 순드발 지역 의회 의원으로 선출되었고 신문재벌이 되었다. 이런 정치적 경륜은 금융업에 진출할 수 있는 기반이 되었다. 앙드레 발렌버리는 1856년 오늘날 발렌베리 그룹의 효시인 '스톡홀름 엔스킬다은행 SEB(Stockholm Enskilda Bank, 현재의 스칸디나비스카엔실다 은행)'을 설립했다.

1878년 불황을 맞아 최악의 위기를 맞았으나, 그의 장남 크누트 아가손 발렌베리 Knut Agathon Wallenberg(1853~1938)가 아버지를 이어받아 은행을 성공적으로 경영하면서 발렌베리 그룹을 더욱 탄탄하게 키웠다. 그는 영국, 프랑스, 독일에서 채권발행으로 막대한 자금을 유입하였고, 이를 산업에 대해 투자함으로써 스웨덴 경제를 발전시키는 원동력을 제공하였다. 또한 금융자본으로 기업을 직접 소유할 수 있게 되자 기존 스웨덴의 주요기업을 인수하여 기업의 경쟁력을 강화시키는 데 주력하였다. 이로써 발렌베리 가문은 금융자본에서 산업자본으로 변모하게 되었다. 세계 제1차 대전이 일어나자 발렌베리 가문도 위기에 맞이하였으나, 크누트 발렌베리는 영

---

* 로스차일드 Rothschild는 국제적 금융기업을 보유하고 있는 유대계 금융재벌 가문이다. 로스차일드는 나폴레옹 전쟁 이후 유럽 주요 국가들의 공채 발행과 왕가 · 귀족들의 자산 관리를 맡아 막대한 부를 축적했으며, 유럽의 주요 철도망 건설, 석유산업, 해운산업, 철강 산업의 발달을 주도하며 유럽의 정치와 경제 등에 큰 영향력을 보유하였다.

국에서 법학을 공부한 경험 때문에 외무부장관에 임명되었다. 스웨덴이 독일과 무역을 하는 것을 막기 위해 영국이 스웨덴 해상을 봉쇄하자, 해운을 아는 외무장관으로서 그는 영국과의 관계를 개선하고 스웨덴의 이익을 지키는 데 큰 역할을 하였다. 점차 경영의 규모가 확대되자 법률을 전공한 이복동생 마르쿠스 발렌베리 시니어 Marcus Wallenberg Sr(1864~1943)가 경영에 가담하였고 철도차량을 제조하는 회사인 아트라스, 트럭회사인 스카니아, 철강회사 호포스를 인수하는 등 사업을 다각화하였다.

제1대 창업자 앙드레와 같이 마르쿠스도 해군사관학교 출신이었는데 그는 '선장 우선·배 다음'이라는 경영철학을 가지고 있었다. 훌륭한 최고경영자만이 기업을 성공적으로 이끌 수 있다는 경영철학이다. 제2세대 경영자로 장남 크누트와 이복동생 마르쿠스 시니어가 공동 경영을 한 이후, 마르쿠스 시니어의 두 아들인 야콥과 마르쿠스 주니어가 제3세대의 투 톱으로 등장했고, 다시 마르쿠스 주니어의 장남 마르크와 차남 피터가 제4세대 경영을 물려받았다. 마르크가 1971년 자살로 추정되는 비극적인 죽음을 맞이하면서, 제4세대 경영은 한동안 피터 발렌베리 혼자의 몫이었으나 그가 다시 후계자를 선정하면서 '투 톱 경영'의 규칙을 지켰다. 그는 큰 형의 아들 마르쿠스 발렌베리 SEB 회장을 대표자로 내세우고, 자신의 아들 야콥 발렌베리를 또 한 사람의 후계자로 내세웠다. 결국 발렌베리의 제5세대 경영은 사촌이 서로 공동 경영하는 모양새다.

일반적으로 가족경영은 부정적 이미지를 동반한다. 그러나 발렌베리 가문은 가족경영과 부의 세습에도 스웨덴 국민으로부터 절대적인 존경과 지지를 받는데, 그 이유는 '노블레스 오블리주'의 경영철학 때문일 것이다. 발렌베리 가문의 모토는 라틴어로 'Esse, non Videri' '존재하되 드러내지 않는다'이다. 발렌베리 그룹은 엄격한 경영원칙과 특별한 후계자 선정 기준으로 명문가문과 명품기업을 만들어왔다. 기업의 라이프 사이클은 창업초기, 성장기, 도약기, 성숙기, 쇠퇴기의 5단계로 구분할 수 있다. 이 사이클은 경제, 사회적 환경에도 영향을 받지만 기업성장에 따른 내부 환경의 변화가 더 큰 요인으로 작용한다. 특히 도약기와 성숙기의 기업은 가업승계 시기와 맞물리는 경우가 많은데, 이때 후계자가 재도약의 계기를 마련하지 못하면 쇠퇴기로 접어들 수 있다. '모든 길은 로마로 통한다(라틴어: Omnes viae Romam ducunt)'는 속담은 로마의 위상을 말한다. 로마는 국가시스템을 끊임없이 개선했고 '역사는 인간'이라는 명제에 따라 로마를 이끌 인재를 키우려는 육성과정에서 탁월했기 때문이다. 발렌베리 그룹은 로마처럼 후계자 선정에서 치열하고 엄정하다. 이를 다섯 가지로 요약해 본다.[19]

첫째, 가문이자 그룹의 후계자가 되려면 치열한 검증과정에서 자신의 능력을 입증해야 한다. 치열한 검증과정이란 ▲우선 그들은 본인의 실력으로 명문대를 졸업하고 ▲가문의 전통에 따라 해군사관학교에서 강인한 정신력을 기르며 ▲세계적 금융 중심지에 진출하여 자신의 기량을 입증해야 한다. 육군사관학교가 아닌 해군사관학교라는 점이 눈에 띈다. 창업자 오스카는 스웨덴의 미래를 개척하려면 바다로 나아가야 한다고 믿었고, 거친 바다 생활이 강인한 정신력과 넓은 시야를 준다고 확신했다.

둘째, 후계자 선정 시 금융 부분과 산업 부분으로 구분하여 항상 두 명을 선출하여 '견제와 균형'이라는 가문의 이념을 충실히 계승하며 서로가 보완 발전하는 방향으로 그룹을 끌어간다.

셋째, 발렌베리 그룹 소속기업은 서로 출자관계로 연결되어 있지 않고 전문경영인에 경영권을 일임한다. 오너 가문의 친인척들에 의한 독단적 경영을 차단하고 전문 CEO를 발탁하여 책임경영권을 전적으로 위임한다. 책임경영제와 투명경영은 발렌베리 그룹을 발전시키는 원동력이다.

넷째, 발렌베리 그룹 기업에는 반드시 노조대표가 이사회에 중용되고, 누구나 적극적으로 경영에 참가하는 권한과 기회가 부여된다.

다섯째, 기업의 생존토대는 사회라는 것을 중시하고 그룹수익을 사회공헌에 적극 사용한다. 발렌베리 그룹은 스웨덴의 대표적 은행인 SEB은행을을 비롯해 통신장비(에릭슨), 전자(일렉트로룩스), 방위산업(사브) 등 스웨덴을 대표하는 기업 19곳을 포함해 100여 개 기업의 지분을 소유하고 있으며 스웨덴 GDP의 30%를 차지하고 있다. 발렌베리 그룹은 이익의 85%를 법인세로 사회 환원하고 스웨덴 대학교, 박물관, 연구기관에도 막대한 기부를 해오고 있다.

발렌베리 가문에서 아마 가장 유명인사중 하나는 '라울 발렌베리 Raoul Wallenberg'일 것이다. 그는 제2차 세계대전 중 헝가리 부다페스트에서 스웨덴 외교관으로 있으면서 1944년 7월에서 12월까지 홀로코스트 대학살 당시 아우슈비츠 수용소로 끌려가는 유대인 10만 명에게 보호여권을 발급해 생명을 구했다. 에릭슨 Ericsson Inc.은 세계적인 이동통신장비 업체로 발렌베리 그룹의 계열사이다. 정보통신 혁명이 일어난 20세기 후반 이동전화 사업을 주도한 회사 가운데 하나로, 1990년대 말에는 모토로라에 이어 세계 2위의 휴대전화 제조업체였다. 2010년 현재 전 세계 무선 트래픽의 40퍼센트 정도가 에릭슨의 통신장비를 통해 전송되고 있으며, 가입자 10억 명에게 무선 통신망을 제공하고 있다. 에릭슨은 1896년 고종 황제 때에 한반도에 최초로 통신장비와 전화기를 공급한 업체다. 에릭슨엘지는 스웨덴식 혁신과 한국식 기술력의 조화로 2010년에 설립된 합작 법인으로 한국 최초의 상업용 전자식 전화 교환기 생산, 세계 최초의 CDMA 상용화, 세계 최초의 LTE 구축, Ericsson 5G 플랫폼 개발과 같은 대한민국 통신 산업 역사의 주요 이정표를 이어가고 있다.

발렌베리 가문은 차세대들이 강인한 정신력과 넓은 시야를 체험하고 배우기 위하여 해군사관학교에 입학하고, 전문 기술과 바이킹리더십을 연마하고, 철저한 산업과 금융현장 경험을 의무화하는 후계자를 양성하고 있다. 조직은 곧 사람이지만, 배(조직)보다 선장(최고경영자와 경영층)이 더 중요하다. 우수한 자질의 인재들이 다양한 경험을 통해 길러지고, 단계별로 검증된 인적자원이 분야별로 풍부하게 활용되는 조직은 번영할 수밖에 없다. 발렌베리 그룹은 엄격한 경영원칙과 특별한 후계자 선정 기준으로 가족경영의 성공사례를 만들었다. 우리나라도 지성은 물론 인성과 사회성을 갖춘 후계자가 나온다면 가족경영과 후계자 선임의 성공사례가 나올 수 있다. 문제는 치열한 준비도 없고, 능력도 엄격하게 검증되지 않은 채 재벌 총수의 자녀나 손주라는 이유 하나로 재벌과 대기업의 수장이 되는 사례는 반드시 지양돼야 한다. 무능·무지한 기업의 수장 首長이 기업을 수장 水葬시키는 사례는 없어야하기 때문이다.

4. 베네치아 공화국의 해양책략

윌리엄 셰익스피어의 희곡 《베네치아의 상인》으로 유명한 베네치아는 원래 갯벌과 습지대였다. 6세기경 훈족의 습격을 피해 온 이탈리아 본토 사람들이 앞은 바다이고 뒤는 외침이 끊이지 않는 역경의 환경에서 불굴의 의지로 바다와 개펄 위에 말뚝을 박고 안전하고 아름다운 수상도시를 건설했다. 베네치아는 이탈리아 반도의 동쪽 아드리아 해에 자리한 국제무역항이자 문화도시이며 118개의 작은 섬이 모여 이루어진 모자이크 도시다. 베네치아는 자연 섬이 아니라 나무가 없다. 400개의 다리와 170여 개의 운하가 주요 교통로인 물 위의 도시로서 3개의 제방으로 아드리아 해와 격리되어 있다. 최근 지구온난화에 따른 해수면 상승으로 수몰될 위험성이 제기되고 있다. 이탈리아 정부는 베네치아를 침수와 해일로부터 보호하기 위해 2003년부터《모세프로젝트 Mose Project》를 추진하고 있다. 생존을 위해서 삶을 위해서 베네치아는 바다로 진출했다. 베네치아는 바다로 나아가기 위해 비교적 값싸고 손쉽게 건조할 수 있는 갤리선을 개발하고 항해술을 개발했다. 조선과 해운이라는 두 가지 해상무역의 기본조건을 갖추면서 '지중해의 여왕'이 되려는 꿈을 향해 대장정을 시작했다. 무역입국 비전 실현을 위해 베네치아인들은 뭉쳤고 뛰어난 상업조직, 노련하고 기민한 외교, 엘리트 공화제의 힘이 뒷받침했다.

베네치아 공화국의 역사는 697년 초대 총독이 선출되어 독자적인 공화제 통치로부터 시작되었다. 베네치아는 지중해 동부에서 유럽으로 운반되는 상품의 집산지였을 뿐만 아니라, 중세의 전란으로 사라졌던 예술과 공예를 공방에서 소생시켰다. 유리, 양복지, 비단제품, 금, 철, 청동 등의 가공기술은 뛰어났다. 베네치아의 상인들은 동로마 제국의 수도 콘스탄티노플과 아프리카의 카이로를 하나의 교역권으로 묶었다. 이를 기반으로 중동을 거쳐 중국산 비단이 들어왔고, 인도에서는 향신료가 쏟아져 들어왔다. 상인들의 용기와 개척정신이 이 도시를 키웠다. 이들은 자유를 위해 왕정을 거부하고, 과두정치를 통해 도시의 운명을 스스로 결정했다. 이 도시는 중세, 특히 십자군 전쟁* 이후 유럽과 동방을 잇는 해상의 요로이자 무역의 중심지로 경제는 물론 문화적으로도 크게 번성하였다. 13세기 베네치아 공화국은 더욱 강성해졌다. 상인들은 아드리아 해와 동지중해 요소마다 거점도시를

---

* 11세기 말에서 13세기 말 사이에 서유럽의 그리스도교도들이 성지 팔레스티나와 성도 예루살렘을 이슬람교도들로부터 탈환하기 위해 8회에 걸쳐 감행한 원정이다.

건설했다. 지중해 연안 각국에 상관이 있었고, 완벽하게 통제되는 세관이 존재했다. 당시 베네치아는 이탈리아 반도 내의 이웃국가인 제노바 공화국과 큰 갈등을 겪었다.

'원교근공 전략'의 필연성 때문인지, 지중해 무역의 주도권을 장악하기 위해 무려 120여 년 동안 두 나라는 전쟁을 네 차례 치렀다. 전쟁의 최종 승자는 베네치아였다. 사람들은 베네치아를 '아드리아 해의 여왕'이라고 불렀고, 이탈리아 본토에도 속국을 가질 정도로 강성해졌다. 이렇게 번영하던 지중해 교역 시대의 베네치아는 15세기 대항해시대가 도래하면서 해상교역의 중심이 포르투갈과 스페인으로 옮겨지자 점차 쇠하였다. 베네치아 공화국은 개신교와 로마 가톨릭 간의 분쟁에서 개신교에 유리하게 중재하여 1606년 교황청으로부터 파문당했다. 1797년에 나폴레옹 보나파르트의 침략을 받아 1805년 나폴레옹 치하의 이탈리아 왕국에 귀속되었다. 작지만 강했던 베네치아 공화국 1천 1백년의 역사가 종언을 고한 것이다. 1815년에는 오스트리아의 지배하에 들어갔으며, 1866년 이탈리아 왕국에 편입되었다.

세계역사를 바꾼 사람 중에 반드시 포함돼야 할 사람은 베네치아 상인 마르코 폴로의 위대한 책이다. 이 책의 원제목은 《Divisament dou Monde》이고 이를 우리말로 옮기면 《세계의 기술 記述》이다. 서구에서는 《Travels of Marco Polo》라 하고 중국에서는 《마가파라행기 馬可波羅行記》라고 부른다. 《동방견문록 東方見聞錄》이라는 제목은 한국과 일본에서 붙인 이름이다. 서구에서 《성경》 다음으로 많이 읽힌 고전이라고 할 정도로 중세 이래 최고의 베스트셀러였다. 청년인 15세에서 장년인 41세에 이르는 기간(1269~1295년)동안 당시 동양의 중심인 몽골 제국을 다녀온 기록이다. 베네치아로 돌아온 이후 1298년 베네치아 공화국과 제노바 공화국 사이에 벌어진 해전에 지휘관으로 참전하였다가 포로로 감옥에 갇혔다. 감옥에 갇혀있는 3년 동안 루스티첼로 Rustichello에게 자신의 경험을 구술하여 필기하도록 했다는 것이 가장 유력한 설이다. 그의 《동방견문록》은 십자군 전쟁 이후 동양에 이르는 육로가 막힌 상황에서 지중해 국가들의 동양에 대한 호기심과 신항로 개척을 위한 도전의 기폭제가 되었다. 콜럼버스 등 15세기 항해가들에게 깊은 감명을 주어 '대항해시대'를 여는 데 일조를 했기 때문이다.

《동방견문록》의 내용을 크게 나누어 보면 대체로 여덟 개의 부분으로 이루어져 있다. 첫 부분인 '서편'에는 마르코 폴로가 여행을 떠나게 된 연유와 여정, 귀국한 뒤 제네바의 감옥에 갇혀 루스티첼로라는 작가를 만나 책을 구술하게 된 배경을 설명한다. 나머지 일곱 편은 세계 각지에 대한 설명이다. 마르코 폴로가 이처럼 광범위한 세계의 여러 사정들에 대한 정확한 정보를 확보할 수 있었던 것은 바로 그가 살았던 13세기 후반과 14세기 전반이라는 독특한 시대적 환경이었기 때문이다. 그 시대는 한 마디로 '몽골의 시대'였다. 몽골 제국은 1206년 초원을 통일한 칭기즈 칸(재위 1206~1227년)에 의해 창건되었고, 쿠빌라이 칸이 치세(재위 1260~1294년)한 13세기 후반에는 최고 절정기에 이르게 되었다. 제국의 영토가 서쪽으로는 러시아에서 동쪽으로는 태평양 연안까지, 북으로는 시베리아에서 남으로는 인도양에 이르기까지 사실상 서부 유럽과 인도를 제외한 유라시아 대륙 거의 전부를 포괄하였다.

마르코 폴로의 여행은 1260년 베네치아를 출발함으로써 시작되어 1295년 귀향함으로써 막을 내렸는데, 묘하게도 그의 여행기간은 바로 쿠빌라이 칸의 치세기간과 거의 정확하게 일치한다. 《동방견문록》은 바로 쿠빌라이 칸 치세의 몽골 제국과 그 주변 세계에 대한 생생한 증언이다.[20] 마르코 폴로의 여행은 15세가 되던 해인 1269년 동방무역에서 돌아온 아버지를 따라 베네치아를 출발하였다. 지중해를 지나 콘스탄티노플, 이란을 거쳐 1271년 호르무즈 해협에 도착했으며, 그 이후 육로로 이동하였다. 1275년에 서아시아·중앙아시아를 거쳐 몽골 제국인 원나라의 도성인 상도 上都에 이르러 쿠빌라이 칸을 알현하였고 관직을 하사받았다. 그는 원나라에 무려 17년간 머물게 되었는데 당시 원나라를 통치했던 쿠빌라이 칸이 그의 귀환을 허락하지 않았기 때문이었다. 마침내 1290년 몽골 제국이 메소포타미아 지역에 세운 '4 한국 四汗國' 가운데 하나 '일 한국 汗國 IL Khanate' 국왕 아르군에게 시집가는 왕녀 코카친을 수행하라는 명을 받고 14척으로 구성된 선단에 가담하였다. 천주 泉州항을 출발하여 남중국해 해로를 따라 수마트라 섬을 지났으며 인도양을 건넜고 26개월 만에 페르시아 만의 호르무즈 섬에 도착하였다. 하지만 그들이 도착하였을 때는 이미 아르군 왕이 사망하였기 때문에 코카친 왕녀를 아르군의 아들 가잔에게 인계한 다음 1295년에 베네치아로 귀국하였다.

일부 학자들은 《동방견문록》이 마르코 폴로가 저술한 것이 아니라는 주장과 그가 동방을 방문하지 않았다는 주장을 제기하고 있다. 하지만 그가 저술한 내용은 당시 중국의 기록 등과 비교에서 많은 부분이 사실과 일치하므로 그의 여행과 기록이 사실로 받아들이는 데는 무리가 없다. 마르코 폴로 자신은 묘사하는 웅장한 세계의 모습들이 허구와 상상에 의해 날조된 것이 아님을 강조하기 위해 "그것을 보지 않고도 믿을 사람은 아무도 없을 것이다." 또는 "아직 나는 내가 본 것의 반도 다 말하지 못했다."고 했다.[21] 책의 내용 중 당시의 서아시아·중앙아시아·중국 등에 관한 기사가 풍부하고 정확하며, 거리와 동물, 식물 등 관찰한 기록이 섬세하고 치밀하다. 그 후 이 책은 콜럼버스의 아메리카 대륙 발견의 계기가 되는 등 15세기 대항해가들의 지리상 발견에 큰 역할을 하였다. 루스티첼로가 필기한《동방견문록》원본은 없어졌으나 원본을 윤색·가필·삭제한 많은 사본들이 만들어져 전해졌다. 여러 사본 중에서 원본에 가장 가깝다고 인정되는 것은 14세기에 필사되어진 F본이 있다.

　주목할 점은 13세기 말 마르코 폴로의 여행경로는 동양으로 갈 때는 육로로 갔고 베네치아로 돌아올 때는 바다로 왔다는 점이다.(그림 6.2. 마르코 폴로의 여행경로)21세기 초 중국 시진핑의 '일대일로 구상'에 담긴 해상 실크로드와 육상 실크로드의 루트가 유사하다. 특히 해상 실크로드의 출발지는 중국 푸젠성 福建省의 취안저우 泉州 Quanzhou이며, 목적지는 지중해의 베네치아이다. 취안저우는 남송, 원 元나라 때는 중국의 최대 번화한 해외 무역중심지였으며 도시 남부에는 아라비아 상인들이 모여 사는 곳도 있었다. 마르코 폴로가 동방견문록에서 이곳을 세계 최대 상항(商港)에 속하는 도시로 유럽에 소개하였다. 시진핑 중국 국가주석은 2019년 3월 23일 주세페 콘테 이탈리아 총리와 회담을 갖고 일대일로에 관한 MOU를 체결했다. 이 양해각서는 특히 일대일로와 관련하여 중국은 이탈리아가 제공하는 제노바 등 4개 항만에 투자할 것으로 보인다. 이로써 중국의 시진핑 국가주석은 일대일로에서 구상한 해상 실크로드의 출발점인 취안저우와 목적지인 베네치아를 정확히 연결했다. 이런 점에서 다시 마르코 폴로의《동방견문록》이 주목받는 이유이다.

그림 6.2. 마르코 폴로의 여행경로

해양 도시국가 베네치아의 정치와 경제는 근대 유럽문명의 다름 아닌 '원형 prototype'이었다. 손바닥만 한 도시국가이지만 유럽문명의 1천 1백년 역사가 주는 교훈이 크다. 16세기 네덜란드나 오늘날 동양의 싱가포르가 베네치아 공화국과 유사한 국가모델이다. '현재진행형 교훈'을 주는 베네치아의 해양책략을 요약해본다.[22]

첫째, 정부가 상인들의 활력을 억누르는 일이 없도록 하면서 동시에 철저히 개방하였다. 국유 상선단인 '무다'라는 이름의 정기항로 방식은 베네치아만이 가졌던 독특한 제도였다. 오늘날 주요 국가들의 '세계 주 항로 Main Trunk Line'선단 형태의 선구자 격이다. 베네치아에서는 누구나 해외무역에 참가할 수 있었고 큰 상인이나 거대 금융자본가의 독점과 독주를 허용하지

바다 너머를 경영한 나라 **267**

않았다.

둘째, 갤리선이라는 선박과 항해술, 뛰어난 선원들을 가졌다. 자작농을 기반으로 '병농일치 兵農一致 국가구조'였던 로마와 달리, 르네상스 시기 지중해를 제패하고 천 년을 지속했던 이탈리아 도시국가 베네치아는 '병상일치 兵商一致 국가구조'였다. 유사시 상인이 해군이 되고, 무역선단은 해군함대로 재편되는 시스템이었다. 당시의 무역에서 가장 큰 장애는 해적이나 적대국 선박과의 전투였다.

셋째, 자본 확보와 위험분산을 가능케 하는 '한정합자회사'로 '콜레간차'라는 훌륭한 투·융자제도를 가졌다. 자본가가 전 자본의 3분의 2를 대고, 경영자(선장이나 선원들)가 3분에 1을 투자해 수익을 나누는 것이다. 그런가 하면 자본가가 전액을 출자하고 경영자는 출자하지 않는 경우, 이익이 나면 자본가는 4분의 3을, 경영자는 4분의 1로 배분하는 제도다. 이러한 소유와 경영의 분리제도는 자본을 갖지 않은 사람들에게나 자본을 내는 쪽에서도 위험을 분산한다는 측면에서 환영받았다. 당시 베네치아뿐 아니라 피사나 제노바에도 이 제도가 있었으며, 오늘날 합자회사나 주식회사의 모태이다. 베네치아의 공동체 경제는 자신의 이익만 중시하는 제노바의 개인들을 이겼다.

넷째, 베네치아는 주요 교역 상대국에 외교관을 상주시킨 세계 최초의 나라였다. 오늘날 대사관의 상무관이나 정보관, 기업으로서는 '종합무역상사'와 같은 기능이다. 그들의 정보망과 첩보망은 대단했으며, 정확한 정보로 '적기적소 right time right place'에 상품을 거래하는 옳은 판단을 내렸다. 베네치아는 쇠퇴기 비잔틴 제국 치하의 동지중해와 취약한 신성 로마 제국 사이에서 강한 '해군력'과 '상선의 힘'을 무기로 중개무역을 통해 부를 축적하였다. 동시에 두 강대 세력의 균형자로서 성공과 번영을 누릴 수 있었다.

다섯째, 베네치아는 정교분리의 원칙을 견지했지만 국가미래가 걸린 전쟁에서는 해양통찰력을 지닌 지도자가 국익을 수호했다. 베네치아는 그리스도교 국가로 이슬람교와 가톨릭교와의 분쟁에서 비켜섰지만 베네치아의 사활이 걸린 제해권 획득과 수호를 위해서는 제4차 십자군 원정에 뛰어들어 막대한 전쟁비용도 마다하지 않았다. 베네치아는 3만 3천 5백 명의 십자군 병력수송을 의뢰받아 계약을 이행하고 십자군에 6천 명을 파병한다는 약속을 지키는 데 도박을 했다. 거금의 대금지불은 십자군 측의 능력 부족으로 부도가 나고 정복한 땅의 절반을 차지한다는 반대급부도 실현되지 못했지만, 이 결과로 '지중해의 여왕'이라는 지위를 굳혔다. 미래를 내다본 냉철한 정치적 통찰력의 승리였다. 사려 깊고 용기도 있는 엔리코 단돌로 Enrico Dandolo(1107?~1205)는 베네치아의 전 역사를 통틀어 가장 놀라운 인물 중 하나다. 그는 십자군 원정 당시 이미 팔순의 노인에다 장님이 된 상태에서도 십자군을 이끌고 원정을 떠나 당시 가장 큰 도시인 콘스탄티노폴리스를 점령하고 로마 제국의 8분의 3을 소유한 영주라는 위대한 칭호를 받았다. 이처럼 베네치아의 국가지도자들은 모두 청년 시절 배를 타고 바다를 오가며 상거래를 통해 세상 물정을 깨우쳤다. 동시에 해상 전투 경험을 쌓으며 단련되고 역량을 인정받아 지도자가 됐다.

여섯째, 베네치아는 그 주력을 교역으로부터 공업과 농업으로 돌림으로써 지속적 번영을 누렸다. 우리가 주목할 점은 베네치아인들이 불가피한 쇠퇴와 멸망의 시간을 무려 200년이나 뒤로 늦췄다는 점이다. 베네치아는 노련하고 기민한 외교로 싸움을 피하고, 전쟁을 뒤로 미루고, 공업과 농업을 발전시켜 계속 번영을 누렸다. 시오노 나나미가 "지혜로운 지도자들이 할 수 있는 것은 오직 쇠퇴의 속도를 가급 더디게 하고 되도록 뒤로 미루는 일"이라고 표현한 것을 베네치아인들은 모범적으로 해낸 것이다.

일곱째, 갯벌과 간석지 위의 바닷물 관리가 국가과제 중 최우선과제였다는 점이다. 물의 행정장관인 '마지스트라토 알레 아콰'의 취임식은 시민 앞에서 공개적으로 했으며 국가원수는 임명장을 주면서 "이 사람의 재임 시 공적을 칭송하라. 그것에 어울리는 보수를 주라. 그러나 이 책임이 무거운 지위의 공직자가 직무를 게을리 한다면 교수형에 처하라."라는 무시무시한 책임을 부여했다. 바닷물, 갯벌과 해양환경 보전을 위해 책임을 진 해양장관 임명에 목숨을 걸게 하는 사례는 역사상 전무후무하다. 노블레스 오블리주의 기준을 훨씬 넘는 고위 공직자의 엄중한 책무성은 바다의 도시국가 베네치아가 천 년 이상의 역사를 갖게 된 이유이다.

제7장
천하의 바다를 양분한 포르투갈과 스페인

1. 대항해시대를 선도한 포르투갈 《엔히크 왕자의 해양책략》
2. 스페인 이사벨 여왕이 후원한 《콜럼버스의 해양책략》
3. 카를로스 1세와 펠리페 2세가 후원한 《마젤란의 해양책략》
4. 세계해양을 양분한 토르데시야스 조약

지구구체설을 믿고 실천한 첫 번째 항해가가 콜럼버스라면 세계 일주 항해로 입증한 것은 마젤란이였다.

제7장 천하의 바다를 양분한 포르투갈과 스페인

1. 대항해시대를 선도한 포르투갈 《엔히크 왕자의 해양책략》

지구가 평평했다고 믿었던 시대의 지중해 사람들은 지중해 끝 지브롤터 해협의 북아프리카 모로코와 이베리아 반도 사이의 좁은 해협에 헤라클레스의 두 기둥이 있고, 거기가 세상 끝이라고 믿었다. 이러한 사고의 한계선은 항행의 한계선이기도 했다. 대항해시대 이전에도 진취적 해양민족인 페니키아인들은 헤라클레스의 기둥을 넘나든 것으로 알려졌지만, 유럽인들이 본격적으로 헤라클레스의 기둥을 돌파하고 대항해를 시작한 것은 15세기부터였다.

15세기의 유럽은 크게 세 개의 지역에서 불꽃 튀는 경쟁을 벌이는 양상이었다. 동유럽에서는 오스만 제국의 공세로 동로마 제국이 멸망했고(1453년), 계속되는 오스만 제국의 영토 확장을 막기 위해 헝가리, 오스트리아와 교황령 등이 연합전선을 펴고 있었다. 서유럽에서는 영국과 프랑스가 흑사병과 농민반란 속에서도 휴전과 전쟁을 계속한 백년 전쟁(1337~1453년)이 단속적으로 부딪히며, 중앙집권적 국가의 틀을 잡아가는 중이었다. 그리고 이베리아 반도에서도 포르투갈과 스페인의 경쟁이 치열하게 펼쳐졌다. 다른 유럽 국가들이 유럽 안의 육지에서 패권과 이익을 위해 다투고 있었다면, 포르투갈과 에스파냐(본서에서는 '스페인'으로 기술)는 먼 바다 건너, 아직 지도에도 표시되지 않은 광활한 신세계를 두고 경쟁하기 시작했다.

15세기 대항해시대의 두 주역은 포르투갈과 스페인이다. 과거 육로로 수입할 수 있었던 향신료, 비단, 도자기 등 아시아 산품의 통로가 지중해 동쪽에 강력한 오스만 제국의 부상으로 막히면서 새롭게 해로를 발견해야 할 필요가 있었다. 이 경쟁에서 앞선 쪽은 경계에 서있던 포르투갈이었다. 포르투갈이 목숨을 걸고 대서양에 진출한 목적은 교역과 가톨릭 포교, 그리고 포르투갈 해안에 침투하는 해적 퇴치였다. 우선 가톨릭 기독교 문화와 이슬람 문화가 충돌하는 종교적 경계에 서 있던 포르투갈은 이슬람 세력의 지배에서 벗어나 영토를 회복하기 위해 강력한 군사력을 유지했고, 동시에 북아프리카의 이슬람권으로부터 금과 향신료를 수입하고 일부 문화도 흡수했다. 지리적으로도 포르투갈은 대서양과 지중해의 경계에 있었다.

중세유럽을 주도하고 경제와 문화의 중심지를 형성한 곳은 지중해 권이었다. 그 중심에는 이탈리아와 베네치아가 있었고, 이들 상인들이 확보한 무역 항로와 교역상품에 의해 정치경제의 주도권을 쥐고 있었다. 영국, 스페인, 프랑스 사이에 끼어 자국의 미래를 개척하려던 포르투갈 지배층의 창의적 발상은 결국 제한된 육지 대신 미지이지만 무한한 바다로 옮겨갈 수밖에 없었다. 당시 유럽인들이 세계에 대해 생각하던 상상력의 끝은 아프리카 서북부에 돌출한 보자도르 곶(Bojador Cabo, 대서양의 카나리아 제도 아래에 위치)에 멈춰 있었다. 당시 유럽 사람들은 헤라클레스의 기둥 너머의 바다인 카나리아 제도를 넘어서면 바닷물이 끓기 시작한다고 생각했다. 포르투갈은 유럽 최초로 유럽인들이 정해놓은 상상력의 장벽이었던 세상의 끝을 넘어서는 모험에 성공했다. 포르투갈은 대항해시대를 여는 수많은 탐험가들인 바르톨로뮤 디아스, 바스코 다 가마, 페르디난드 마젤란

(1480?~1521)을 배출하였다.*

한편 포르투갈의 이웃국가인 스페인은 711년부터 1492년 그라나다를 함락시킬 때까지 이슬람을 상대로 수세기 동안 '레콩키스타 Reconquista(국토 실지 회복 운동)'를 벌렸고, 동시에 카스티야와 아라곤을 통일시켜 스페인 왕국의 모습을 갖추느라 국력은 바닥이 났다. 그에 비해 포르투갈은 이미 1249년에 오늘날의 국토를 갖추고 14세기에는 내실을 기하며 아비스 Avis 왕조를 건국할 수 있었다. 그리고 14세기의 주앙 1세 John I(재위 1385~1433년) 때부터 왕권은 리스본의 상인계급과 결탁하였으며 영국과의 동맹이 시작되었다. 그러나 포르투갈도 이슬람세력과의 전쟁으로 나라가 피폐해졌고, 국부를 획기적으로 확대하는 국가전략으로 신항로 개척에 나섰다. 신항로 개척에 필요한 인력과 자본은 신성 로마 제국(962~1806)에 의존했다. 당시 신성 로마 제국의 도시는 르네상스 번영기 덕분에 경제적 잉여가 축적되었다. 더욱이 그들은 지중해무역으로 향신료를 고가로 상거래하면서 부를 추적했기에 이슬람이 막아선 중동의 육로 대신 대서양의 해로에 큰 관심을 가졌다. 포르투갈과 이들 국가와는 이해관계가 맞았고, 이들은 막대한 항해비용과 선박건조자금을 지원하였다.

포르투갈이 대항해를 선도하게 된 것은 엔히크 왕자의 해양 개척정신과 대담한 해양책략 때문이다. 아비스 왕조의 초대 왕인 주앙 1세의 셋째 아들 엔히크 Infante Dom Henrique de Avis (1394~1460) 왕자는 '항해왕 航海王'**이다. 항해왕자가 보다 정확한 표현이지만, '항해왕'이라 칭하는 것은 왕자

---

* 마젤란의 고국인 포르투갈에서는 '페르낭 드 마갈랑이스', 원정 후원국인 스페인에서는 '페르난도 데 마가야네스'로 불렸다. 하지만 영어식 철자가 유명하므로 이 책에서도 '페르디난드 마젤란 Ferdinand Magellan'으로 통일한다.

** 포르투갈어 발음은 '엔히크'이고, 스페인어 발음은 '엔리케'이다. 본서에서는 엔히크로 표기한다. '인펀티 Infante'라는 칭호는 왕자이지만 왕위를 계승할 예정이 아닌 자에게 붙는다. 포르투갈어에서 그의 이름에 붙는 '동 Dom'은 스페인어의 '돈 Don'과 같이 귀족에게 붙이는 칭호이다.

의 신분으로 탐험가들과 함께 대항해시대를 연 업적이 워낙 커서 우리나라가 장보고를 '해상왕 장보고'라고 부르는 것과 같다. 그는 '포르투갈의 미래는 해외항로에 있다'는 신념으로 아프리카 서해안의 신항로를 개척했고, 그의 사후 바스코 다 가마는 인도 항로 개척과 브라질 항로 개척의 토대를 마련했다. 1415년에는 아버지 주앙 1세와 함께 지브롤터 해협을 건너 아프리카 북쪽 해안의 '세우타 Ceuta'를 점령해서 북아프리카에 거점을 세웠다. 세우타는 북아프리카 이슬람권의 무역중심지였다. 세우타는 남아프리카의 황금과 상아, 중국과 인도에서 오는 물품들의 집결지였다. 엔히크는 세우타로 들어오는 물품에 이윤을 붙여 유럽에 판매하여 막대한 수익을 얻었다.

엔히크 왕자의 해양 탐험에는 둘째 형 페드루 D.Pedro의 영향도 컸다. 1425년 동유럽 지역을 돌아온 페드루 왕자는 오스만 제국을 가까이 접하면서 이슬람교도들의 위협을 실감했다. 그는 엔히크를 위해 1428년 베네치아에서 마르코 폴로의 《동방견문록》 사본과 베네치아인들이 만든 세계지도와 해도를 구해주었다. 어쩌면 《성경》과 《동방견문록》은 15세기 대항해시대의 해양탐험가들에게 필독서였던 것 같다. 엔히크 왕자는 새로 발견한 아조레스 군도에 식민지를 개척하면서 5년 동안 끊임없이 탐험대를 아프리카 서해안 카나리아 군도 남쪽 '암흑의 바다'인 보자도르 곶 앞바다로 보냈다. 엔히크 왕자는 이 일을 계기로 인도나 사하라 사막 남쪽 지역과 교역할 수 있는 항로를 개척하였고 더 넓은 세상과 더 큰 부를 꿈꾸었다. 먼 바다를 항행할 수 있는 배와 항해도를 제작하기 시작했다. 엔히크 왕자 시기의 포르투갈은 3개의 마스트를 지닌 최신형 선박인 '카라벨 Caravel'을 개발했고 마침내 적도를 넘어 1434년에는 유럽인들이 항해를 못한다고 여겼던 보자도르 곶 남쪽 지역까지 진출했다. 엔히크 왕자는 포르투갈 최남단의 사그르스 곶에 '왕자의 마을 Vila do Infante'을 만들어 조선소와 항해술·지도

제작법 등을 가르치는 학교 등을 세워 유능한 인재들을 모아 천문, 지리, 항해술, 조선술 자료 수집 및 연구에 아낌없이 투자했다. 또한 코임브라 대학에 천문학 강좌를 개설하는 등 인재양성으로 포르투갈의 해양 진출을 뒷받침했다. 이처럼 엔히크 왕자가 주도한 항로 개척이 성과를 거두면서 엔히크 왕자는 새로 왕위에 오른 큰 형 두아르트 1세에게서 보자도르 곶 남쪽 지역에서 얻는 이익의 5분의 1을 받기로 했다. 1450년대에는 카보 베르데 군도를 발견했고, 1460년대에는 현재의 시에라리온 연안까지 도달했다. 이로써 엔히크 왕자는 사하라 사막 남쪽 지역을 잇는 항로를 개척하겠다는 당초의 꿈을 이룩했다.

　엔히크 왕자의 리더십으로 포르투갈은 다른 유럽 국가보다 먼저 해상 주도권을 거머쥘 수 있었다. 수많은 젊은이가 항로 개척에 뛰어들었고, 위험한 항해에 기꺼이 목숨을 바쳤다. 엔히크 왕자의 적극적인 항로 개척과 식민지 사업 전개가 수많은 젊은이에게 새로운 비전을 선사해줬기 때문이다. 당시 포르투갈 국왕은 젊은이들이 제안하는 해양항로 개척계획서를 면밀히 검토했고, 도전과 모험의 가치가 있다고 판단되면 필요한 자금과 선박을 기꺼이 내줬다. 현대적인 개념으로 보자면 신항로 개척 계획서를 올린 탐험가는 벤처 기업인이고, 선박과 자금을 후원하는 국왕은 벤처 투자자이며, 탐험가가 이끄는 항해는 벤처 비즈니스인 셈이다. 벤처 비즈니스의 특성상 당시 신항로 개척은 '고위험·고수익' 사업이었다. 자칫 목숨까지 잃을 수도 있는 일이었지만 야망에 불타는 젊은이들은 너도나도 저마다의 비전을 품고 과감히 도전했다. 이처럼 젊은 인재들의 모험과 도전정신을 한껏 북돋워준 덕분에 포르투갈은 일찌감치 대항해시대를 열었다. 주경철 교수의 책 《문명과 바다, 2009》에서는 당시 포르투갈 총인구를 100만 명으로 추정하고 16세기 해외로 나간 포르투갈 인들의 규모를 대략 10만 명으로 추산

했다. 이는 전체 인구의 10%이며, 남자인구로만 본다면 35% 비중이다. 당시 평균수명을 고려할 때, 포르투갈에 경제활동이 가능한 성인남성의 절대적 비중이 해외항로 개척에 올인 된 것이다. 여전히 농경사회에 머물러 있던 당시의 여타 유럽 국가와 달리 포르투갈은 해상무역과 식민지 개척을 통해 신산업을 발굴하고 국가 성장 동력으로 삼았다. 그 결과 포르투갈은 역사에 길이 빛나는 대항해시대의 선구자로서 영광을 누릴 수 있었다.

《항해왕 엔히크 왕자의 해양책략》을 요약하면 ① 담대한 도전정신으로 인도양으로 이르는 신항로를 개척한 점, ② 아프리카 자원을 유럽과 연결시킨 점, ③ 탁월한 발상인 다국적 비즈니스모델의 성공, 그리고 ④ 해양개척을 위해 젊은 인재를 양성한 점 등이다. 그의 해양책략에 힘입어 포르투갈은 단시간에 유럽의 강자이자 부국으로 변모했다. 그는 세네갈에 황금과 상아기지를 만든 후 다시 세우타로 운반했다. 물품결제는 자신이 주조한 금화를 이용토록 함으로써 거래이익을 증대시켰다. 또한 그는 베네치아의 사탕수수 거래를 눈여겨본 후 아프리카의 포르투칼 영토인 마데이라 Maderia 제도와 카나리아 Canary 제도(1496년 이후 스페인 영토)에 새로운 사탕수수 생산농장을 개척하고, 포르투갈 남쪽에 설탕공장을 세웠다. 투자 자본은 제네바와 베네치아 상인들로부터 지원받고, 기술자는 이탈리아에서 데려왔으며, 농장노동력은 아프리카 베르데 곶 연안의 노예들을 이용했다. 생산원가를 대폭 낮춘 엔히크 왕자의 설탕은 유럽시장을 독점했다. 설탕사업을 통해 제노바 상인, 세비야 상인과 스페인 관리의 네트워크도 성장했다.

크리스토퍼 콜럼버스도 설탕무역에 깊게 관여하였으며 카나리아 제도에서 설탕을 생산하는 동향의 제노바 상인과는 긴밀한 관계를 유지했다. 콜럼버스를 대서양으로 보낸 것은 카나리아 제도의 설탕사업자라고 해도 과언이 아니다. 콜럼버스는 1470년대부터 제노바 상인의 대리인으로서 마데이라 제도의 포르투 산투 섬에 설탕 구매를 위해 방문하여 섬의 초대 총독 바르톨로메오 펠레스토렐로의 딸 펠리파와 결혼하였고, 1480년대 이후 그 섬에서 대서양을 서쪽으로 항해하는 사업을 구상했다.[1]

어촌에 불과했던 리스본은 유럽 경제중심지가 됐다. 유럽 변방의 포르투갈은 해외식민지 개척으로 국력이 신장되었다. 엔히크 왕자가 1460년 11월 죽은 뒤에도 포르투갈은 아프리카 서부 항로의 개척을 계속 추진하여 1488년에는 마침내 바르톨로뮤 디아스가 아프리카 최남단 희망봉에 이르렀다. 이처럼 엔히크 왕자는 대항해시대의 문을 열어 포르투갈의 융성을 가져왔고, 지금까지도 포르투갈 국민들은 수많은 왕과 제후들보다 엔히크 왕자를 존경한다. 콜럼버스의 대서양 탐험은 아프리카 항로 개발, 마데이라제도와 카나리아 제도의 설탕농장 등 엔히크 왕자의 그랜드 디자인에서 출발했다 해도 과언이 아니고, 이렇게 엔히크 왕자의 꿈은 콜럼버스의 대항해시대로 이어졌다.

엔히크 왕자 사후에 포르투갈은 바르톨로뮤 디아스 Bartolomeu Dias(1451~1500)가 1488년 아프리카 남단의 희망봉에 도착했다. 폭풍으로 거의 2주간 표류하다가 선원들이 고생 끝에 폭동을 일으킬 분위기가 되자 어쩔 수 없이 되돌아왔다. 귀항 시 케이프 곶을 발견하여 '폭풍의 곶 Cape of Storms'이라 명명하였지만, 뒤에 주앙 2세는 이를 '희망봉 Cape of Good Hope'으로 바꾸었다. 디아스의 발견은 곧 이어 탁월한 후계자인 바스코 다 가마 Vasco da Gama(1469~1524)의 인도 항로 개척으로 이어진다. 바스코 다 가마는 포르투갈의 항해자로 포르투갈 왕 마누엘 1세의 인정을 받아, 1497년 7월 세 척의 선박과 한 척의 식량 운반선, 그리고 바르톨로뮤 디아스 등으로 구성된 175명 선원의 원정대 대장으로 리스본 벨렘 항구를 떠났다. 동행한 노련한 선배 디아스의 조언대로, 바스코 다 가마는 시에 라 레온

앞바다에서 대서양을 서쪽으로 크게 우회하는 혁명적 항법을 사용했다. 11월 희망봉을 돌아 대륙 동해안을 북상하여 모잠비크·몸바사를 통과, 1498년 4월 케냐 남동부에 있는 항구도시 말린디 Malindi에 도착하였다. 모잠비크에서는 이슬람교도들의 공격을 받아 범선 1척을 잃었으나, 우호적인 말린디에서는 중세 아랍의 최고 수로전문가로 알려진 이븐 마지드 Ibn Mājid의 도움으로 인도양을 횡단할 수 있었다.

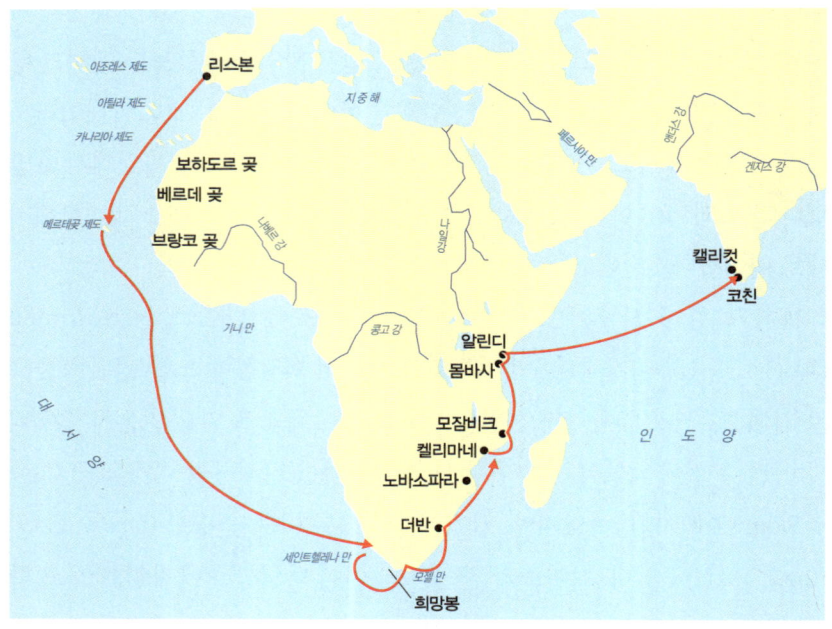

그림 7.1. 바스코 다 가마의 인도 항로 탐험 항적

바스코 다 가마는 끝내 1498년 5월 20일 캘리컷에 도착, 포르투갈의 70년에 걸친 인도 항로 발견의 대사업을 성취하였다. (그림 7.1) 그러나 독점무역에 위협을 느낀 이슬람 상인들의 방해와, 무력에 대한 지방 영주들의 경계심 때문에 정식 통상교섭은 난항을 거듭, 3개월 만에 약간의 향료를 입수하고 귀환의 항해를 시작했다. 1498년 10월 인도양을 횡단하여 올 때와 반대되는 방향으로 항해하여 1499년 9월 가까스로 리스본에 귀환하였을 때는 겨우 44명의 선원이 살아 돌아왔고, 바스코 다 가마는 대대적인 환영과 함께 귀족이 되어 연금을 받았다. 그들의 항해는 총 2년이 걸렸고 약 42,000km를 항해했다. 그 후 인도무역은 해마다 확대되었으며 현지인과의 마찰도 점차 격화되어, 그가 1502년 다시 15척의 대함대를 인솔하고 인도에 건너갔을 때에는 이슬람과 힌두 연합함대의 반격을 받았다. 이를 격파하고 코친·카나놀 등 각지에 무역소를 설치, 인도무역 독점의 기초를 다졌다. 그 뒤 바스코 다 가마는 백작에 봉해지고, 국왕의 인도정책 고문이 되었다. 1524년 54세가 되었을 때 국왕을 대신하여 현지 공관의 부패숙정을 위해 인도에 갔으나, 과로가 겹쳐 코친에서 죽었다.[2]

역사나 개인에게 한 사건이 처음에는 엄청난 실패로 생각했지만, 나중에는 엄청난 성공으로 평가된 사건이 적지 않다. 포르투갈의 인도를 향한 원정대의 해군 총사령관이었던 페드로 알바레스 카브랄 Pedro Álvares Cabral(1468~1520)이 1500년 폭풍에 떠밀려 브라질 항로를 정말 우연하게 발견한 것이 바로 그런 사건이다. 카브랄은 바스코 다 가마의 인도 항로를 재확인함과 동시에 포르투갈의 해로로 굳히라는 왕명을 받고 인도를 향해 10척의 선박과 3척의 카라벨 선으로 리스본을 떠났다. 희망봉 항로를 개척한 바르톨로뮤 디아스와 저명한 지도제작자인 두아르트 파셰쿠 페레이라 등이 포함된 1,500명이 함대에 포함되어 있었다. 카브랄은 항해 도중 폭풍을 만나 의도하지 않게 브라질에 표착하였다. 그러나 해안가를 보고 그곳이 인도가 아니라는 걸 깨달았다. 브라질에 상륙한 카브랄은 자신이 도달한 곳이 섬이라고 생각했으며, '베라 크루스'(진정한 십자가)라 이름 지었다.

그는 이곳을 포르투갈령으로 명명하고 이 발견을 포르투갈에 보고했다. 바로 카브랄의 이 우연한 발견과 보고는 포르투갈과 스페인이 세계바다를 양분한 역사적 문서인『토르데시야스 조약』에 의해 브라질 연안에 대한 포르투갈의 영유권을 주장할 수 있는 근거가 되었다.

카브랄의 인도 항로 실패가 브라질에 대한 포르투갈 영유권으로 이어진 엄청난 사건이었다. 카브랄은 브라질의 베라크루스에 열흘 간 머무른 후 해안에 몇 명의 죄수를 남겨 놓고, 대서양을 건너 희망봉을 돌아 인도를 향해 원정을 계속하여 바스코 다 가마에 이어 포르투갈과 인도에 이르는 신항로 개척을 굳혔다. 멕시코에서 아르헨티나, 칠레에 이르기까지 라틴아메리카의 대부분 나라는 스페인과 전쟁을 벌여 스페인으로부터 독립을 했다. 하지만 유독 포르투갈의 식민지였던 브라질만은 본국 포르투갈의 왕족이 분열하면서 독립을 쟁취한 케이스다. 1822년 9월 7일 포르투갈의 황태자 돔 페드루 Dom Pedro가 포르투갈로부터 브라질의 독립을 선언했다. 아버지 주앙 6세는 포르투갈 황제, 아들 페드루 1세(재위 1822~1831년)는 브라질 황제가 됨으로써 제국이 둘로 쪼개진 것이다.

포르투갈과 스페인은 신대륙인 미주 대륙으로 이르는 항로개척을 놓고 치열하게 경쟁했다. 1498년 크리스토퍼 콜럼버스가 남아메리카 본토를 발견했고, 1499년에는 스페인 원정대가 오늘날의 베네수엘라 지역을 탐험하러 갔었다. 같은 해에 바스코 다 가마는 인도로 향하는 역사적인 항해를 마치고 포르투갈로 돌아왔다. 그리고 1500년 카브랄의 지휘 아래 바스코 다 가마의 인도 항로 확인과정에서 브라질 항로를 발견했다. 한편 대항해시대의 해양탐험가로 중요한 사람은 이탈리아 피렌체 출신의 항해가인 아메리고 베스푸치 Amerigo Vespucci(1454~1512)이다. 아메리고 베스푸치는 1479년 메디치가와 관계를 맺고 일하다가, 1491년부터 스페인 세비야의 메디치가 상관에 파견되었다. 뒤에 베스푸치는 콜럼버스의 2·3차 항해에 쓰일 배의 건조 작업을 도왔고, 1497~1503년 기간 동안 신대륙에 여러 번 항해했다. 1505년에는 스페인의 시민이 되었으며 신대륙의 무역을 관장하는 통상업무에 종사했고, 1508년 이 통상원의 수석 항해사로 임명되었다. 그는 1499년부터 1504년 기간에 세 차례나 콜럼버스가 발견한 중남미 일원을 탐험했고, 유럽인에게는 미지의 '신세계 New World'라고 주장했다.

콜럼버스가 인도라고 주장한 것을 수정하여 아메리카가 신대륙이라는 것을 주장한 사람은 아메리고 베스푸치이다. 그의 이름 '아메리고'에서 '아메리카'라는 지명이 유래되었다는 설이 있다. 오늘날 우리들이 사용하고 있는 브라질과 베네수엘라는 모두 베스푸치가 명명한 이름에서 유래한 것이다. '베네수엘라'는 '작은 베네치아'라는 뜻이다. 아메리고 베스푸치는 포르투갈 원정대의 일원으로 브라질에 가기도 했지만, 1501년 이후의 일이었다. 콘타리니 세계지도가 가지고 있던 지리적 혼동을 극복하고 아메리카 대륙의 존재를 아시아 대륙으로부터 완전히 독립시킨 인물은 독일의 지도 제작자였던 마틴 발트제뮐러 Martin Waldseemüller(1475~1522)이다. 발트제뮐러가 아메리고 베스푸치의 신대륙 탐험 기록을 바탕으로 1507년에 제작한 세계지도에 최초로 아메리카라는 신대륙의 이름을 포함시킴으로써 그의 지도는 '아메리카 대륙의 출생증명서(America's Birth Certificate)'라는 별명으로 불리게 되었다.[3]

포르투갈은 바스코 다 가마의 세 차례(1497~1524년)에 걸친 인도 항로 개척과 원정으로 당시 인도양과 아라비아 반도를 지배하던 이슬람의 맘루크 왕조와 해전에서 결정적으로 승리하면서 인도양을 제패했다. 포르투갈은 1510년 인도의 고아를 점령하고, 1511년 포르투갈은 인도에서 더욱 동쪽으로 진격해서 말라카를 점령하고, 남중국해로 진출했다. 인도네시아의 암보이나, 몰루카 제도를 정복했고, 중국의 마카오를 점령한 후 일본에도 도달했다. 포르투갈은 몰루카 제도를 인도 다음으로 중요한 식민지로 인식했고 향료제도라고 명명했다. 그러나 포르투갈은 인도 및 인도네시아 몰루카에서 획득한 막대한 양의 후추를 대량으로 유럽에 수입함으로써 후추는 희소성을 잃고, 후추거품경제로 포르투갈은 경제가 어려워졌다. 자본을 빌려주었던 이탈리아 및 독일의 부유층도 자본을 회수하면서 포르투갈의 영광은 쇠퇴하기 시작했다. 포르투갈은 적은 인구에 비해 글로벌한 해상영역과 해외기지를 감당하기에는 국력이 벅찼다. 폴 케네디가 《강대국의 흥망》에서 지적한 '과잉팽창이 몰락을 가져온 사례'이다. 결국 포르투갈은 경제 파탄으로 1580년에 스페인에 병합됐고, 이것은 1640년까지 이어졌다.

2. 스페인 이사벨 여왕이 후원한 《콜럼버스의 해양책략》

스페인은 711년부터 1492년까지 무려 780년 동안 이슬람 제국과 국토 실지 회복을 위한 '레콩키스타 Reconquista' 독립전쟁을 치렀다. 이사벨 1세 여왕(재위 1474~1504년)은 페르난도 2세와 결혼하여 이슬람 국가인 그라나다를 마지막으로 정복하는 전쟁을 완료함으로써 1492년 1월 2일 남편과 함께 통일 스페인 왕국의 공동 통치자로 등극하였다. 8세기 동안의 전쟁으로 스페인의 국력은 고갈됐고 인구는 크게 감소됐다. 스페인은 레콩키스타 전쟁의 와중인 13세기 말 십자군 전쟁에도 참전하여 가장 큰 공헌을 했지만, 억울하게도 전쟁의 과실인 '향신료 무역'은 베네치아를 비롯한 지중해 연안도시들이 차지했다. 스페인은 인도양 산지 가격에 비해 50배나 비싼 향신료를 구입해야 했다. 그런 상황이기에 스페인은 인도양으로 가는 신항로 개척에 나섰다. 신항로만 찾으면 베네치아 상인들에게 비싼 값을 치르지 않아도 되고, 오히려 수백 배의 이윤을 남길 수 있었기 때문이다. 이때에 등장한 것이 이탈리아 제노바 출신의 크리스토퍼 콜럼버스 Christopher Columbus(1451~1506)였다. 1492년은 스페인이 레콩키스타를 완료한 해이고, 콜럼버스는 이사벨 여왕을 만난 행운의 해였다. 그 해 4월 17일 이사벨 1세는 파격적인 조건으로 콜럼버스와 후원협약을 체결했다.

크리스토퍼 콜럼버스(이하 본서에서는 '콜럼버스'로 표기)가 아메리카 대륙에 도착했던 1492년 당시 지중해 유럽 국가들은 '팽창과 발견의 시대'를 열고 있었다. 이들은 해외에서 새로운 땅과 자원을 얻으려 탐험대와 무역선을 경쟁적으로 보냈다. 콜럼버스는 로마 제국을 건설했던 이탈리아의 후예였지만, 불운하게도 자기 조국 이탈리아를 위해 천재성을 발휘하지 못하였다. 왜냐하면 당시 이탈리아는 프랑스에 무너졌고, 니콜로 마키아벨리(1469~1527)가 강력한 군주의 출현에 의한 강한 이탈리아를 염원했던 시기였지만 작은 도시국가들로 분열되어 해외 팽창에 뛰어들 국력을 갖추지 못했기 때문이다. 그러한 해외 팽창과 신대륙 탐험사업은 국가 정책을 일관성 있게 추진해 나갈 강대국에서만 가능했다. 그러한 강대국들은 '민족국가 nation state'의 초보 단계였던 '민족군주국 national monarchy'들이었다. 그들은 강력한 군주를 중심으로 국민을 통합하려던 포르투갈과 스페인 같은 절대 왕정의 국가들이었다.[4]

11세기 말에서 13세기 말 사이 8회에 걸쳐 감행한 십자군 전쟁 이후 지중해를 중심한 유럽인들은 동양에 가면 황금과 향신료가 넘친다는 말에 일확천금의 기대감이 컸다. 또한 가톨릭교를 전파하고 싶은 욕심에 인도와 동양은 동경의 대상이었다. 그때 육로는 오스만 제국이 차지하고 있었기 때문에 유럽인들은 낙타 대신 배를 타고 동양으로 가는 항로를 찾아 도전하였고,

많은 사람 중에 하나가 콜럼버스였다. 그러나 해로로 가는 것은 쉽지 않았으며, 더욱이 항해에는 커다란 배와 많은 선원들, 그리고 이를 뒷받침할 막대한 자본이 필요했다. 이탈리아 남서 해안 항구 도시이자 조선업이 발달한 제노바(영어로는 제노바 Genoa)에서 자란 콜럼버스는 자연스럽게 바다를 보면서 꿈을 키웠고, 이탈리아 상인들과 동양 상인들 간의 상거래를 보면서 동양무역에 관심을 갖게 되었다. 꿈을 실현시켜 줄 결정적인 계기는 큰 위기를 겪고 나서 도래했다. 1476년 나이 25세 때 콜럼버스가 탑승한 제노바의 상선이 프랑스와 포르투갈 해적선의 공격을 받아 침몰했지만, 그는 기적적으로 살아나 포르투갈의 리스본으로 삶의 터전을 옮겼다. 리스본은 대서양을 향해 열린 유럽의 거대 항구였고 그곳은 막 항해를 마치고 온 선장들과 미지의 땅에 대한 도전정신으로 가득한 사람들이 활발히 살아 움직이고 있었다.

　콜럼버스는 무역항인 이탈리아 제노바에서 태어났지만, 포르투갈 리스본에서 부유한 포르투갈의 관리이자 선장인 장인을 만나 대서양의 바람과 해류에 관한 항해 지도와 선장 일지, 지도 등을 물려받았고, 이를 바탕으로 리스본 최고의 해도제작자가 됐다. 그리고 스페인 이사벨 여왕의 후원을 받아 신대륙 탐험에 나섰다. 콜럼버스는 당시 세계문명의 중심인 지중해 3개국 이탈리아, 포르투갈, 스페인을 돌며 각 나라의 언어는 물론 세계상업과 탐험에 대한 정보와 기술을 몸으로 체득한 것이다. 야심 찬 콜럼버스는 라틴어, 포르투갈어, 카스티야 언어에 능통했고, 막대한 투자가 요구되는 그의 탐사계획을 포르투갈과 스페인 왕에게 그들의 언어로 설득할 지략과 용기를 가졌다. 그는 당시 선박인 '카라벨'의 조종기술을 익혀 북대서양의 아일랜드와 아이슬란드까지 항해했다. 마침내 콜럼버스는 지구가 둥글다는 《지구구체설 地球球体設》을 주장하며, 기존 항로와 반대방향인 서쪽으로 돌아 인도에 도착할 수 있다는《콜럼버스의 해양책략》을 창안했다.

그러나 콜럼버스의 해양책략에 소요될 탐험비용은 왕들조차 쉽게 승낙할 규모를 넘었다. 콜럼버스는 탐험자본 자금을 얻기 위해 무려 1484년부터 8년 동안 포르투갈, 프랑스, 스페인 등 유럽 각국의 왕실을 접촉했다. 처음 접촉한 것은 포르투갈의 주앙 2세였다. 그러나 포르투갈은 이미 유럽과 인도를 잇는 희망봉을 발견한 뒤 동쪽으로 항로개척을 본격적으로 추진 중이었고, 포르투갈 학술위원회도 허황된 논리와 거대규모 투자라며 콜럼버스의 책략을 기각했다.《콜럼버스의 해양책략》에 소요되는 신대륙 탐험비용은 여러 학설이 있지만 본서에서는 중국학자 천위루와 양천이 주장한 '최초 제안 200만 마라베디 maravedi, 최종 타결 165만 마라베디'를 인용하기로 한다.[5] 당시 스페인 일반가정의 한 달 생활비가 610마라베디임을 감안할 때, 탐험비용 165만 마라베디는 오늘날 환산기준으로 약 58억 원의 거대한 규모였다. 다음 접촉한 나라는 스페인이었다. 스페인 학술위원회도 콜럼버스의 해양책략을 기각시켰지만, 1492년 4월 17일 이사벨 여왕은 놀랍게도 콜럼버스와『산타페 협약 Capitulations of Santa Fe』을 체결했다. 콜럼버스는 이사벨 스페인 여왕으로부터 140만 마라베디를 후원받고, '상인'들로부터 추가로 25만 마라베디를 얻어 신항로 탐사에 나섰다.

여기서 '상인'이란 콜럼버스와 동향의 제노바 출신이며, 카나리아 제도에서 설탕사업을 하던 피넬리와 리바넬로, 거상인 산탄헬, 피렌체 은행가 베랄디 등이라고 일본학자 미야자키 마사카츠는 주장한다.[6] 콜럼버스는 포르투갈의 엔히크 왕자가 시작한 아프리카 카나리아 제도의 설탕무역에 깊게 관여하였으며, 카나리아 제도에서 설탕을 생산하는 동향의 제노바 상인들과 긴밀한 관계를 유지했다.

콜럼버스는 1470년대부터 제노바 상인의 대리인으로서 포르투갈 영토인 마데이라 제도의 포르투 산투 섬에 설탕 구매를 위해 방문하여 섬의 초대 총독 바르톨로메오 펠레스토렐로의 딸 펠리파와 결혼하였다. 그가 해상 탐험 세계의 막강한 실력자인 장인을 얻은 것은 독수리가 날개를 얻은 격이다. 콜럼버스는 1480년대 이후 그 섬에서 대서양 서쪽으로 항해하는 해양책략을 구상했다. 카나리아 제도의 설탕사업자가 콜럼버스를 대서양으로 보냈다고 해도 과언이 아닐 정도로 카나리아 제도의 제노바 상인들은 모두 콜럼버스가 서쪽으로 항해하여 아시아에 도달하려는 사업을 적극 지원했다. 상인의 입장에서 보면 만약 탐험이 실패해도 대서양에 새로운 섬이라도 하나 발견되기만 하면 큰 이익을 얻을 수 있었기 때문이다. 제노바 출신의 세비야 상인 프란체스코 피넬리는 1480년 이후 카스티야 왕실의 면죄부 판매금을 관리하고 있었고, 동향인 제노바 출신의 프란체스코 리바넬로와 함께 카나리아 제도의 그란 카나리아 섬의 설탕 생산을 담당하는 대표적인 상인이었다. 피넬리는 콜럼버스의 사업에 대한 최대 출자자였으며, 리바넬로도 역시 히스파니올라 섬의 총독의 지위를 잃은 콜럼버스가 기사회생을 위해 실시한 제4차 항해(1502~1504년)에 출자했다. 최종적으로 이사벨 여왕에게 콜럼버스를 추천하고, 필요한 경비의 신청을 조달한 것도 설탕 상인과 관계된 아라곤 왕국의 재무장관이자 거상인 루이스 데 산탄헬이었다. 콜럼버스의 탐험 비용은 산탄헬이 그의 자산과 자신이 관리하는 아라곤의 징세국의 금고에서 17.5%를, 카나리아 제도의 설탕 생산으로 이익을 올리고 있었던 제노바 상인 피넬리가 70%를, 콜럼버스 자신이 12.5%를 세비야의 피렌체의 은행가 베랄디로부터 빌려서 충당했다.[7]

당시 콜럼버스가 아메리카 신대륙을 탐험하게 된 요인을 윤경철은 다음과 같이 정리했다.[8] ▲당시 지구의 7분의 6을 육지로 생각하였기 때문에 좁은 바다로 항해하면 훨씬 빨리 인도에 도착할 것이라는 생각, 특히 천문학자이며 지리학자인 프톨레마이오스의 세계 지도에는 인도양이 유럽과 가까운 내해로 표기됨 ▲콜럼버스의 용기 그리고 돈벌이와 출세에 대한 욕심 ▲그리스의 학자인 포시도니우스 Posidonius의 작게 계산된 지구 둘레 값 (28,800km) ▲1474년에 토스카넬리 Toscanelli로부터 받은 한 장의 편지 ▲넓은 땅에서 부유하게 사는 동방으로 가면 금은보화를 가져올 수 있다는 마르코 폴로의 《동방견문록》 ▲에스파냐 이사벨 여왕의 동방(인도) 진출 의지.

《콜럼버스 해양책략》을 요약 분석해보자.

첫째, 벤처창업가인 콜럼버스가 엔젤 투자가인 이사벨 여왕을 만났다.

오늘날의 벤처 비즈니스에 비유하면 콜럼버스는 기업가정신을 가진 '벤처창업가'였고, 스페인의 이사벨 여왕은 '엔젤 투자가'였다. 페르난도 왕과 이사벨 여왕의 콜럼버스에 대한 《영예와 은전에 대한 산타페협약 Capitulations of Santa Fe, 1492》 계약조건은 "① 콜럼버스 자신과 후손들에게 귀족의 칭호 '돈(Don)'과 제독의 계급 요구 ② 새로 발견된 땅에서 얻는 수입의 10%, 모든 무역 거래의 8분의 1을 콜럼버스의 지분으로 줄 것 ③ 그가 발견한 땅이 식민지가 될 경우 총독 임명"이었다. 향신료는 해외수입에 전적으로 의존해야 했고, 음식과 약품으로 두루 쓰인 귀중한 희귀품이었다. 인도로 가는 또 다른 첩경의 해로를 발견하는 것은 어렵고 위험했지만 도전할만한 벤처사업이었다. 신항로 개척에서 포르투갈보다 한 발 뒤처졌던 이사벨 여왕이기에 이를 만회하기 위해 콜럼버스의 '기상천외의 발상'에 파격적인 조건으로 승부를 걸었다. 콜럼버스와 동향의 제노바 출신이며, 카나리아 제도에서 설탕사업을 하던 상인 친구들도 재정적 후원을 함으로써 콜럼버스는 최고의 항해 팀을 구성했고, 선박과 보급물자를 갖추게 됐다.

둘째, 《지구-구체설》의 과학이론과 《동방견문록》의 지적 호기심이 위대한 상상력과 위대한 착각, 그리고 신항로와 신세계를 열었다.

콜럼버스는 15세기 세계문명의 중심이던 지중해 국가를 돌며 세계탐험의 통찰력을 얻었고, 담대하고 창의적인 생각·지식·이론과 실무능력을 갖춘 준비된 개척자였다. 콜럼버스의 탐험 목적은 중국과 인도로 가는 새로운 무역 항로를 찾아 경제적 이익을 얻는 것이었지만, 과학적 동기도 있었다. 콜럼버스가 지구가 둥글다는 《지구구체설》을 신봉한 것은 옳았지만, 지구의 크기와 동·서양 간의 거리계산은 치명적 오류였다. 그러나 그 오류조차도 미지의 세계를 발견한 동인이 되었다. 《지구구체설》은 BC 350년에 아리스토텔레스가 "지구 둘레 길이가 60,000여 km이며, 그리스에서 인도까지는 대서양 쪽으로 항해할 경우 얼마 걸리지 않는다. 지구는 둥글기 때문에 계속 일직선으로 항해하면 결국 출발 지점으로 되돌아온다."는 이론적 논거를 주장했고 콜럼버스는 이 내용을 철석같이 믿었다.[9] 1세기경에는 천문학자이자 수학자인 프톨레마이오스도 서쪽으로 가면 인도에 도달한다는 주장 또한 콜럼버스에게 큰 영향을 주었다. 한편 당시 베네치아의 지도 제작법은 13세기에 마르코 폴로가 유럽으로 가져온 다양한 정보로 크게 발전했다.[10]

그는 천문·지리·역사에 대해 널리 읽었다. 역사가 에드먼드 모건의 콜럼버스에 대한 평이다. "그는 학자가 아니었지만 다방면의 책 들을 공부했고, 수백 개의 경계 표기법들을 연구했고, 세상에 대한 아이디어와 함께 때로는 잘못된 세상을 배웠다."[11] 콜럼버스가 가장 소중히 읽었던 책은 마르코 폴로의 《동방견문록》이다. 그의 항해일지에는 "이제 몽골 제국의 황제인 쿠빌라이 칸을 만날 것" 이라는 구절이 많았다. 중국, 일본, 향료 제도 등 황금과 향료로 가득 찬 나라에 대한 마르코 폴로의 묘사가 유럽의 대항해시대를 열었다고 해도 과언이 아니다. 마침내 콜럼버스는 대서양을 가로질러서 동양으로 가겠다는 해양책략을 세웠고, 당시 최고의 지도·해도 제작자인 파오로 토스카넬리 Paolo dal Pozzo Toscanelli는 콜럼버스에게 격려편지를 보냈다. "콜럼버스 귀하, 당신의 생각대로 서쪽으로 가는 것이 인도로 가는 가장 빠른 길이 될 것입니다. 대서양을 가로지르는 것입니다." 콜럼버스도 그렇게 생각했다. 그가 계산한 수치는 실제와는 4배나 차이가 나는 것이었지만, 이 위대한 오류가 위대한 발견이 될 줄은 콜럼버스 자신도 몰랐다. 콜럼버스의 해도에는 포르투갈에서 일본까지 거리가 겨우 2,400해리로 실제 거리가 1만 해리가 넘는데 차이가 나도 너무 났고, 바다는 지구면적의 6분의 1에 불과했다. 콜럼버스가 그러한 과학적 오류를 믿고 위험한 항해를 떠날 수 있었던 것은, 역설적으로 그가 당시 최고 수준의 과학 지식인이기 때문이었다.

콜럼버스가 아메리카를 발견했다고 하지만 실제로는 그의 해도에 없었던 땅을 '우연히 발견했다'고 하는 것이 좀 더 맞는 표현이다. 당시 최고의 지도·해도 제작자의 한 사람이었

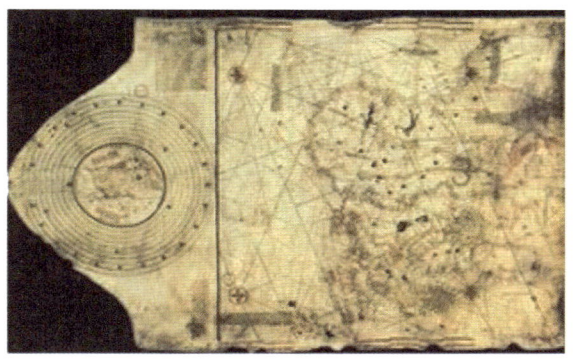

그림 7.2. 콜럼버스의 지도(위)와 마르코 폴로의 《동방견문록》(아래)

던 콜럼버스가 해도에 없는 곳으로 갔다는 것은 역사의 불가사의다. 콜럼버스는 죽을 때까지도 자신이 발견한 신대륙이 지구 어디쯤에 있는지, 그리고 자신의 발견이 그 후 세계사에서 얼마나 중요한 일이었는지 몰랐다. 콜럼버스는 인도의 중심부로 가는 뱃길을 찾기 위해 1504년까지 네 차례에 걸쳐 멕시코 만 남쪽 바다를 샅샅이 탐험하였지만 목적을 달성하지 못하였다. 콜럼버스는 자신이 죽는 날까지 신대륙을 금과 향료의 나라 '동양'이라고 믿고 싶었고, 믿었다. 그러나 그 곳이 동양이 아니라 아메리카 대륙이라는 진실은 그 후 1499년에서 1504년 동안 아메리고 베스푸치 Amerigo Vespucci에 의한 중남미 대륙 탐험과 1513년에 스페인의 탐험가이자 식민지 통치자인 바스코 발보아 Vasco Nunez Balboa(1475~1517)에 의해 확인되었다. 발보아는 카리브 해 방향에서 육지에 올라 오늘날의 파나마 지협을 걸어서 태평양에 도착했던 것이다.

셋째, '콜럼버스의 달걀'에서 보듯이 'First Mover'였다.

콜럼버스의 항해와 신대륙 발견은 흔히 모험과 용기와 개척 정신의 상징으로 회자된다. 콜럼버스는 역사적으로 행운과 불운을 동시에 지닌 아이콘이다. 고생 끝에 신대륙을 처음 발견하였음에도 불구하고, 그는 항상 시기의 대상이었다. 그리고 신대륙의 명칭도 또 다른 탐험가인 아메리고 베스푸치의 이름을 따라 아메리카로 불리게 되었다. 아메리카 대륙 발견은 콜럼버스가 첫 번째가 아니라는 논란, 서인도 제도가 향신료와 금, 은이 넘치는 곳이 아닌 점, 아메리카 대륙을 본격 탐험한 사람이 아닌 점 등 훗날 비판과 질시가 따랐지만, 그가 비범한 용기와 행동의 소유자였음은 틀림없다. 진정한 발견자는 어쩌다 우연에 의해서 최초로 어떠한 곳에 다다른 자가 아니라 불확실성 속에서도 자신의 가정이 옳다는 신념을 가지고 노력하여 발견하는 사람이다. 당시 지구가 둥글다는 사실을 믿고 항해했던 사람은 거의 없었고, 둥글기 때문에 어느 곳을 가기 위해서는 정반대의 길을 택해도 될 것이라는 기발한 착상을 행동으로 옮긴 사람은 더욱 없었다. 다만 콜럼버스가 몰랐던 것은 지구가 과연 얼마나 큰가 하는 것이었다. 그러나 역사적 가정이지만 서쪽으로 가는 길이 지금까지 사람들이 다니던 동쪽 길보다 열 배나 더 멀다는 것을 알았더라면 아무리 용감한 사람이라도 쉽게 모험을 떠나지는 못했을 것이다. 콜럼버스의 항해는 근대 과학의 승리를 의미했을 뿐만 아니라 신대륙의 발견은 유럽인들에게 새로운 식민지와 이주의 땅을 얻게 했고, 아메리카 대륙이 오늘날 세계의 중심 국가가 되게 한 신호탄이었다.[12] 콜럼버스가 신대륙을 발견하고 돌아왔을 때, 많은 사람들이 그의 환영식에 찾아왔다. 콜럼버스의 인기가 하루가 다르게 치솟자, 시샘하는 사람들이 생겼다. 상식을 이기는 행동의 모델은 '콜럼버스의 달걀 Egg of Columbus' 예화로 회자된다. '콜럼버스의 달걀'이란 '아무리 쉬워 보이는 일도, 맨 처음 발상 First Mover은 어려운 일이다' '상식을 뛰어넘는 새로운 생각이나 행동'이라는 의미로 쓰인다. 일반적 상식으로는 전쟁을 이길 수 없듯이, 콜럼버스의 전략은 한니발이 바다가 아닌 알프스를 넘어 로마로 진격한 것과 같은 발상의 전환이었다.

넷째, '운칠기삼 運七技三'의 성공모델이었다.

'운칠기삼'이란 모든 일의 성패는 운이 7할을 차지하고, 기량과 노력이 3할을 차지하는 것이어서 결국 운이 따라주지 않으면 일을 이루기 어렵다는 뜻이다. 먼저 정치적 측면에서 운이 좋았던 것은 스페인의 정치상황이 군사력을 해외로 돌리고 해외식민지를 만들려는 시점과 콜럼버스의 아메리카 탐험도전과 발견시점이 절묘하게 맞았기 때문이다. 1492년 즈음의 통일된 신생 스페인은 국민들의 사기진작과 국가발전의 새로운 동력이 필요한 시점이었다. 콜럼버스의 해양책략은 유럽의 패자를 꿈꾸면서 탕진된 국고를 확보하려는 이사벨 여왕의 야심과 정복욕, 콜럼버스의 명예욕과 재물욕이 win-win한 것이다.

당시 유럽의 정치·경제적 상황이 콜럼버스의 아메리카 발견 시점과 절묘하게 맞아 떨어졌다. 중세 말기의 혼란을 틈타 지방 강자로 떠오르기 시작한 여러 군주들이 넘치는 군사력을 해외로 돌릴 필요성이 생겼다. 해외 식민지는 야심만만하고 위험한 군인들에게 힘의 분출구를 제공함으로써 국내적으로는 정치 안정을 기할 수 있었고, 국제적으로는 해외식민지에서 흘러들어오는 보화로 왕에게 부를 가져다주었다. 더 결정적으로는 곧이어 닥친 종교개혁과 종교전쟁의 여파로 유럽에 수많은 종교난민이 발생한 사실이다. 신대륙은 이들에게 이상적인 피난처였다. 유럽의 정치·경제·종교 상황이 이렇지 않았다면 콜럼버스의 아메리카 발견도 일회성 사건으로 지나가버렸을지 모른다. 결국 콜럼버스의 항해는 서양 문명의 근대화 및 세계화 과정에서 중요한 부분이 되었다.

콜럼버스의 해양탐험은 기술적 측면에서도 운이 좋았다.[13] 콜럼버스가 출항한 곳이 카나리아 제도였던 것도 해류를 이용한 항해술이 뛰어난 그에게 큰 행운이었다. 카나리아 제도에서 설탕농장 사업과 무역을 하던 콜럼버스는 카나리아 주변 해역의 물길을 잘 알았기 때문에 카나리아 해류를 타고 남서쪽으로 가서 대서양 북적도 해류를 만나 비교적 순탄하게 서인도 제도에 도달할 수 있었다. 또 서인도 제도 쪽에서는 멕시코 만류를 타고 동진하다가 유럽 대륙 연안 쪽으로 굽이치며 흐르는 카나리아 해류를 만나 무사히 귀환할 수 있었다. 결론적으로 콜럼버스는 서쪽을 가로막고 있는 아메리카 대륙 쪽을 최단 거리로 직행하는 해류를 탔고, 다시 유럽으로 되돌아올 수 있는 해류를 만나 무사 귀환할 수 있었다. 또한 믿기 어려운 점은 콜럼버스가 천체 관측에 문맹이었다는 사실이다. 15세기 이슬람과 인도의 항해자들에게 '천측항법 天測航法, celestial navigation'이 보편화되어 있었지만, 유럽에는 막 보급이 시작되고 있었다. 콜럼버스가 무모했던 이유는 정확한 해도가 아예 존재하지도 않는 대양을 순전히 원시적인 '추측항법 dead reckoning'으로 항해했다는 점이다.[14]

콜럼버스의 예상보다 길어진 장기 항해로 거친 선원들에 의한 선상반란이 폭발하기 직전에 아메리카를 발견했던 것도 천운이었다. 콜럼버스 일행이 오늘날 서인도 제도의 산살바도르 섬을 발견한 것은 1492년 10월 12일이다. 산타마리아호 등 세 척의 범선을 끌고 스페인의 팔로스 항을 떠난 지 70일만의 일이었다. 10월이 되자 고국인 스페인으로 돌아가자는 선원들의 원성은 극에 달했다. 그때 콜럼버스는 말했다. "육지가 보이지 않으면 내 머리를 잘라도 좋소." 콜럼버스는 이 항해에 목숨을 걸었다. 비장한 고생 끝에 1492년 10월 12일 새벽 핀타호에 타고 있던 '로드리고 데 트리아나'가 "육지가 보인다!"라고 외친 것은 세계 역사의 한 획을 긋는 순간이었고, 콜럼버스가 선상반란에서 운 좋게 벗어난 순간이었다.

다섯째, 역사는 스페인 왕들보다 콜럼버스를 영웅으로 평가했다.

콜럼버스는 모두 네 번에 걸친 항해를 했다.[15] 첫 번째 항해는 1492년 8월 3일 팔로스 항을 떠나 1493년 3월 15일에 귀항했다. 두 번째 항해는 1493년 9월 25일 카디스를 출항, 1494년 9월 하순에 이사벨라에 도착, 1496년 6월 11일 인디오 30명을 태우고 귀국했다. 세 번째 항해는 1498년 5월 30일 산루카르 항을 떠나 산토도밍고에서 체포, 감금되어 1500년 10월 본국으로 송환됐다. 첫 번째 항해를 하고 귀국했을 때는 이사벨 여왕이 극진하게 환대하였다. 하지만 두 번째 항해부터 왕과 여왕은 콜럼버스를 멀리하기 시작했다. 그 이유는 아마도 신대륙에서 쏟아져 나오는 보물들이 그에게만 맡겨두기에는 너무 양이 많고 아까웠기 때문일 수도 있다. 여러 차례 갈등

속에서 콜럼버스는 페르난도 2세와 이사벨이 지원한 작은 배 4척을 타고 네 번째이자 마지막 항해로 1502년 5월 9일 카디스를 출발, 1504년 11월 7일 산루카르에 귀착했다. 이 항해에서도 금·은 보화를 찾지 못한 콜럼버스는 1년 동안 자메이카 해안에 갇혀 고생 하다가 1504년에 스페인으로 돌아왔다. 그 해 그의 강력한 후원자였던 이사벨 여왕이 세상을 떠났다. 12년에 걸친 《콜럼버스의 해양책략》도 종언을 맞이했다. 페르난도 2세는 더 이상 그를 상대하지 않았다.

　콜럼버스는 좌절감과 질병에 시달리다가 1506년 5월 21일 파란만장한 55년의 세상을 뒤로 하고 눈을 감았다. '죽어서도 스페인 땅을 밟지 않겠다'는 콜럼버스의 유언에 따라 1542년 후손들이 콜럼버스가 처음 발견한 신대륙 땅인 서인도 제도의 히스파니올라 섬(지금은 도미니카 공화국 소유)의 산토도밍고 대성당에 콜럼버스의 시신을 옮겨 묻었다. 그 후 쿠바가 스페인으로부터 독립하자, 그의 관은 세계 3대 성당인 스페인의 세비야 성당으로 옮겼다. 특이한 것은 콜럼버스의 유언에 따라 관은 땅에 묻지 않고, 네 명의 스페인 왕이 들고 서 있다. 네 명의 왕은 레온, 카스티야, 나바라, 아라곤 왕인데, 앞의 두 왕은 콜럼버스의 항해를 적극지지하고 후원했던 왕들이라 모습과 표정이 당당하고, 뒤의 두 왕은 반대했던 왕들이라 우울하고 어둡다. 역사는 네 명의 왕 이름보다 콜럼버스의 이름을 더 기억하고, 왕들로 하여금 콜럼버스라는 영웅을 어깨에 메도록 하고 있다.

그림 7.3. 스페인 세비야 성당의 콜럼버스의 관을 메고 있는 네 명의 왕

끝으로, 콜럼버스는 '팽창과 발견의 시대', '유럽제국주의 시대'를 열었다. 콜럼버스를 절세의 영웅이자 모험가로 추앙하는 사람들도 있지만, 희대의 사기꾼, 추잡한 장사꾼, 잔인한 정복자로 비난하는 사람들도 적지 않다. 사실 콜럼버스의 중남미의 서인도 제도와 서인도 항로 발견은 스페인 왕을 속였고, 세계를 속였다. 한 사람을 속이면 사기꾼이지만, 세상을 속이면 영웅인 사례라고 할 수 있다. 콜럼버스는 원주민들을 인도 사람이라는 뜻인 '인디오'라고 불렀고 그곳을 《동방견문록》에 나오는 아시아 근처로 믿으면서 '그레이트 칸'과 금은보화를 찾으러 돌아 다녔다. 특히 콜럼버스와 그의 부하들이 원주민들에게 가한 잔학 행위는 그의 명성에 결정적인 흠을 남겼다. 그리고 콜럼버스는 자신이 발견한 원주민들의 땅이 스페인 왕과 여왕의 것임을 하느님의 이름으로 선포했다. 이것은 가혹한 식민지 시대를 개막하는 것이었다. 그는 칼도 모르는 원주민들을 상대로 첫 항해에서 39명의 선원이 다스리는 작은 식민지를 만들고 스페인으로 돌아갔다. 무사히 첫 번

째 항해를 마치고 스페인으로 돌아가자, 그는 스페인의 영웅이 되어 이사벨 여왕과 페르난도 2세 왕에게 환영을 받았다. 그는 미리 왕에게 보낸 편지에 향료가 많고 금광이 많다고 '거짓말'을 했기 때문이다. 콜럼버스 이후 신대륙은 보화를 강탈하는 데 혈안이 된 유럽 침략자들의 무법천지로 변해 갔다. 스페인의 독주를 시기한 포르투갈이 항의하자 교황은 1494년 6월 토르데시야스 조약에 의해 이 거대한 땅을 그들에게 나눠주었다. 그 이후 영국, 프랑스, 네덜란드가 신대륙 경영에 합류했고 유럽인들에 의한 아메리카 정복과 제국주의의 역사가 시작되었다.[16]

3. 카를로스 1세와 펠리페 2세가 후원한 《마젤란의 해양책략》

《지구구체설》을 믿고 실천한 첫 번째 항해가가 콜럼버스라면,《지구구체설》을 세계 일주 항해로 입증한 것은 마젤란이었다. 이탈리아 사람 콜럼버스는 이사벨 여왕의 후원으로, 포르투갈 사람 마젤란은 이사벨 여왕의 외손주인 카를로스 1세 왕의 후원으로 역사를 만드는 주역이 되었다. 마젤란도 향신료 무역을 할 새로운 뱃길로 아프리카를 빙 돌아가는 것이 아니라 반대 방향인 아메리카 대륙 쪽으로 가는《마젤란 해양책략》을 마련했다. 모국인 포르투갈의 마누엘 Manuel 1세에게《마젤란 해양책략》을 거절당하자, 이웃 나라이자 경쟁국인 스페인의 카를로스 1세를 만났다. 카를로스 Carlos 1세 (스페인 왕 재위 1516~1556년)는 신성 로마 제국의 황제를 지낸 조부 막시밀리안의 뒤를 이어 신성 로마 제국 황제(칼 Karl 5세)라는 지위와 함께 스페인 왕으로 선정된 사람이다. 그는 중남미 신대륙을 최초로 식민지화했고 콜럼버스의 대원정을 후원한 외할머니 이사벨 여왕으로부터 왕권을 물려

받아 유럽과 중남미, 아프리카에 걸친 거대한 영토를 세습 받았다. '태양이 지지 않는 스페인'은 '카를로스 1세'를 대표하는 업적이다. 그는 아들인 펠리페 2세 Felipe Ⅱ(재위 1556~1598년)가 온전한 스페인 왕으로 책무를 완수할 수 있도록 스페인의 관료 제도를 닦아놓은 왕으로 평가받기도 하지만, 마젤란을 후원하고, 해군력을 강화시킨 왕이었다. 펠리페 2세는 레판토 해전을 승리로 이끌었고, 무적함대인 아르마다 Armada를 만들었다.

그렇게 막강한 스페인의 카를로스 1세는 이웃의 작은 나라 포르투갈이 인도에서 가져온 향신료로 많은 재화를 얻는 것에 대해 질시하던 중, 기존의 인도 항로가 아닌 새로운 대서양 항로를 찾아 향신료 무역을 하겠다는 《마젤란의 해양책략》에 귀가 번쩍 뜨였다. 마젤란은 벨기에의 앙베르 지역의 상인으로부터 재정적 지원을 받았고, 카를로스 1세로부터도 후원을 얻었다. 1519년 9월 20일, 마젤란은 다섯 척의 배와 270여 명의 선원을 이끌고 목적지인 말루쿠 제도로 향했다. 인도네시아에 속하는 말루쿠 제도는 향신료의 일종인 정향과 육두구가 많이 나서 유럽인들에게는 향신료 제도로 알려져 있었다. 지구 구체설에 입각하여 항해를 기획했던 마젤란은 남아메리카를 돌아 서쪽으로 항해하면 금방 인도에 닿을 수 있으리라 판단했지만 남아메리카의 남쪽 끝에 닿는 데만 열 달이나 걸렸다. 마젤란은 남아메리카 끝의 좁고 험한 해협에 닿아 38일만에 간신히 그곳을 빠져나왔다. 오늘날 그곳은 마젤란 해협이라고 불린다. 마젤란의 이름을 따서 명명된 이 해협은 대서양과 태평양을 잇는 자연 수로로 1914년에 파나마 운하가 개통되기까지 두 대양 간의 주요 항로로 이용되었다.

마젤란 해협을 빠져 나온 마젤란 팀은 이제 유럽인이 한 번도 가본 적이 없는 바다로 들어섰다. 그는 지나온 대서양이나 마젤란 해협과 달리 고요하고 넓은 그 바다를 '태평양'이라고 명명했다. 그는 서쪽으로 항해를 계속하였고 1521년 3월, 지금의 괌 섬에 닿는 등 태평양의 여러 섬에 스페인의 깃발을 꽂았고 3월 16일에는 현 필리핀 군도 레이테 만의 즈르안 섬에 도착하였다. 그러나 마젤란은 필리핀 마크탄 섬의 부족과 전투를 벌이다 4월 27일 죽었다. 살아남은 나머지 병사들은 선단으로 달아나 세부 섬을 탈출하였다. 마젤란을 잃은 선원들은 1521년 11월 향신료의 섬 몰루카 제도에 도착하였다. 포르투갈 무역권으로 들어갔는데, 할마헤라 섬에서 잔존 2척 중 트리니다드 호는 난파되고 나머지 1척 빅토리아 호에 향신료를 적재한 뒤에 60명이 귀로에 올라 포르투갈 해군의 추적을 피하면서 1522년 9월 8일 스페인 항구인 세비야로 귀항하였다.

(그림 7.4) 마젤란과 팀원들이 이끈 항해는 힘들었지만 인류 역사상 최초의 선박에 의한 태평양을 가로지르는 세계 일주였고,《지구구체설》을 3년여 치열한 항해 완수로 증명한 사건이었다. 또 태평양이 생각보다 훨씬 큰 바다라는 사실도 밝혀졌다. 카를로스 1세 왕은 살아남은 선원의 대표에게 "너는 처음으로 나를 한 바퀴 돌았다."라고 적힌 지구 모양의 문장을 주며 그들의 업적을 기렸다. 마젤란의 탐험 덕분에 마젤란 해협을 통해 태평양으로 나가는 항로가 열리게 되었고 스페인은 드디어 포르투갈을 따라잡을 계기를 마련하게 되었다. 그 후 포르투갈은 스페인의 지배를 당하는 치욕의 역사를 맞게 된다. 역사의 가정이지만, 포르투갈 왕인 마누알 1세가 마젤란의 해양책략을 채택했다면 어땠을까?

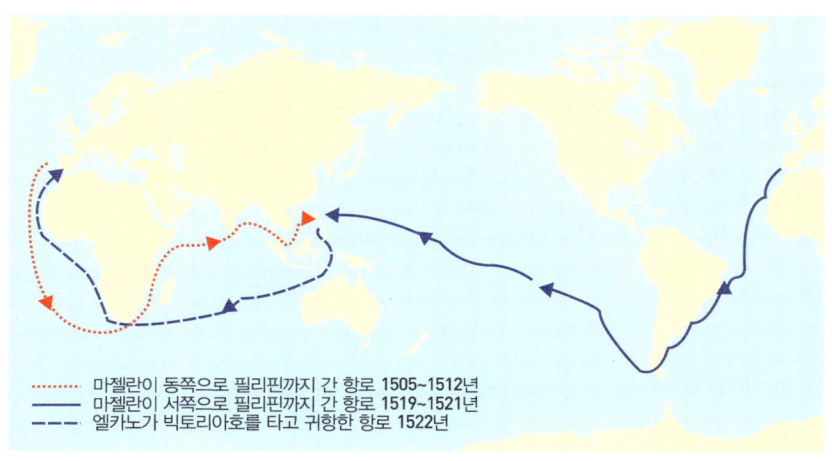

그림 7.4. 마젤란의 세계 일주 항로 항적

　마젤란 선단원의 귀환으로 필리핀의 존재가 알려졌고, 스페인의 카를로스 1세의 아들인 펠리페 2세는 1571년 필리핀에 마닐라를 건설했고, 태평양의 무역 거점으로 삼았다. 이 시기에 스페인은 멕시코에서 은광을 발견해서 얻은 은을 필리핀으로 가져와서 중국의 도자기, 비단, 홍차와 교환했고, 마닐라는 스페인과 중국의 중계무역 거점이 되었다. 이렇게 스페인은 카를로스 1세와 아들 펠리페 2세가 마젤란과 함께 한 해양책략 덕분에 배로 세계 일주 항로를 개척했고, 미주대륙과 필리핀을 지배하고 세계 교역을 지배하면서 세계 최초로 '태양이 지지 않는 나라'로 부상하였다.
　콜럼버스와 마젤란은 역사적으로 반드시 나타날 수밖에 없는 인물이었다. 그들은 가장 적합한 시기와 장소에 극적으로 나타나 세계 역사의 물줄기를 획기적으로 바꿔 놓았다. 이로 인해 콜럼버스의 모국인 이탈리아 해안 도시들은 근동무역의 독점권을 잃게 되었고, 상대적으로 스페인 도시들은 새로운 상업의 중심으로 부상했다. 경쟁국이었던 포르투갈은 향신료 그중에서도 후추에 집중했지만, 후추경제의 거품이 빠지면서 경제파탄이 일어났고, 결국 스페인에 병합되는 운명을 맞았다. 반면 스페인은 금·은, 신대륙의 농산품, 중국의 도자기와 견직물 등 교역상품을 다각화했고, 대체상품의 존재로 무역의 위험분산이 가능했기에 세계 최강의 무역체제를 갖추게 되었다. 스페인은 세계최초의 해상강국으로 발돋움했다. 국제무역이 활발해지면서 중국의 차, 아메리카의 담배, 코코아가 국제무역시장의 주요상품으로 자리매김하게 되었고 향신료, 커피, 설탕 등 전통적 제품도 교역량이 풍부해졌다. 이때 아메리카 대륙의 은이 스페인과 유럽시장으로 널리 유입되면서 '가격혁명'을 불러왔다. 16세기 후반 스페인이 보유한 금과 은의 양이 전 세계 83%를 차지할 정도였다. 금과 은의 대량 유입으로 스페인과 유럽은 '가격혁명'과 '통화팽창'을 초래했다.

무역발전이 국가를 부강하게 만드는 필요충분조건은 아니다. 무역발전은 부국강병의 충분조건이다. 필요조건은 국가가 국민의 재산을 보호해줘야 하는 것이다. 스페인도 포르투갈처럼 국가가 그 역할을 제대로 수행하지 못했다. '가격혁명' 과정에서 스페인 상인은 세계역사에서 유례를 찾아볼 수 없을 정도로 정치와 밀착관계를 유지했다. 문제의 상인은 야코프 푸거 Jakob Fugger(1459~1525)였다.[17] 푸거 가문 때문에 스페인의 권력은 왕실 독점에서 상인 독점으로 바뀌면서 국부가 극소수에게 집중되었다. 이 때문에 훗날 스페인은 영국과의 세계 패권전쟁에서 패한다. 푸거 가문은 본래 독일 출신의 대 상인 가문으로 광산업으로 막대한 부를 축적했다. 스페인의 대외 정복과정에서 합스부르크 가문의 신성 로마 제국 황제 막시밀리안 1세와 그의 손자 카를로스 1세(신성 로마 제국 칼 5세 겸임)에 돈을 빌려주기 시작했다. 푸거 가문은 왕실에 돈을 빌려주는 대가로 합스부르크 왕가가 소유하던 광산, 농업용지, 장원을 얻었다. 카를로스 1세가 1519년 신성 로마 제국의 황제이자 스페인 왕이 되었을 때 그의 지배영토는 프랑스를 제외한 서유럽 전역과 대서양 건너 아메리카 대륙에 이르기까지 '태양이 지지 않는 제국'이었다.

합스부르크 제국은 카를로스 1세 시대에 전성시기를 맞지만, 그가 사후 영토는 둘로 갈라졌다. 카를로스 1세는 남동생인 페르디난트 1세에게 신성 로마인 오스트리아계 합스부르크를 주고, 카를로스 1세의 아들인 펠리페 2세 Felipe II(재위 1556~1598년)에게는 스페인과 네덜란드를 영토로 하는 스페인계 합스부르크를 물려주었다. 펠리페 2세는 선왕인 카를로스 1세의 영토 거의 대부분을 물려받은 것에 더하여 포르투갈 왕위를 상속받아 선대의 '태양이 지지 않는 스페인'의 영토를 더욱 확장했다. 그는 스페인의 왕(재위 1556~1598년)이자 포르투갈의 왕(재위 1580~1598년)이었고, 나폴리 국왕, 아시아·아프리카군주 등 칭호가 무려 81개로 스페인의 황금시대이자 최전성기를 이끌었다. 펠리페 2세는 1571년 레판토 해전을 승리로 이끈 스페인의 영광을 대표하는 '무적함대'의 제왕이었지만, 1588년 칼레 해전에서 영국에 패함으로써 유럽의 제해권을 영국에 넘겨준 왕이다. 그는 4차례에 걸쳐 스페인의 국가파산을 선언하기도 했기 때문에 그에 대한 역사의 평가는 긍정과 부정이 공존한다.

푸거 가문과 합스부르크 왕가는 누가 누구를 좌우하는지 모를 정도로 정경유착관계가 심했다. 푸거가 역사를 바꿀 수 있었던 것은 처음으로 돈이 전쟁과 정치를 좌우하는 시대에 살았기 때문이다. 푸거는 궁에서 살았으며 지도에 자신의 이름이 표시될 정도로 드넓은 영지를 다스렸다. 그가 가지고 있던 화려한 목걸이는 훗날 엘리자베스 1세의 목에 걸렸다. 1525년 푸거가 세상을 떠났을 때 그의 재산은 유럽 총생산의 2%에 육박했다. 그는 역사책에 기록된 최초의 백만장자였다. 이전 세대 거부인 메디치 가문도 푸거에 비견될 수 없었다.[18] 사람들이 부자가 되는 통상적인 방법에는 기회를 잘 포착하거나, 신기술을 개발하거나, 협상에서 상대방을 이기는 것 등이다. 푸거는 그 모든 것을 해냈을 뿐만 아니라 '배짱'이라는 기질이 하나 더 있었기에 보다 높이 오를 수 있었다. 일례로 푸거는 무려 81개의 칭호를 가진 왕 중의 왕인 카를로스 1세에게 채무독촉장을 보낼 정도의 배짱이 있었다.[19] 배짱이 중요한 이유는 16세기에는 사업이 그 어느 때보다도 위험과 불확실성이 큰 시기였기 때문이다.

푸거는 유럽에서 가장 강력한 상업조직이던 한자동맹에 결정적 타격을 입혔다. 1510년 11월 북해와 발트 해를 지배하던 한자동맹은 그곳을 항행하던 푸거의 선박을 물리적으로 공격했다. 푸거는 한자동맹에 맞서 전술적 양동작전, 외교전략, 끈기 등을 동원했다. 결국 한자동맹의 시대는 리처드 에렌버그의 표현대로 "책상 앞에 앉은 자로 세상을 정복한 푸거"에게 자리를 내주었다.[20] 또한 푸거가 은밀히 꾸민 금융 계략은 루터를 격분시켜 유럽의 종교개혁을 촉발했다. 자본주의와 공산주의의 첫 대규모 충돌인 독일 농민전쟁에서는 자유기업체제의 조기 붕괴를 막았다. 푸거는 뉴스 서비스를 창시해 경쟁자와 고객에 대한 정보를 보다 먼저 파악하는 언론의 역사에도 발자취를 남겼다.

무엇보다도 푸거는 재력으로 합스부르크 가문의 막시밀리안 1세와 카를 5세의 신성 로마 제국의 황제등극에도 1등 공신이었다. 그의 사업이 역사에 미친 영향은 군주, 혁명가, 예언자, 시인을 초월했으며 그의 사업전략은 500년 동안 자본주의의 토대를 닦았다. 16세기부터 푸거 가문은 유럽 각국의 왕실과 교황청에도 돈을 빌려주기 시작했다. 푸거 가문은 유럽 전체의 채권자였다. 스페인의 외국투자방식은 푸거 가문을 통해 돈을 빌려주는 것이었다. 대신 스페인이 해외 탐험을 통해 가져온 은덩이는 해외로 유출되었다. 스페인이 축적한 부는 영국, 프랑스 등으로 유입되어 그 나라 자본시장을 풍족하게 했지만, 스페인은 해외투자를 통해 얻는 수익이 고갈되었다. 더 심각한 것은 스페인이 해외탐험을 통해 금과 은을 약탈하는 행위가 국가의 유일한 기간산업이었다는 사실이다. 제조업이나 상업 대신 약탈행위가 국가 기간산업이라는 것은 패망으로 가는 길이었다. 스페인 왕실은 민간과 외국에 대출해야 할 자금을 푸거 가문이 독점함으로써 푸거 가문은 여섯 차례에 걸쳐 파산을 선고했다. 정경유착의 흥망을 푸거 가문에서 볼 수 있다. 푸거의 사후 그의 사업은 100년간 유지되었다. 그의 사업이 오랫동안 지속된 것에서 푸거가 얼마나 탄탄한 토대를 마련했고, 그의 솜씨와 담력, 야심이 얼마나 특이했는지 알 수 있다.[21]

사실 스페인 펠리페 2세의 무적함대와 영국 엘리자베스 1세와의 전쟁은 해전보다 전쟁비용 내지 국가채무 싸움이었다는 주장이 있다. 칼레 해전을 준비하면서 영국의 엘리자베스 1세는 해군력을 집결시키는 한편 영국 상인들이 스페인 왕실에게 빌려준 차용증을 모조리 모았다. 그런 뒤에 같은 날 일시에 환급할 것을 요구했다. 이는 세계해전의 승패를 가른 엄청난 금융전략이었다.[22] 영국 해군은 모두 34척에 불과했고, 스페인의 무적함대에 비하면 새발의 피였다. 그러나 차용증의 힘은 대단했다. 스페인 왕실은 전쟁비용을 최소화하기 위해 출전 전함 수를 3분의 1로 줄였다. 줄어든 무적함대는 영국 해군이 충분히 상대할 수 있는 수준이었다. 게다가 스페인 왕실은 분노의 표시로 전함에 50파운드 대포를 싣도록 했는데, 전함의 속력을 늦추게 만든 자충수는 결정적 전략의 실패사례였다. 또한 스페인 함대가 연환계를 사용한 것을 보고 영국의 총사령관 찰스 하워드 경은 삼국지에 나오는 적벽대전 방식의 화공전법으로 공격했고 스페인은 참패했다. 이 전투로 영국은 도버 해협을 장악하게 됐고, 푸거 가문의 지중해 도시에 있던 은행들은 파산하게 됐다. 16세기 후반에 이르러서는 신대륙으로부터 은의 공급은 고갈되고, 17세기에는 네덜란드가 스페인으로부터 독립했다. 스페인은 한때 세계 황금과 은의 70% 이상을 보유했음에도 불구하고 결국 세계 초강대국의 위상을 지속하지 못했다.

4. 세계해양을 양분한 토르데시야스 조약

　15세기 대항해시대의 주역은 포르투갈과 스페인 두 나라이기 때문에 양국 간에 해양주도권 쟁탈전이 일어났다. 1480년 포르투갈과 스페인은 교황의 칙서에 의해 아프리카 기니와 보자도르 곶 남쪽의 땅은 포르투갈에게, 북쪽의 땅은 스페인에게 소유권이 있다고 인정받았다. 당시 포르투갈은 아프리카 최남단의 희망봉 루트를 발견하면서 막대한 해상장악력을 보유하고 있었다. 포르투갈의 주앙 2세 John Ⅱ(1455~1495년)는 왕위에 올라 왕권을 강화하고 1484년까지 포르투갈 절대왕제의 기초를 닦았다. 또한 엔히크 항해왕자가 추진해온 해외진출정책을 계승하여 아프리카 항로를 개척하였다. 바르톨로뮤 디아스는 희망봉을 우회하는 데 성공하였다. 그러다 토르데시야스 조약 1년 전인 1493년 3월, 포르투갈의 주앙 2세가 기절초풍할 사건이 벌어졌다. 크리스토퍼 콜럼버스가 '서인도'를 탐험하고 돌아온 것이다. 당시 콜럼버스는 나쁜 날씨 때문에 부득이 포르투갈의 리스본 항에 기착했으므로, 주앙 2세는 스페인의 이사벨 여왕보다 더 빨리 그의 성공 소식을 알 수 있었다.
　콜럼버스가 발견한 바하마 제도, 쿠바, 히스파니올라 등 서인도 제도는 위도상 포르투갈이 이미 확보한 카보베르데 Cape Verde 제도의 선보다 아래에 있었기 때문에 스페인과 포르투갈 사이에 영토분쟁이 발생하였다. 따라서 원칙대로라면 1480년의 칙서에 따라 콜럼버스가 발견한 서인도 제도는 보자도르 곶의 남쪽이므로 포르투갈의 땅이 되는 것이고, 이는 스페인이 포르투갈의 영토를 침범한 것이나 다름없었다. 그곳들도 포르투갈 땅이 되어야 할 터였으나, 스페인이 그것을 받아들일 턱이 없었다. 결국 주앙 2세는 다시 한 번 교황의 중재로 분쟁을 결판내려 했다. 스페인과 포루투갈은 다시 교황의 중재를 받기로 했고, 1493년 알렉산드르 6세 교황은 아프리카 서쪽 앞바다에 있는 카보베르데 섬에서 약 100리그(480㎞) 떨어진 곳을 기준으로 하여 서쪽은 스페인령, 동쪽은 포르투갈령으로 구분하였다. 하지만 1년 뒤 이 조건에 불만을 가지고 있던 포르투갈의 주앙 2세는 교황의 칙서에 강력하게 항의하였다.

당초 포르투갈이 주장하여 만든 협정을 수정하자는 포르투갈의 제안에 대해 스페인의 이사벨 여왕과 페르난도 2세 국왕은 무시하려 했다. 그러나 협상이 결렬되면 전쟁뿐이라는 포르투갈의 협박에 입장을 바꿨다. 스페인은 이슬람 세력과의 수 세기 간 '레콩키스타' 전쟁이 겨우 끝난 지 얼마 되지도 않아서 또 전쟁을 치를 처지가 아니었기 때문이다. 마침내 두 나라의 대표들은 스페인의 토르데시야스에서 만나 협상을 시작했다. 1493년에 카스티야 왕국과 포르투갈 왕국은 협상을 시작했고, 그 결과 1494년 6월 7일 스페인의 작은 마을인 토르데시야스 Tordesillas에서 1493년에 설정된 100리그를 370리그(약 1,500㎞)로 옮기는 조약이 수정 체결되었다. 즉 카보베르데 섬에서 370리그(약 1,500㎞) 떨어진 곳을 기준으로 이 선의 서쪽은 스페인령, 동쪽은 포르투갈령으로 구분하였다. 이는 희망봉 발견과 콜럼버스의 항해가 서로 상대국을 자극한 결과로 빚어진 조약이며, 양국의 세력

분야 확정을 위하여 교황이 조정한 것이었다. 우선 로마법왕 알렉산드르 6세의 중재에 따라, 양국은 1494년『토르데시야스 조약 Treaty of Tordesillas』을 맺고 대서양 한 가운데의 아조레스 제도의 서쪽에 종선 從線을 그어 동측(인도양 포함)은 포르투갈 세력범위, 서측은 스페인의 세력범위로 결정하였다. 스페인과 포르투갈이 맺은 사상 최초의 기하학적 영토조약이었다.

자신의 권위가 무시당했다고 여긴 교황도 불만을 표시했으나, 알렉산드르 6세가 죽고 다음 교황이 된 율리우스 2세는 결국 1506년에 이 조약을 승인했다. 영토 경계선의 변경으로 브라질의 동쪽 끝은 포르투갈령에 속하게 되었다.

《토르데시야스 조약의 주요 골자》

① 카보베르데에서 서쪽으로 370 레구아(1 league는 약 3마일) 떨어진 지점에서 남북으로 선을 긋고, 그 선의 서쪽에 속한 모든 땅, 대륙과 섬을 망라한 모든 땅, 이미 발견되고 정복된 땅과 앞으로 발견되고 정복될 땅을 망라한 모든 땅은 스페인에게 속한다. 한편 그 선의 동쪽에 속한 (……) 모든 땅은 포르투갈에 속한다.
② 위 내용은 이 조약 체결 시점에 기독교를 믿는 주민의 땅에는 해당되지 않는다.
③ 포르투갈이 위의 선을 넘어 서쪽으로 항해한다면, 그 목적이 포르투갈에 속한 땅에 도달하기 위한 경우가 아니라면 허용되지 않는다. 그런 목적의 항해라면 안전이 보장된다. 스페인이 위의 선을 넘어 동쪽으로 항해 한다면, (……) 그런 목적의 항해라면 안전이 보장된다.

'토르데시야스 조약'에 뒤이어, 포르투갈과 스페인이 신대륙을 발견하자

이베리아 반도의 이들 두 나라는 세계의 육지 대부분에서 패권을 장악했고, 대서양에 대한 주권을 가지게 되면서 인도가 아닌 다른 땅으로 가는 새로운 항로를 발견했다. 콜럼버스는 인도에 가기 위해 서쪽으로 항해하다 1492년 북미 일부에 도달하였다. 포르투갈인 바스코 다 가마가 희망봉을 돌아 인도양에 들어간 것이 1498년, 포르투갈인 카브랄이 브라질을 발견한 것이 1500년의 일이다. 토르데시야스 조약은 '지구가 평평하다'는 전제하에 지구의 남북으로 임의의 선을 그어 스페인과 포르투갈의 영역을 구분했지만 지구가 둥글 경우에는 하나의 선이 더 있지 않으면 분할이 의미가 없다는 문제점을 안고 출발했다. 조약 당시의 사람들은 콜럼버스의 발견에도 불구하고 '지구는 둥글다'는 사실을 확실히 받아들이지 못했는지도 모른다. 그렇지 않으면 대서양을 양분하는 하나의 선만 긋고 말지는 않았을 것이다.

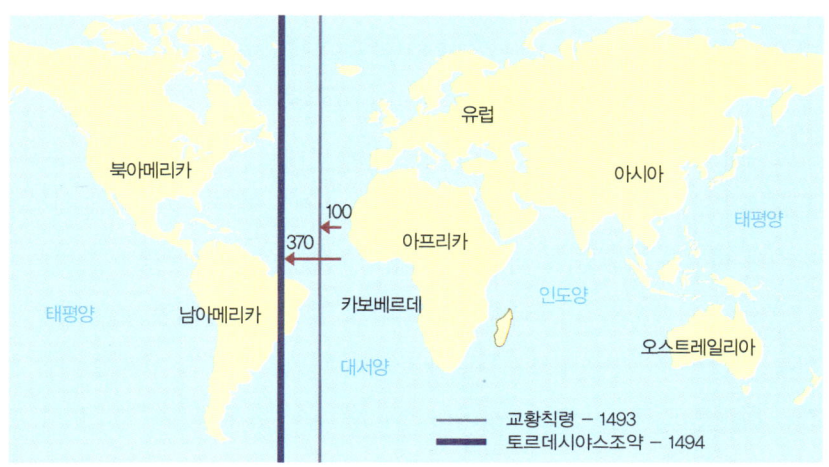

그림 7.5. 토르데시야스 조약에 따른 스페인과 포르투갈 바다 관할

특히 스페인과 포르투갈 양국은 동남아시아의 말루쿠 Molucas 제도의 귀속을 둘러싸고 치열한 경쟁을 벌이고 있었는데 이는 몰루카 제도가 당시의 귀중품인 후추와 각종 향신료의 중요한 산지였기 때문이다. 1494년에 스페인과 포르투갈 간에 맺었던 토르데시야스 조약에 이어 말루쿠 제도를 둘러싸고 태평양에도 선을 긋는 1529년 『사라고사 조약 Treaty of Saragossa』을 맺음으로써 해결되었다. 사라고사 조약은 말루쿠 제도의 서쪽인 동경 144도 30분을 제2의 경계로 삼는다는 내용으로 이를 통해 포르투갈은 아시아에서의 지위를 인정받는 대신에 스페인에 배상금을 지불했다. 1580년 합스부르크 왕조하에 양국은 통일되었기 때문에 일시적으로는 스페인이 중남미에서도 아시아에서도 모두 국기를 바꾸었다. 여하튼 오늘날 남아메리카의 절반 가까이를 차지하는 브라질이 포르투갈 식민지로 출발할 수 있었던 것은 토르데시야스 조약의 직접적 결과였다. 이후 브라질은 1808년에 나폴레옹을 피해 포르투갈 왕실이 피난할 정도로 포르투갈의 충실한 식민지로 남았다가, 1822년에 포르투갈 왕실의 일원인 페드로 1세가 브라질 제국을 선언하고 독립한 뒤로 차차 유럽과의 관계가 끊어져갔다.[23]

토르데시야스 경계선은 인간이 지도 위에 멋대로 자를 대고 선을 그음으로써 자연적인, 또 오래 이어져온 문화적인 경계를 무시하고 강자의 이익에 따라서 세계를 재단하고, 찢고, 소유하고, 착취하는 근대문명의 출발선이 되었다. '토르데시야스 조약'은 18세기까지 영향을 미쳤지만, 조약체결 당시부터 남아메리카에서 포르투갈과 스페인 식민지 사이의 경계에 대한 문제가 발생했고, 훗날 『토르데시야스 조약』에 의한 경계선은 변경되었다. 이 경계선의 변경은 그 동쪽 끝이 포르투갈 구역 안에 있던 브라질의 탄생과 토르데시야스 조약의 폐지를 의미했다. 이 조약으로 스페인과 포르투갈은 세계제국을 건설했을 뿐 아니라, 그에 자극받은 다른 유럽 국가들도 유럽

대륙 내의 다툼에서 벗어나 훨씬 넓은 세계로 눈길을 돌리는 단초를 제공했다.

　토르데시야스 경계선이 본격적으로 무의미해진 때는 17세기 초, 영국, 프랑스, 네덜란드 등이 해외 식민지 개척과 신대륙 발견에 본격적으로 나서기 시작하면서부터라고 할 수 있다. 이들 국가들은 처음부터 토르데시야스 조약을 인정하기 싫어했고 강력히 항의했다. 프랑스의 프랑수아 1세는 "이 세계를 두 나라에게 나눠주다니, 아담의 유언장에 그런 조항이 있었던가?"라고 빈정댔으며, 영국의 엘리자베스 1세는 "바다는 만인의 것이다. 누가 바다를 독점하려 한단 말인가?"라며 분노했다. 이때를 전후해 여러 유럽 열강이 종교개혁으로 개신교화되면서, 기본적으로 교황의 권위에 기대고 있던 토르데시야스 조약의 권위는 더욱 무시되었다. 그러나 의외로 현대에 와서도 이 조약이 국경분쟁에 거론되는 일이 없지 않다. 가령 1940년대에는 칠레가 이 조약을 근거로 남극 영유권을 주장했으며, 1982년에는 아르헨티나가 포클랜드 제도에 대한 영유권 주장의 근거로 토르데시야스 조약을 내세웠다. 이처럼 토르데시야스 조약은 국제 관계의 역사에 있어 매우 중요한 조약으로, 협상 그 자체로 고유하며 보편성을 지녔다고 할 수 있다. 『토르데시야스 조약』은 대서양을 신항로를 찾기 위한 항해공간뿐 아니라 경제 · 사회 · 문화적 관계의 공간으로 조명하고 있다. 따라서 『토르데시야스 조약』은 여전히 중요한 문명의 증거이다.[24]

제8장
동방무역과 금융으로 해양패권 이룬 네덜란드

1. 책임신탁과 신용이 만든 《네덜란드 해양책략》
2. 암보이나 사건 이후 승자의 저주에 빠진 해양패권
3. 국운을 건 간척매립과 해운항만사업
4. '바세나르 협약'과 벤치마킹 대상국가

네덜란드는 동방 무역의 중심지가 되었고,
해운업과 조선업은 동방무역을 끌고 가는 쌍두마차였다.

동방무역과 금융으로 해양패권 이룬 네덜란드

1. 책임신탁과 신용이 만든 《네덜란드 해양책략》

　포르투갈, 스페인 다음에 등장한 해양강국은 네덜란드와 영국이었다. 프랑스의 역사학자 페르낭 브로델은 《물질문명과 자본주의, 1977년》에서 "1650년 세계의 중심은 조그마한 홀란드, 아니 암스테르담이었다."고 말했다. 대항해시대의 선두주자였던 스페인을 제치고 네덜란드는 동방 무역의 중심지가 되었고, 해운업과 조선업은 동방무역을 끌고 가는 쌍두마차였다. '낮은 Neder 땅'이라는 국가 이름을 지닌 네덜란드는 해발 1미터 이상의 땅이 국토 면적의 35%에 불과하며, 간척지를 바다로부터 지키기 위해 제방을 쌓고, 자연의 악조건과 투쟁해야 했다. 현재 네덜란드 국토 중 17% 이상은 16세기 이후 수세기 동안 간척 매립한 땅이다. 네덜란드 도시 이름에 '댐 dam'이 많은 이유이다.

　네덜란드인들은 흔히 '신이 세상을 만들었다면, 네덜란드는 네덜란드인들이 만들었다'고 자랑스러워한다. 프랑스 격언에 '신이 가장 기분 좋을 때 만든 게 프랑스다. 신이 가장 기분 나쁠 때 만든 것이 프랑스 사람이다'라는 말과 대조된다. 우리가 살아가야 할 땅은 스스로 만들어 간다는 민족관으로 아버지가 못하면 아들이 하고, 아들이 못하면 다시 그 아들이 하는 방식으로 물과 싸워온 네덜란드다. 국토는 좁고 천연자원도 없는 네덜란드인들은 불굴의 정신력을 발휘했고 자기 통제력이 뛰어났다. 네덜란드는 바다를 다뤄야 했고, 항만과 해운, 선박과 해양공학기술이 필요했다. 바다의 도시였던 베네치아 공화국의 국가발전모델은 네덜란드에서 화려하게 재생되었다.

주로 개신교도인 네덜란드는 1568년 가톨릭 국가인 스페인에 반란을 일으켰다. 부의 축적을 죄악시하는 중세적 가치관으로부터 해방되어 종교적 자유를 추구했고, 칼뱅주의는 네덜란드의 경제 발전을 이끄는 근대적 가치관이다. 네덜란드는 80년의 투쟁 끝에 스페인으로부터 독립을 쟁취했다. 영국인이 '바다에 마음이 끌렸던 것 drawn to the sea'으로 수사한다면, 네덜란드인은 '바다로 내쫓겼다 driven to the sea' 할 정도로 바다에서 생존과 활로를 찾으려는 국민적 기대는 컸다. 북유럽 수산자원의 핵심인 청어가 발트 해로부터 북해로 이동한 덕에 네덜란드의 어업이 발전했다. 그래서 경제학자 알프레드 마셜 Alfred Marshall의 말처럼 "암스테르담은 청어의 뼈 위에서 건설되어졌다." 어업의 발전은 네덜란드 상업경제의 원시자본 축적에 기여했다. 네덜란드의 최고전성기인 1630년부터 1650년 당시 네덜란드 상업선단은 2500척이 넘었고 그 중 무려 2000척이 청어 잡이 어선이었다. 그러나 스페인으로부터 독립한 네덜란드는 순식간에 어업국가에서 금융·조선·해운 대국이 되어 세계바다로 진출하였고, 세계해양항로의 주관자로서 유럽에서 가장 부유한 나라로 부상했다.

16세기 초반 스페인의 통치를 받던 시절 자원도 없고 비좁은 땅이었던 네덜란드는 포르투갈, 스페인에 이어 해양국의 길로 들어섰다. 대항해시대의 신항로 개척과 신대륙의 발견으로 세계무역의 중심은 지중해에서 대서양으로 옮겨졌다. 스페인으로부터 독립하기 전 네덜란드는 발트 해 물류의

75%를 장악했다. 선원의 숫자만 해도 스페인, 프랑스, 영국을 합친 것보다 많았다. 네덜란드는 스페인처럼 무역 항로를 개척하지도 않았고, 유럽 도시 형태도 없었다. 그러나 지중해 도시처럼 상선들이 이곳을 거치고, 거대시장이 형성되면서 삼각무역이 본격화되었다. 교역비용이 절감되는 새로운 무역방식 때문이었다. 네덜란드 무역의 중심은 길드가 아니라, 소상인들이었으며, 이들은 표준화된 '교역소'를 설립했다. 교역소에는 다양한 상품의 샘플이 전시되고 가격, 교역시간, 장소 및 대금지불방식에 관한 정보를 제공했다.

16세기 후반 네덜란드는 영국과 힘을 합쳐 스페인의 통제를 벗어났다. 1588년에 네덜란드 공화국이 성립되고, 네덜란드 암스테르담은 1710년까지 번성했다. 그 성공의 비결은 '금융신용에 기반한 세계 무역 항로 장악'이었다. 네덜란드는 용병을 고용해 스페인과 싸우게 하고, 자신들은 바다로 나가 더 큰 선단을 꾸렸다. 용병이나 대규모 선단에는 돈이 많이 들었지만, 스페인보다 네덜란드가 유럽 금융제도로부터 더 큰 신뢰를 얻었기 때문에 가능했다. 큰 선단에 의한 대량 물류운송 덕분에 네덜란드는 세계 무역 항로를 장악하여 막대한 수익을 올릴 수 있었다. 막대한 수익으로 대출을 갚았고, 그 덕분에 신용도도 높아져서 암스테르담은 유럽에서 가장 중요한 항구일 뿐 아니라 금융메카로 급성장했다. 네덜란드가 금융신뢰를 얻은 이유는 두 가지이다. '첫째는 기일 내에 전액을 상환했다. 둘째는 사법제도가 독립되어 있는데다 사유재산권을 철저히 보호했다' 네덜란드 제국을 세운 것은 국가가 아니라, 상인이었다.[1]

네덜란드의 금융과 관련된 책임신탁과 신용에 관한 '바렌츠 탐험대' 일화는 유명하다.

"1596년 화물을 가득 실은 네덜란드 상선이 암스테르담을 떠나 항해에 나섰다. 선장 빌렘 바렌츠 Willem Barents(1550~1597)는 동방항로 전문가인 얀 호이헨 반 린스호텐과 함께 북해에서 동쪽으로 항해하여 인도로 가는 지름길을 찾고자 북극 항로 개척에 나섰다. 16세기의 북극 항로 개척은 무모했다. 탐험대는 이내 얼음에 갇혀 오도 가도 못하게 되었다. 바렌츠와 17명의 선원들은 7개월여 동안 혹독한 추위와 싸움을 벌였다. 동토에 올라 배의 갑판을 뜯어내어 움막을 짓고, 북극곰과 여우를 사냥하며 허기를 달랬으나 바렌츠 선장을 포함한 여덟 명이 동사했다. 그러나 바렌츠 탐험대는 얼음이 녹아 간신히 귀국했고 배의 화물은 별다른 파손 없이 온전하여 네덜란드 국민들을 크게 감동시켰다."

자신의 목숨보다 고객의 화물을 더 중시한다는 이 일화는 '책임신탁과 신용정신'의 시발점이었다. 바렌츠 선장의 북극 항로는 2009년에야 처음 열렸다. 우리나라 부산항에서 2018년 8월 출발하여 북극해–독일 브레메르하벤 항–러시아 상트페테르부르크 항을 거치는 북극 항로를 개척한 첫 번째 컨테이너 선박은 벤타 머스크호였다. 무려 400년 이전에 시도한 네덜란드의 북극해 항로 개척이 주는 시사는 이처럼 혁명적이다. 이 책임신탁 정신과 신용정신은 네덜란드 경제번영과 자본시장, 그리고 현대 기업제도의 근간을 이루었다. 1609년 암스테르담 증권거래소가 설립되었으며, 이는 세계 최초의 증권거래소이자 세계금융 중심이었다. 당시 상인들은 상품을 인도받고 곧장 대금을 지불하는 대신 차용증을 썼다. 이 차용증은 시간이 흐르면서 수표로 발전됐다. 16세기 후반에는 지중해 지역 은행들이 옮겨왔고, 1609년 암스테르담은행이 탄생했다. 암스테르담은행에서 발행된 은행권은 유럽에서 유행하는 중심화폐가 되었다. 암스테르담은행은 국제환율의 중심이 되었고, 국제무역중심지가 되었다.

네덜란드의 황금기는 대략 1580년에서 1740년까지로 스페인에 이어

'해가 지지 않는 네덜란드'가 되었다. 당시 부의 축적은 네덜란드 동인도회사의 글로벌 해상 무역활동 덕분이었다. 이들은 향료와 이국적인 상품을 구하러 극동 지역에 배를 보냈고, 희망봉과 인도네시아를 식민 통치하며, 아시아 전역에 무역 지부를 설립했다. 나중에는 서인도 회사가 서부 아프리카와 아메리카로 진출하여 수리남, 안틸 제도, 뉴 암스테르담(오늘날의 뉴욕)을 식민지로 삼았다. 당시 유럽은 아시아 전역을 '동인도'라고 불렀다. '영국 동인도회사 East India Company, EIC'는 1600년 엘리자베스 여왕에 의해 설립이 승인되었다. 네덜란드 의회는 1602년에 무역회사 14개를 통합한 '네덜란드 동인도회사 Vereenigde Oost-Indische Compagnie, VOC'의 설립을 승인했다.

'국제법과 해양법의 아버지'라 불리는 그로티우스 Hugo Grotius(1583~1645)가 쓴 《해양자유론 Mare Liberum, 1609년》은 당시 네덜란드가 처해 있던 역사적 배경과 밀접하다. 그 무렵 개신교의 네덜란드는 가톨릭교 종주국 스페인과 종교적으로 독립하기 위해 전쟁을 계속하였고, 동시에 스페인과 연합 관계에 있던 포르투갈과는 동인도 무역의 독점적 지위를 두고 치열하게 다투고 있었다. 포르투갈은 동인도에서의 독점적인 해양 항행권·통상권을 주장했고, 이에 대해 반론으로 집필한 것이 휴고 그로티우스의 《포획법론 De Jure Praedae Commentarius, 1604~1605년경》이었다. 1608년 스페인과 네덜란드 간에는 동인도 무역의 포기를 조건으로 네덜란드의 독립을 승인하려는 휴전협상이 이루어질 상황이었다. 이 때문에 동인도 무역의 유지를 사활문제로 생각하는 네덜란드 동인도회사는 그 이익옹호를 위해 네덜란드의 여론을 계몽할 법률적 논리를 그로티우스에게 요청하였다. 그런 목적으로 출판한 것이 《해양자유론 또는 자유해론 Mare Liberum, 1609》이다. 그것은 《포획법론》 끝 부분인 제12장을 발췌하고 그것에 약간의 수정을 가하여 단행본 형태로 출판한 것으로 전체는 80페이지 정도의 작은 책이다.

《해양자유론》에서 그로티우스는 "점유할 수 없는 것은 소유권의 대상이 되지 않는다. 흐르는 물과 해양, 공기와 태양·빛 등은 자연법에서나 만민법에서도 공공의 것 또는 공유물이며, 전 인류의 합의에 의해 영구적으로 모든 사람의 공통의 사용에 제공되는 것으로 사적 소유의 대상이 되지 않는다."고 주장했다. 따라서 인도양과 같은 광대무변의 해양은 사적 소유의 대상이 될 수 없으며 공해의 사용은 자유라고 했다. 그리고 "모든 사람은 서로 자유롭게 거래할 권리를 가지며 자유로운 통상은 만민법에서 인정된 것이다."라고 서술하고 있다. 이것이 그 후 국제법상 '공해 자유의 원칙'으로 널리 인정된 것이다. 그 후 영국은 근해, 특히 북해의 영유를 주장하고 네덜란드 어선을 이 해역에서 배제하려고 하였기 때문에 네덜란드는 이 해양자유론으로 대항하였다. 이처럼 그로티우스의 『해양자유론』에 대해 영국 법학자들의 반론이 심하였으며, 그중 『폐쇄해론』(Mare Clausum, 1635)을 쓴 존 셀던 John Selden(1584~1654)이 유명하다. 그러나 이후의 해양법 논쟁은 국제교통의 현저한 발달과 아울러 그로티우스가 주장한 해양자유의 확립으로 정착되어 갔다.

유럽 여러 나라의 동인도회사 출현의 역사적 배경은 독점의 특허라는 절대주의 왕정의 '중상주의 重商主義 Mercantilism 정책'에서 나온 것이었다. '네덜란드 동인도회사 VOC'는 준정부 조직으로서 행정 및 외교·사법권을 가졌다. VOC의 거의 모든 활동은 현지 총독에 의해 결정되었다. 네덜란드 의회를 대신해 동인도무역의 독점권을 갖고 아시아 국가 및 영주들과 조약을 체결하거나 군인을 충원하고 전쟁까지도 선포할 수 있었다. 요새와 상관을 건설하고 식민지를 경영하는 등 국가를 대신한 여러 행정기능을 가졌다.

개척한 식민지에서 화폐를 주조할 수 있었으며, 외국정부와 협약에 의해 범죄자를 구금·처벌할 수 있었다. 네덜란드 VOC는 1603년 인도·인도네시아·중국·일본과 무역을 할 목적으로 설립됐고, 더 많은 투자자를 모으기 위해 주식시장과 유한회사 개념을 도입하기도 했다. 인도네시아 섬들은 하나하나 VOC의 수중에 떨어졌다. 네덜란드 정부는 1800년이 되어서야 인도네시아를 국영식민지로 만들었고 이 체제는 150년간 지속됐다.

영국보다 2년 늦게 시작한 네덜란드의 동인도회사는 '세계 최초의 다국적기업', '세계 최초의 주식회사'였다. 동양과의 해상무역은 고위험·고수익 사업이었기에 막대한 투자자금 확보가 관건이었다. 왕실이 후원한 포르투갈과 스페인과는 다른 방식으로 네덜란드가 발명한 것은 '이익과 위험을 공유하는 주식회사 제도'이다. 동인도회사 주주의 절반은 스페인으로부터 추방당한 유대인이었다. 네덜란드 VOC의 자본금은 영국의 EIC보다 거의 10배 컸다. 당시 VOC는 투자대비 수익률 1000%의 대박을 냈다. 이것이 가능했던 것은 전성기의 VOC는 상선 150척, 군함 40척, 직원 5만 명, 군대 1만 명으로 웬만한 국가 단위의 군대규모였기 때문이다. 당시 민간회사는 군대와 제독을 고용하고, 대포와 함선을 구비했다. 당시 국제사회는 민간회사에 의한 제국건설도 당연시했다. 또한 베네치아 은행을 본떠서 만든 암스테르담은행은 세계 최초의 '기축통화 Key Currency'로 통용될 지폐를 만들었고 18세기까지 유럽을 주름잡는 국제금융의 선도자였다.

또한 네덜란드는 1621년에는 아메리카 대륙의 상품과 노예무역을 위한 '네덜란드 서인도회사 West India Company, WIC'를 설립했기 때문에 카리브 해를 포함한 북아메리카와 인도, 동남아시아에서 영국과 주도권 싸움이 치열하였다. 당초 네덜란드는 영국의 지원으로 1581년 스페인으로부터 독립하였기에 두 나라 관계는 우호적이었다. 두 나라는 향신료 무역의 선두주자인 포르투갈과 스페인으로부터 무역 항로 쟁취 초기단계에서도 공동보조를 취했다. 영국은 포르투갈의 인도 항로를 강탈하여 후추 무역에 나섰고, 네덜란드는 값비싼 정향과 육두구를 독점했다. 네덜란드는 미국으로 진출하여 1612년 현재의 맨해튼 섬에 자리 잡았으며, 동 지역을 원주민으로부터 24달러에 사서 '뉴 암스테르담'이라고 불렀다. 이 지역은 후에 영국이 빼앗아 새롭게 붙인 지명이 '뉴욕'이다. 네덜란드 서인도회사가 식민지를 원주민과 영국인으로부터 지키기 위해 세웠던 성벽 wall의 잔해 위에 깐 포장도로는 훗날 세계에서 가장 유명한 금융거리인 '월스트리트 Wall Street'가 되었다. 경영학의 '투자론'에서 유명한 문제가 바로 인디언 원주민한테 1612년 서인도회사가 지불한 24달러의 '순 현재가치'를 평가하는 것이다. 이 문제는 미국이 1867년 미국이 알래스카 매입에 러시아에게 지불한 750만 달러의 순 현재가치를 평가하는 문제와 함께 유명하다. 그런데 지금의 현재 가치는 얼마일까?

유럽에 조선이라는 나라가 세상에 알려진 것은 헨드릭 하멜 Hendrik Hamel(1630~1692)의 《하멜표류기》 덕분이다. 그는 네덜란드 동인도회사 소속 선박 선원으로 1653년 일본 나가사키로 가던 도중 일행 36명과 함께 제주도에 표착했다. 1666년 억류생활 끝에 탈출하여 1668년 귀국했다. 하멜은 《하멜표류기》로 알려진 기행문을 발표했는데 이는 조선의 지리·풍속·정치·군사·교육·교역 등을 유럽에 소개한 최초의 문헌이다. 하멜이 네덜란드로 돌아왔을 때 제일 먼저 한 일중의 하나는 동인사회사로부터 14년의 임금에 관한 보험료 청구였다는 사실은 그만큼 네덜란드가 이미 해운업과 관련 산업인 보험업 등이 발달했다는 증거다. 하멜 표류기는 보험료 청구를 위한 보고서의 일종인 셈이다.

네덜란드는 대항해시대에 뛰어난 업적을 이룬 해양탐험가와 항해자들이 있었다. 16세기 바닷길로 동방의 인도네시아로 가는 해도는 포르투갈만이 아는 국가 일급기밀이었다. 인도네시아로 가는 항로 정보가 필요했던 네덜란드는 동방여행가 얀 호이헨 반 린스호텐 Jan Huyghen van Linschoten을 포르투갈 선단에 들여보내 13년 동안 지리정보를 입수하는 책략을 썼다. 1593년에 발간한 그의 책 《얀 호이헨의 여행기》와 포르투갈의 일급비밀이었던 동방으로 가는 해도와 항해도를 손에 넣음으로써 네덜란드는 마침내 아시아로 진출할 수 있었다. 1594년 암스테르담 상인들이 포르투갈이 독점하던 동방향신료 무역에 끼어들기위해 '원국회사 遠國會社'(네덜란드어 표기 Compagnie van Verre)를 설립했다. 첫 번째 항해를 맡은 코르넬리우스 데 호우트만 탐험 팀은 1594년 4월 출항하여 1596년 6월 인도네시아 자바 섬의 반탐에 도착했고, 1597년 2월에는 발리 섬에 도착했다. 비록 이들이 향신료의 생산본산지인 말루쿠 제도까지 도달하지 못한 채 귀국했고, 또한 선원 248명 중 94명만 돌아오는 인적 손실이 컸지만, 후추, 육두구 등 향신료를 가져옴으로써 포르투갈의 향신료 무역 독점권을 깨뜨렸다는 상징성이 컸다. 그 다음 해인 1598년 야코프 코르넬리스존 반 네크 탐험 팀은 11월 자바 섬 반탐에 도착했고, 1599년 7월 투자자들이 무려 4배나 되는 수익을 거두고 귀국했다.

윌리엄 샤우텐 Willem Cornelisz Schouten(1567~1625)은 네덜란드 VOC의 항해사였으며, 1616년 태평양에 이르는 남미대륙의 끝이자 '절규하는 60도'라 부르는 파도가 험난한 드레이크 해협과 경계를 이루는 '케이프 혼 Cape Horn'을 거쳐 태평양에 항해한 첫 번째 사람이다. 야콥 메이르 Jacob Le Maire(1585~1616)는 1615년과 1616년에 세계 일주 항해를 하였다. 가장 대표적 인물인 아벌 얀손 타스만 Abel Janszoon Tasman(1603~1659)은 암스테르담의 VOC에 근무하면서 1639년부터 1641년에 걸쳐 필리핀,

타이완, 일본 연안의 여러 섬들을 발견하고 탐험하였다. 특히 1642년부터 1643년 사이의 항해에서는 유럽인 최초로 태즈메이니아 섬과 뉴질랜드, 뉴기니 섬을 발견한 것으로 유명하다. 그는 1644년부터 1648년까지 통가와 피지, 비스마르크 섬들을 탐험했고 많은 지리학 지식을 남겼다. 그러나 16세기와 17세기 네덜란드인들의 항해 목적이 발견을 위한 항해가 아니었고, 향료 무역과 상업을 위한 항해에 주로 열중하던 네덜란드 당국자들의 무관심으로 그가 발견한 지역은 방치되었다. 프랑스가 탐험가들과 정부에서 관심을 갖고, 세계 곳곳에 발견한 지역과 섬을 현재까지 보유함으로써 세계 최대 해양 EEZ 면적을 보유한 것과 비교된다.

2. 암보이나 사건 이후 승자의 저주에 빠진 해양패권

세계체제분석의 선구자인 미국 예일대학교 이매뉴얼 월러스틴 Immanuel Wallerstein 교수는 저서 《자본주의 세계체제》에서 세계 역사상 3대 패권 국가로 17세기 네덜란드, 19세기 영국, 20세기 미국을 꼽았다. 그가 정의한 패권국가란 '자신의 이익에 따라 세계질서를 주도할 수 있는 힘을 가진 국가'라 했다. 동방무역과 인도양 항로를 선점했던 포르투갈이 쇠퇴하면서 17세기 네덜란드는 향신료 무역을 독점하며, 막대한 수입을 올리고 있었고 국제해상무역의 중심역할과 세계패권국가로 진입하고 있었다. 신흥국가 영국도 인도의 면화에 관심을 갖고 동방으로 진출하여 향신료 무역에 나서고자 호시탐탐 기회를 노리고 있었다.

특히 네덜란드가 지배하던 인도네시아 동부의 암본 섬(옛 이름은 '암보이나', 인도네시아의 말루쿠 주의 주도)은 향신료의 중심 재배지였기 때문에 네덜란드와 영국이 사활을 건 각축장이었다. '암보이나 사건 Amboyna Massacre'은 1623년 향신료의 무역독점권을 둘러싸고 일어난 영국과 네덜란드의 분규사건이다. 1512년 이래 이 지역을 지배하였던 포르투갈 세력을 네덜란드가 1605년에 몰아내자 영국도 이곳에 상관을 설치하여 양국 세력은 이 지역에서 대립하게 되었다. 두 나라 간의 경쟁으로 향신료의 가격이 오르자 영국과 네덜란드는 협정을 맺어 향신료의 구입 비율과 가격을 담합하여 조율하기도 했다. 하지만 협정과는 반대로 네덜란드와 영국 두 나라 사이에 충돌이 일어났다.

국제무역전쟁에서 영원한 적도 없지만, 영원한 친구도 없다. 1621년 동방무역의 책임자인 네덜란드의 얀 피터스존 쿤 Jan Pieterszoon Coen은 영국인들을 쫓아내고 현지인에 대해 폭압적인 태도로 향신료 무역을 독점하고자 시도했다. 얀 쿤은 "전쟁 없이는 무역도 없고, 무역 없이는 전쟁도 없다."라는 명언을 남겼다. 1623년 2월 네덜란드는 영국 측이 네덜란드가 개발한 향신료 재배지역인 암본 섬을 습격하려는 음모가 드러났다는 핑계로 영국인과 일본 용병을 붙잡아 처형하였는데 이 사건이 '암보이나 사건'이다. 이 사건은 네덜란드가 영국을 배제하고 향신료 무역을 독점하고자 의도적으로 일으킨 조작 사건이었다. 이 때문에 네덜란드와 영국의 대립은 격화되었고 양국 간에 맺어진 협정은 무효가 되었다. 이후 영국은 향신료무역에서 배제되었고 네덜란드는 동방에서 유럽으로 가는 향신료 무역의 독점적 지위를 향유하였다.

암보이나 사건으로 17세기 중엽부터 유럽 제국은 약 1세기 반에 걸쳐 국가 간의 전쟁에 돌입하였다. 전쟁의 계기나 발단은 유럽에서 일어났지만, 실제 전쟁은 저 멀리 세계의 전 해역에서 벌어졌다. 전쟁의 핵심 목적은 세계해양패권 쟁탈전이었다. 네덜란드는 1623년 암보이나 사건에서 승자가 되었고, 그 후 22년에 걸쳐 '영국·네덜란드 전쟁 Anglo-Dutch Wars' (제1차 전쟁: 1652~1654, 제2차 전쟁: 1665~1667, 제3차 전쟁: 1672~1674)를 치르게 되었다.

▲제1차(1652~1654년) 전쟁: 영국 크롬웰의 '항해조례 선포(1651)'와 네덜란드 선박에 대한 임검 수사권 요구가 원인. 영국은 영국이 점령한 항구에 화물을 가지고 입항하는 선박은 모두 영국의 선박을 이용해야만 한다는 정책(일종의 카보타지 정책 Cabotage Rule)을 공표했는데 네덜란드의 무역을 견제하기 위한 조치임. 일진일퇴의 해전결과 영국이 승리하여 1654년 웨스트민스터조약이 체결되었고, 네덜란드가 암보이나 사건도 배상함.

▲제2차(1665~1667년) 전쟁: 영국 왕정복고 정부에 의한 1660년의 항해조례 경신, 신대륙의 네덜란드 식민지 점령 등이 요인. 전쟁을 공식적으로 선언한 것은 1665년이었지만 이미 그 전해에 영국이 미주 대륙 해안에 있는 네덜란드 식민지를 습격하여 뉴 네덜란드(뉴욕)를 점령한 상태. 영국은 로스토프트에서 승리를 선언하기도 하였으나, 이후 전투에서는 네덜란드 우세. 런던에 전염병이 기승을 부리고 1666년 대화재가 발생하면서 영국은 더욱 곤경에 처하였으며 1667년 채텀에 정박해있던 함대가 네덜란드군에 의해 파괴되자 위기가 절정에 달함. 제2차 전쟁은 1667년 7월 맺어진 브레다 조약으로 종결.

▲제3차(1672~1674년) 전쟁: 프랑스 왕 루이 14세에 의하여 네덜란드 전쟁이 일어나자 1670년 루이 14세와 도버 밀약을 맺고 있던 영국 왕 찰스 2세가 약속에 따라 참전. 승패가 뚜렷이 판가름 나지 않은 채 종결. 이 전쟁에서 결정적인 승리는 없었으나, 대체로 영국 측이 우세하였고, 사회·경제면에 끼친 영향도 네덜란드 측에 심각함. 하지만 이 전쟁을 계기로 영국이 동방무역에 본격적으로 진출하는 계기가 됨.

승패를 떠나 세 차례 전쟁의 영웅은 네덜란드의 해군 제독인 미힐 더 라위터르 Michiel Adriaanszoon de Ruyter(1607~1676)였다. 그는 1652년 제1차 영국과 네덜란드 전쟁이 발발하자 해군에 들어가 전공을 세우고 부 제독으로 승진하였다. 1665년 제2차 영국과 네덜란드 전쟁에서는 제독, 해군 최고사령관이 되어 함대를 지휘하였고, 1667년에는 템스 강으로 침입하여 네덜란드에 유리한 브레다조약을 체결하는 데 성공하였다. 1672년 제3차 영국과 네덜란드 전쟁에서도 함대를 이끌고 영국·프랑스 연합함대와 싸워 전공을 세웠다. 이후 1675년 동맹국인 스페인 해군을 돕기 위해 지중해에 출동하고, 프랑스 함대와 싸우다가 시칠리아 섬에서 중상을 입고 사망하였다. 당시 네덜란드의 국토 크기와 인구 등을 생각한다면 스페인의 무적함대를 물리치고 해군최강국이 된 영국과 전통적 강국 프랑스의 연합함대와 싸워 전공을 세웠다는 것은 놀라운 일이다. 때문에 우리나라 사람들이 이순신 장군을 추앙하듯이, 네덜란드 사람들은 라위터르 해군 제독을 추앙한다.

라위터르 제독의 네덜란드 해군이 영국 함대를 격퇴한 1653년 27세의 요한 드 비트 Johan de Witt는 홀란드 주의 총리(재임 1653~1672년)가 되었다. 홀란드는 네덜란드의 핵심지역이었으며, 실제적으로 네덜란드를 통치했다. 드 비트는 17세기 유럽에서 가장 뛰어난 정치지도자의 한 사람으로 평가되며, 제1, 2차 영국-네덜란드 전쟁에서 네덜란드를 지휘했다. 영국은 크롬웰이 청교도 혁명(1642~1651년)을 일으킨 후 권력을 장악하고 있었고, 1651년 크롬웰이 네덜란드 중계무역의 활동을 제한하는 '항해조례 Navigation Acts'를 제정한 것이 전쟁의 원인이었다. 영국과의 전쟁이 끝난 후 요한 드 비트 총리는 두 차례에 걸쳐 30척씩 제대로 무장된 전함을 건조하면서 해군력을 더욱 강화했다. 그 이전의 함대는 개인들의 상선을 용선해서 전함으로 활용했기 때문에, 규모나 무장에 있어 보잘 것 없었다. 이 새 함대는 스웨덴과 덴마크 간의 전쟁(1655~1660년) 때 위력을 발휘하였다. 당시 프랑스는 유럽 대륙에서 그의 영향력을 확장하려 호시탐탐 기회만 노리고 있었으며, 영국은 네덜란드 공화국이 이룩한 경제적 성취에 대해 시기의 눈초리를 보내고 있던 시기였다. 드 비트 총리는 갓 태어난 네덜란드 공화국을 보호하기 위해 주변 열강대국들의 틈에서 힘의 균형 정책을 펴 나갔다. 당사국과의 교역 조약 체결 등을 통해 국가의 안보를 지키는 '수동적 중립주의 passive neutrality'를 추진했고, 나중에는 비폭력적인 상호 방어 조약 체계를 통해 안보를 지켜 나가는 '능동적 중립주의 active neutrality'로 방향을 전환했다.

경제학의 오래된 패러독스로 '승자의 저주'라는 말이 있다. 치열한 경쟁에서는 이겼지만 승리를 위하여 과도한 비용을 치름으로써 오히려 위험에 빠지게 되거나 커다란 후유증을 겪는 상황을 뜻하는 말이다.* 물론 역사에서 '승자의 저주'는 흔하다. 전쟁의 승자가 미래의 성장과 발전을 보장하기는커녕 쇠락의 길로 접어든 경우다. 대표적인 승자의 저주는 상처뿐인 영광을 뜻하는 '피로스의 승리'이다. 17세기 세계 패권국이었던 네덜란드는 암보이나 사건과 영국과의 전쟁 이후 해운업과 무역업은 하향 곡선을 그리기 시작했다. 해외 무역활동은 큰 타격을 받았고 세계 해양패권의 자리는 영국에 넘겨주었다. '해가 지지 않는 나라'라는 이름을 네덜란드에서 영국으로 바꾸게 하는 결정적 동기를 제공하였다. 네덜란드에 덧 씌워진 '승자의 저주' 때문이다.

1664년에는 영국 함대에 의해 허드슨 강 하구의 네덜란드의 북미 식민

---

* '승자의 저주'라는 용어는 미국의 종합석유회사인 애틀랜틱 리치필드사에서 근무한 카펜 E.C. Carpen 등 세 명의 엔지니어가 1971년 발표한 논문에서 처음 언급되었고, 미국의 행동경제학자인 시카고대학교 리처드 탈러 교수의 저서 《승자의 저주 The Winner's Curse, 1992》를 통하여 널리 알려졌다.

지인 뉴 네덜란드를 빼앗기고, 그 중심도시인 뉴 암스테르담은 당시 영국 해군의 최고 지휘관인 요크공의 이름을 따서 뉴욕으로 개칭되었다. 승리한 전쟁 끝에 1667년 7월 네덜란드 브레다에서 체결된 '브레다조약 Treaty of Breda'으로 뉴 네덜란드가 영국에 할양되면서 네덜란드는 북미기지를 상실하였다. 네덜란드 역사상 위대한 외교가들 중 하나로 꼽히는 네덜란드 드 비트 총리의 탁월한 외교력으로 '점령지 보유주의' 원칙에서 조약을 맺은 결과가 그렇다. 영국은 수리남·포레론의 두 섬과 기아나를 네덜란드에 양보하고, 뉴 암스테르담(현재의 뉴욕)을 얻었다. 다만, 여전히 동인도제도와 말라카 해협에 대한 제해권은 네덜란드가 보유하는 것이었다. 물론 역사학자 존 키이 John Keay는 "플라우 룬 섬은 런던에 위치한 러니미드 Runnymede가 영국 헌법사에서 중요한 위치를 점유하는 것과 비견될 정도로 영국 해외 속령에서 중요했다."고 플라우 룬 섬의 가치를 높이 평가했다. 그러나 아이러니컬하게도 17세기 당시 네덜란드 드 비트 총리의 성공적 협상은 훗날 역사상 최악의 협상으로 평가되고 있다. 네덜란드가 육두구 nutmeg 산지인 인도네시아 반다 제도의 '플라우 룬 Pulau Run섬'을 얻는 대신 영국에 뉴욕 맨하탄을 넘겨줬기 때문이다.[2]

17세기 세계 해양패권국인 네덜란드는 역설적이게도 '승자의 저주'에 빠져 18세기 산업혁명의 대열에 합류하지 못했다. 특이하게도 네덜란드의 상업자본과 금융자본은 산업혁명을 이끄는 산업자본으로 변신하지 못했다. 굳이 영국과 같이 산업화의 길을 걷지 않아도 될 만큼 풍요를 누릴 수 있었기 때문이다. 17세기가 끝나가면서 네덜란드는 뉴욕을 잃었고, 금융 및 제국의 심장이라는 유럽 내 지위도 잃었다. 여기에는 현실에 안주하는 안일한 자세도 한몫했고, 대륙전쟁을 치르느라 전쟁경비를 과도하게 지출한 탓도 컸다. 무역과 해운업을 통해 막대한 부를 축적하게 된 상인들은 대규모 토지를 구입하면서 점차 귀족화의 과정을 밟았다. 결과적으로 암스테르담은 점점 화려했던 베네치아의 모습을 닮아 갔다.³

사실 1670년까지 네덜란드의 보유선박 총톤수는 영국의 3배였다. 1700년 시점에서는 네덜란드가 영국보다 선박을 많이 갖고 조선기술에서도 세계 최고였다. 영국보다 40~50% 싼 비용으로 선박을 건조할 수 있는 기술도 보유하고 있었다. 그런 네덜란드의 조선업과 해운업이 18세기에 접어들면서 영국에 최고의 자리를 물려주게 된다. 네덜란드 역시 제조업 없이 패권국가가 된 스페인의 전철을 밟았다. 16세기 중반 네덜란드는 양곡과 목재, 철 등 원자재를 다른 나라에서 전적으로 수입했다. 본토에서 조선업, 방직업 등이 발전하고 있었지만, 이것 역시 원자재는 해상무역을 통해 들여온 원료에 의존했다. 영국과 프랑스가 식민지를 만들어 원자재를 공급받은 방식과는 달리 네덜란드는 무력에 의존하여 원주민을 통제하는 방식이었다.

16세기 후반 네덜란드는 전 세계 식민지를 통제하기 위하여 방대한 관료체제를 구축했다. 관료체제는 VOC와 서인도회사의 규모를 확장하는 데 공헌했지만, 관료제의 부작용 또한 심각하였다. 애덤 스미스는 영국에서 막 산업혁명이 시작할 무렵인 1776년 《국부론》에서 네덜란드야말로 영국보다 잘 사는 나라라고 평가했지만, 네덜란드의 미래에 대해서는 그다지 좋게 평가하지 않았다. 그 이유는 장기간 전쟁으로 네덜란드 정부의 재정이 어려워지면서 세금부담은 급증했고, 노동자의 임금은 급등했기 때문이라고 지적했다. 세금급등, 고임금과 제조업 노동력 부족은 결국 네덜란드가 산업혁명 대열에 끼지 못하게 만드는 족쇄가 됐다.

네덜란드 쇠락의 결정적 원인은 다섯 가지로 설명될 수 있다. 첫째, 영국과 프랑스라는 강력한 경쟁자들의 도전이 거셌다. 영국과는 세 차례에 걸친 전쟁(1652~1674년)에 의해 네덜란드의 세계 식민의 구상이 무너졌다. 프랑스가 1794년 네덜란드를 침공하고 지배하게 되자 1800년 1월 1일 VOC는 해산되었다. 둘째, 영국과 프랑스가 인도의 패권을 다투면서 향신료를 안정적으로 공급하게 되어 동남아시아의 향신료는 더 이상 황금 알을 낳는 거위가 되지 못했다. 더욱이 카리브 해의 노예에 의한 대량 플랜테이션으로 동남아 시장은 생산가성비에서 뒤지기 시작했다. 셋째, 청나라의 중국통일과 해금정책 강화, 일본산 은 생산 급감으로 동양무역은 위축되었다. 넷째, 영국은 1688년 명예혁명으로 제임스 2세가 추방당하자, 윌리엄 3세를 네덜란드 총독이자 영국 국왕으로 맞았으나 윌리엄 3세는 네덜란드 총독보다는 영국 국왕으로서 영국을 위해 네덜란드의 이익을 희생하기까지 했다. 다섯째, 네덜란드 은행이 과거 스페인과 푸거 가문의 정경유착 실패라는 전철을 밟았다는 점이다.[4]

17세기 들어 암스테르담 금융업은 유럽왕실 대출을 본격적으로 하였으나, 슐레지엔 영유를 둘러싸고 유럽대국들이 둘로 갈라져 싸운 7년 전쟁(1756~1763년)이 터지자 돌이킬 수 없는 금융위기에 빠졌다. 네덜란드는 영국이나 프랑스처럼 강력한 왕권이 존재하지 않은 느슨한 연방제로 산업진흥을 위한 강력한 행정력도 군대도 동원할 수 없었다. 결국 43개 암스테르담 은행이 파산했고, 암스테르담의 금융업 쇠퇴와 함께 네덜란드의 세계패권은 영국으로 넘어가게 되었다. 해양력의 중요지표인 선박보유량을 보면, 17세기 해양패권을 장악했던 네덜란드는 표 8.1에서 보듯이 18세기에는 영국과 프랑스에 비해 무역 규모도 선박보유량도 크게 뒤졌다.

표 8.1. 1780년대 유럽 각국의 선박보유량

단위: 만 톤

영국	120.4	이탈리아	25.4
프랑스	72.9	독일	15.5
네덜란드	39.8	스페인	14.9
덴마크 · 노르웨이	38.6	포르투갈	8.5

네덜란드가 빠져 나간 공백을 놓고 영국과 프랑스가 치열한 경쟁을 벌였다. 처음에는 자금과 인구가 많은 프랑스가 유리했지만, 결국은 금융제도의 신뢰를 얻은 영국의 승리로 끝났다. 프랑스의 신용 하락의 대표적 사례는 18세기 유럽 최대의 금융버블이라 불리는 악명 높은 '미시시피 버블'이다. 『미시시피 계획 Compagnie du Mississippi』은 18세기 초 북미에 식민지를 건설한 프랑스가 미시시피 강 주변을 개발하려던 계획이다. 프랑스의 이 계획은 회사의 실적이 매우 나쁨에도 불구하고 발행 가격의 40배까지 주가가 폭등하는 개발 거품 사태를 초래했다. 프랑스의 '미시시피 버블'은 네덜란드의 '튤립 버블'과 영국의 '남해회사 the South Sea Company 버블' 사건과 더불어 근대 유럽의 3대 버블경제의 대표이다. 버블경제에 관해 영국의 경제학자 존 케인즈 J. M. Keynes는 '더 큰 바보이론 The Greater Fool Theory'로 설명했다. 거품경제에서 투기꾼들은 항상 더 비싼 값에 사려는 '더 큰 바보'가 있을 것이란 기대감 때문에 비싼 값에도 물건을 구매한다는 것이다.

미국 경제학자 찰스 킨들버거 C. P. Kindleberger는 착각과 오해, 그리고 비이성적 과열보다 심각한 경제 인식의 오류 상태를 '광기'로 표현했다. 그의 저서 《광기, 패닉, 붕괴: 금융위기의 역사, 1978》에서는 17세기 네덜란드 튤립 투기나 1929년 대공황 과정에서 튤립 알뿌리와 미국 주가를 천정부지로 끌어올렸던 투자자들의 근거 없는 집단적 낙관을 광기로 봤다. 그리고 그 광기의 끝에 '패닉'이 발생하고, 그에 따라 결국 금융시장이 '붕괴'하는 공황의 악순환 모델을 분석했다. 미시시피 버블은 프랑스 루이 15세 왕조를 흔들었고, 급기야 프랑스 혁명으로 치닫게 됐다. 프랑스의 해외제국이 무너지는 동안 영국의 민간회사들은 급신장하였다. 이들 회사들은 런던거래소에 기반을 두고 미국과 인도에서 활약하였다. 이들이 중심역할을 한 영국 동인도회사는 인도를 100년 동안 지배했다. 영국왕은 1858년에 인도를 국유화했고, 동인도회사의 민영군대도 국유화했다. 나폴레옹은 영국을 '가게주인들의 나라'라고 비웃었지만, 가게주인들이 세운 대영 제국은 역사상 최대이자 최강의 제국이 되었다.

3. 국운을 건 간척매립과 해운항만사업

네덜란드만큼 물의 위협을 무시무시하게 받으며 살아온 나라도 드물다. 1421년 11월 성 엘리자베스 홍수로 인해 10개가 넘는 도시가 물에 잠긴 적이 있었다. 이때부터 제방은 해안 도시의 필수요소가 되었다. 1953년 2월에는 폭풍과 함께 몰아닥친 거대한 해일이 제일란트 Zeeland주를 중심으로 한 남서부해안지역을 뒤덮었다. 이재민만 7만 2천 명을 넘었고, 가옥 4만 7천여 채와 16만 ha의 농경지가 흔적도 없이 사라졌다. 네덜란드에게 부의 축적 수단이자 17세기 황금의 시대를 열어준 바다였지만, 1953년의 물난리 이후 바다는 최악의 위협 요인으로 바뀌었다.

그 후 네덜란드는 바다와 싸우며 바다로부터 영토를 만들었고, 바다와 함께 사는 법을 배웠다. 네덜란드는 댐, 제방, 수문, 운하건설 기술 등 세계최고의 수리공학기술을 바탕으로 1958년부터 1997년까지 두 개의 거대한

'국책매립간척사업'을 추진했다. 하나는 암스테르담 북쪽에 위치한 '쥬다지 Zyderzee 간척사업'이고, 다른 하나는 네덜란드 서남해안의 '델타 Delta 프로젝트'였다. 거대한 해일방파제가 축조됐고, 간척 매립된 땅들은 염분이 제거되면서 비옥한 목초지와 농경지로 변하였다. 이 프로젝트의 마지막 관문이자 최대 걸림돌은 오스터 스헬더 강의 만 어귀를 댐으로 막는 일이었다. 폭이 워낙 넓고 수심이 깊어 기술적으로 어려운 난관이었다. 오스터 스헬더 강 유역의 자연생태계 보호를 위해 둑을 막아서는 안 된다는 환경주의자들과 북해로 나아갈 수 없어 생계가 막히게 된 지역주민들의 반대가 거셌다. 네덜란드 정부는 다년간의 연구조사 끝에 만 입구에 수문을 달아 평소에는 바닷물이 드나들 수 있게 하고 홍수가 예상되면 이를 닫는다는 계획을 수립했다. 이로 인해 당초 계획보다 8년 뒤에 델타 프로젝트는 완성되었고, 이 방조제 공사는 세계의 여덟 번째 불가사의라고 불린다.

우리나라도 산업화 시대에 서해안 간척매립에 의한 농경지와 산업용지 확대는 국가사업이었지만, 21세기에 들어서면서 간척매립의 가치에 대한 논란이 커지고 있다. 세계 해양 개척사에서 주목할 점 중 하나는 바다를 매립·간척하여 농경지와 도시를 만든 나라들이 융성했다는 점이다. 베네치아 공화국, 네덜란드, 싱가포르와 홍콩이 그렇다. 바다를 메워 땅 한 평을 만든다는 것이 얼마나 소중한지, 기술적으로는 얼마나 어려운지, 그리고 매립한 땅의 생산성 극대화를 위한 처절한 노력이 결국 부강한 나라를 만든 것이다. 네덜란드의 노사정 타협 정신은 '폴더 polder모델'로 폴더는 국토 대부분이 해수면보다 낮은 이 나라 사람들이 힘을 합쳐 땅을 간척한 것에서 유래한 용어다. 노동 유연성과 일자리 나누기로 노동 개혁을 앞당긴 동력이기도 하다.

빔 코크 Willem Wim Kok 내각(총리 재임 1994~2002년)은 노사협력

에 의해 네덜란드 경제의 심장인 물류개혁과 해운항만 선진화의 기틀을 굳건히 만들었다. 세계은행조사에 따르면, 네덜란드는 배송품질 가격, 통관의 용이성 등을 바탕으로 평가하는 '세계물류성과지수 World Logistics Performance Index'에서 2015년 2위, 2016년 4위를 차지할 정도로 우수하다. 항만, 공항, 철도의 연계가 원활하고, 자동화 프로세스가 탁월하기 때문이다. 유럽의 다른 항만이 출항에 12시간 소요된다면, 로테르담 항은 2시간에 불과하다. '글로벌 공급사슬망 SCM'의 우수성으로 전 세계에서 1천여 개 물류기업이 네덜란드에 물류센터를 운영하고 있다. 네덜란드 전체 인구의 12%가 물류관련사업에 종사하고, 유럽으로 유입되는 물동량의 약 40%가 네덜란드를 통과한다. 네덜란드의 물류산업은 2014년 한 해 동안 직접적으로 부가가치창출 550억 유로, 정규직원 고용 81만 명, 그리고 1258억 유로의 생산가치효과를 유발했다.

네덜란드는 지정학 측면에서 유럽의 관문역할을 하고 있다. 북쪽과 서쪽으로는 북해, 동쪽으로는 독일, 남쪽으로는 벨기에를 접하고 있으며, 바다로 흘러가는 라인 강, 뫼즈 강, 스헬데 강을 끼고 있어 예로부터 강대국들이 탐내던 지역이다. 네덜란드의 해양지정학은 동북아시아의 한국과 매우 흡사하다. 네덜란드는 한때 프랑스와 스페인의 속국이 되기도 했으나 17세기에는 동인도회사를 설립하고 인도네시아를 식민지로 경영하는 등 한때 유럽 최강의 상업국가로 군림하였다. 1585년 서유럽 최고의 무역 중심지였던 안트베르펜 Antwerpen (영어로는 앤트워프 Antwerp, 프랑스어로는 앙베르 Anvers)이 몰락하면서 암스테르담이 그 역할을 담당하게 되었다. 안트베르펜은 브뤼셀 북쪽 41㎞, 북해에서 약 90㎞ 지점인 스헬데 강 하구 우안에 위치하며, 상업과 무역의 중심지로 유럽 4대 무역항의 하나이다. 12세기부터 상업이 발달하였고, 16세기 전반에는 스페인의 신대륙무역과 포르투갈의 동인도무역의 '결절점 node'으로 유럽 제일의 무역항으로 성장하게 되었다. 아울러 금융업도 성황을 이루어 1531년에는 유럽 최초의 주식거래소도 생겼으며 지방경제활동의 중심지로서 전성기를 맞이하였다. 그러나 네덜란드 독립전쟁 때 스페인의 공격을 받고, 1585년 파르마 공작에게 점령된데다가 네덜란드의 독립으로 스헬데 강의 항행이 금지된 뒤부터 암스테르담에 그 지위를 빼앗겼다. 암스테르담이 유럽의 중심도시로 부상하게 된 이유는 ▲수산업과 국제무역, 그리고 관련 산업의 성공 ▲타 유럽 국가들의 보호주의 경제정책 부재에 반해 암스테르담은 중상정책 추진 ▲교육제도 수월성과 문맹률 최저 등이었다. 16세기 중반 암스테르담은 유럽의 곡물무역의 중심지로 자리매김했고, 남유럽에서 온 향신료, 포도주, 소금과 청어와 직물은 발트 해 항구로 운송되었다.

한편 21세기에 들어와 무인 자동차가 컨테이너를 운반하고 풍력발전으로 동력을 얻는, 세계에서 가장 효율적인 항구가 네덜란드의 로테르담 항이다. 매년 전 세계에서 찾아온 3만 척의 화물선이 로테르담 항을 오고 간다. 유럽의 메인포트라는 별명을 가진 로테르담 항은 유럽의 함부르크, 런던, 브레멘 항과 함께 북해 연안의 주요 항구로 손꼽힌다. 로테르담 항은 네덜란드 GDP의 3.2%를 창출하며, 경제적 부가가치 창출 금액은 매년 22조 원이다. 로테르담 항이 연간 처리하는 물동량은 4억6천만 톤으로 부산항의 약 1.3배에 해당한다. 2016년에는 컨테이너 처리량 기준 전 세계 9위를 차지했다. 독일의 함부르크 항, 벨기에의 앤트워프 항, 프랑스의 르아브르 항과 경쟁 및 보완관계에 있다.

네덜란드가 지난 반세기 동안 물류강국의 위치를 지킬 수 있었던 비결은 종합물류기지에 있다. 라인 강 삼각주를 따라 발달한 로테르담 항은 북해에 직접 접하지 않고 강의 하류에 위치하면서 8개국 26개 항만과 연결되어 있다. 로테르담 항에는 3개의 대규모 유통단지가 있다. 물류와 금융 등 서비스업 비중이 높아 유럽 내륙의 관문 역할을 맡은 로테르담 항은 배후에 4억 5천만 명의 소비자를 가진 국제물류의 중심지로서 역할을 맡고 있다. 항만이 위치한 레인몬드 시 인구 중 약 19%가 로테르담 항에 근무하고 있을 정도로, 해운업은 로테르담의 지역 경제를 지탱하고 있다. 로테르담 항은 전 세계 해운업을 하나의 국가로 보면 세계 6위의 탄소배출국이 된다. 그 규모만큼이나 해양 환경에 대한 책임감이 큰 로테르담 항은 최근 저탄소 녹색성장 항만인 '그린포트' 정책을 꺼내들었다. 로테르담 항은 특정 중유를 사용하는 선박의 입항을 금지한다. 이윤 극대화라는 시장의 요구와 미래세대를 위한 친환경 사이에서 건전한 균형을 유지하기 위해서다. 로테르담 항은 2007년 '로테르담 기후 이니셔티브'를 수립해 온실가스배출량을 2035년까지 1990년 대비 80%로 감축하는 것을 목표로 삼았다.

4. '바세나르 협약'과 벤치마킹 대상국가

네덜란드는 제1차 세계대전 기간에 중립을 지키기도 했지만, 제2차 세계대전 때는 독일군에 의해 점령되었다. 이 점령기 동안 네덜란드 여왕은 영국으로 피신해 임시정부를 이끌어야 했다. 제2차 세계대전 후 네덜란드의 온 국토는 피폐해졌고, 가장 큰 교역국이었던 독일이 패전 후유증으로 시장 기능을 상실하자 수출통로가 막혀버렸다. 더구나 마셜 플랜 이후 달러화만이 신용 있는 국제통화로 유통되면서 길더, 프랑, 마르크를 주로 상대해왔던 네덜란드는 심각한 재정위기에 빠질 수밖에 없었고, 때마침 식민지였던 인도네시아도 독립의 길로 나아가고 있었다. 제2차 세계대전 이후 네덜란드의 정치경제적 개혁은 역사에서 특별한 의미를 갖는다. 1945년부터 정파를 초월하여 수립된 임시내각은 화폐개혁을 비롯한 강력한 국가재건정책을 펼쳤다. 1950년대에는 가톨릭국민당과 노동당이 좌우 합작한 정부는 임금억제, 물가억제, 배급제, 농업·산업 분야에 대한 재정지원 등의 긴축정책을 계속 이어 나갔다. 그러나 장기간의 긴축정책으로 노동자들은 임금억제정책에 불만을 표출하기 시작했고, 결국 임금억제정책이 철폐되자 임금은 급속한 속도로 상승했다. 이때부터 임금은 물가상승률과 연계하여 상승했고, 이러한 '물가와 임금 연동제'는 훗날 '네덜란드 병'의 요인 중 하나로 자리 잡게 된다.

그러던 중 네덜란드는 1957년 예상치 않게 북부해역에서 세계 3대 천연가스 유전개발에 성공했다. 특이한 천연자원 하나 없이 협소한 국토에서 해상무역에만 의존해 나라살림을 꾸려야 했던 네덜란드에게 유전개발은 로또복권 당첨 같은 엄청난 행운이었다. 가시 없는 장미는 없다. 유전자원 개발에 따른 갑작스러운 외환증가로 제조업의 후퇴를 불러온 '네덜란드 병 Dutch Disease'이 발생했다.

네덜란드 경제는 최고의 호황기를 누리던 1972년을 정점으로 각종 경제지표들이 하강 곡선을 그리기 시작했다. 제2차 세계대전 이후 장기간 유지해 왔던 임금 안정 기조가 풀리면서 환율 하락과 임금상승이 맞물려 기업의 경쟁력이 더욱 하락했고 실업률은 크게 올랐다. '노동 없는 복지 welfare without work'가 자리 잡았다. 1960~70년대에는 노사 간 임금 협상이 난황을 겪다 불법 파업과 공장 폐쇄로 이어지는 일이 빈발했다. 임금만이 아니라 임금 수준에 연동된 사회보장 지출이 한계에 이르도록 팽창하여 네덜란드의 사회보장제도는 사실상 유지 불능한 수준이 되었다. 이런 상황에서 1973년과 1979년에 들이닥친 두 차례의 석유 위기는 네덜란드 경제를 완전히 나락에 빠뜨렸다. 동 기간은 '네덜란드 병'의 한계를 극명하게 보여준 기간이었다.

　네덜란드인들의 가장 큰 장점 중 하나는 평상시에는 분화되어 있다가도 위기에 직면하면 대단히 잘 단합한다는 것이다. 그래서 네덜란드인들은 가장 어려운 때가 일이 잘 되어 갈 때이고, 위기가 기회라고 말한다. 네덜란드 국민들은 역사상 단 한 번도 특정당을 절대 다수당으로 만들어주지 않아, 연정 없이 내각을 구성할 수 없었다. 네덜란드 경제개혁의 첫 출발을 이끌었던 루버스 내각(총리 재임 1982~1994년)은 연립내각이었으며, 노·사·정 타협의 세계적인 모범이라 불리는 《바세나르 Wassenaar 협약》을 원만하게 이끌어 냈다. 또한 그 뒤를 이은 빌럼 빔 코크 Willem Wim Kok 내각(총리 재임 1994~2002년)도 전혀 색채가 다른 여러 정당들이 연합하여 이른바 '자주색 연정 Purple Coalition'을 출범시켰다.

　빔 코크는 바세나르 협약 탄생 당시 노조 측 대표를 맡았었다. 1982년 11월, 네덜란드 노동조합총연맹위원장인 빔 코크는 경영자연합회장의 집을 찾았다. '자원의 저주' 때문에 물가·임금이 급등하고 제조업이 무너지는 '네덜란드 병'으로 국가 전체가 신음하던 때였다. 청년실업률은 30%를 웃돌았다. 두 사람은 며칠 동안의 마라톤협상 끝에 "노조는 임금 인상을 자제하고, 경영계는 근로시간을 줄여 일자리를 늘린다."는 《바세나르 협약》을 탄생시켰다. 위기 속에서 더욱 빛을 발하는 네덜란드의 이러한 타협과 합의 결과 정부는 세금을 낮춰 기업 부담을 덜어 주면서 생산과 고용 확대를 유도했다. 이로써 수출 경쟁력이 회복되고, 일자리가 늘었으며, 재정안정과 경제성장이 이뤄졌다. 총리가 된 빔 콕은 노동당 당수였으나 직전 정권의 정책기조를 거의 그대로 이어가면서 사회복지 지출축소, 노동시장 유연화, 규제완화와 공기업 민영화, 비과세지역 지정, 지식경제 전환 등 신자유주의적 정책을 과감히 추진했다. 빔 코크 총리가 네덜란드의 경제 기적 비결에 관한 주요 강론이다.

"정부는 세금을 낮추고, 기업은 고용을 늘리고, 노조는 일자리 재분배에 합의했다. 오랜 화합의 리더십으로 복지·성장 두 토끼를 잡았다. 이상적 복지는 없지만 합리적 복지는 있다. 지금 위기에 빠진 나라들은 수십 년 개혁을 미뤄 온 시간 낭비의 대가를 지불하는 것이며, 개혁의 필요성을 인식하는 데 시간을 낭비할수록 사회·정치적 악영향이 심각해진다. 가장 조화롭고 성공한 사회란 정부, 민간부문, 노동조합을 포함한 시민사회 등이 공동의 이익을 위해 함께 일할 준비가 된 사회다."

네덜란드와 우리나라의 유사점 및 비교우위 차이점을 열거해 보면 다음과 같다. 먼저 유사점으로는 ① 협소한 국토에 높은 인구 밀도, ② 부존자원 부족, ③ 우수한 인적자원 보유, ④ 주변 강대국들과 인접과 독립주권 상실 경험, ⑤ 지속적인 안보상의 위험 요소 존재 / 네덜란드는 자연재해 위협요소, ⑥ 높은 대외의존도, ⑦ 우수한 물류인프라 구축 등이다. 네덜란드 개혁의 성공요인과 그것이 보여주는 시사점은 한국이 벤치마킹할 부분이 많다.

첫째, 83년 이후 네덜란드 개혁의 성공은 '합의의 경제 consensus economy'라고 불리는 대화와 타협의 문화가 가장 큰 요인이다. 이것은 수세기 동안의 간척과정에서 서로 협동하지 않고는 위기를 극복할 수 없다는 역사 속에서 체득한 국민성일 수도 있다. 네덜란드의 '합의의 경제' 전통은 보수성과 현실성, 진취성과 개방성의 결합이라고 할 수 있다. 합의경제의 중심에는 노동인력의 신축적 태도와 높은 생산성을 뒷받침하는 노사협력이 바탕을 이룬다. 《바세나르 협약》은 당시 노동자와 사용자 측이 눈앞의 이익보다는 그 동안 쌓아온 사회복지정책의 골격을 바꾸지 않으면서 경제상황을 호전시킬 합리적인 방법을 담았다. 한국도 지난 98년 외환위기 극복과

정에서 《바세나르 협약》 모델을 따라 '노·사·정 위원회'를 설립했다.

둘째, 네덜란드의 공용어는 네덜란드어이지만 국민의 80%가 영어를 구사할 수 있어 영어를 공용어로 채택하지 않고 있는 나라 중 세계 제일의 수준이며, 국민의 85% 이상이 5개 외국어 구사능력을 갖고 있어 룩셈부르크에 이어 세계 2위를 차지한다. 국민의 30% 정도가 독일어를 20% 정도가 프랑스어를 이해 및 구사할 수 있다. 이렇듯 뛰어난 외국어 능력, 변화에 수세적이지 않는 자세는 과거 무역업으로 세계 바다를 누볐던 조상들의 상인정신 DNA 덕분일 수 있으며, 네덜란드 경제발전의 큰 원동력이 되어 왔다.

셋째, 개방적 국민성은 대외지향적인 경제구조를 추진하는 데 별다른 내부 거부감과 반발이 없다. 현재 네덜란드의 해외투자규모는 물론 주식시장에서 외국인이 차지하고 있는 주식소유비율은 서구선진국 중 월등히 높으며, 상장된 외국 기업수를 보면 암스테르담의 증권거래소가 런던에 이어 유럽 내 2위를 차지하고 있다. 임금보다는 고용을 중시하는 합리적이고 개방적인 태도로 노동시장 유연화를 무리 없이 추진했고, 공기업 민영화도 순조롭게 진행했다.

넷째, 정부의 일관성 있고 과감한 정책시행도 개혁성공의 요인으로 꼽힌다. 정부는 바뀌어도 올바른 정책은 바꾸지 않는다는 당연한 명제를 네덜란드는 직접 실현해왔다. 바세나르 협약 당시 노동자 측의 대표로 나섰던 빔 코크는 루버스 3차 내각의 재무장관을 역임했고, 루버스 정부에 이어 노동당 연립내각의 총리로 경제개혁을 진두지휘했다. 내각제 정치형태 때문에 빈번한 정권교체가 이루어지며 각기 성격이 다른 정당들이 내각을 구성하고 있음에도 불구하고 한번 장기적 정책으로 결정한 내용을 쉽게 바꾸지 않았다. 정권교체는 정치적 보복을 동반하고, 한 정권의 집권기간 중에도 손바닥 뒤집듯 정책을 번복하는 한국과 비교할 때 중요한 요소이다.

다섯째, 네덜란드는 부가가치 물류를 실현할 수 있는 연관 산업과 IT융합 기술 제공이 가능하며, '학습국가'로서 2년마다 국민들에게 앞서가는 선진 현장을 전국적으로 교육한다. 잠시라도 방심하면 안 된다는 긴장감을 늦추지 않고 있으며, 부단히 외부로부터 배우고 혁신해 가는 국민정신이 지속적 성장의 밑거름이 되고 있다. 지속가능한 미래를 위해 정부 · 민간 · 연구의 세 분야가 혁신과 기술을 만드는 '트라이앵글' 협력모델을 구축했다.

우리나라가 추진하고 있는 동북아 물류 중심국가 건설, 새만금사업의 혁신적 사업추진, 관세자유무역지대, 글로벌 공급망관리 전략을 통한 외자유치, 노사협력 등 국가현안을 해결하기 위해서는 네덜란드 국가지도층과 산업계의 해양책략을 끊임없이 배우고 벤치마킹해야 한다.

참고문헌

제1장 책략과 해양리더십

1. Edward Luttwak, 《Strategy》, Harvard University Press, 1987
2. 로렌스 프리드먼 지음, 이경식 옮김, 《전략의 역사 1》, 비즈니스북스, 2014, pp. 17~19
3. 로렌스 프리드먼 지음, 이경식 옮김, 위와 동일
4. General Stanley McChrystal et al., 《Leaders: Myth and Reality》, Penguin, 2018
5. Joshua M. Brown, 《The Reformed Broker》, 2015
6. Richard P Rumelt, 《Good Strategy/Bad Strategy》, Crown Business, 2011
7. 시오노 나나미 지음, 정도영 옮김, 《바다의 도시 이야기 상》, 한길사, 1996
8. 〈50년 이상 장수 기업들의 3가지 공통점〉, 《프리미엄 조선》, 2016. 9. 25.
9. 김위찬·르네 마보안 지음, 강혜구 옮김, 《블루오션전략》, 2005
10. 미야자키 마사카츠 지음, 황선종 옮김, 《흐름이 보이는 세계사 경제공부》, 어크로스, 2017
11. 제임스 M. 블라우트 지음, 김동택 옮김, 《식민주의자의 세계 모델 The Colonizer's Model of the World : Geographical Diffusionism and Eurocentric History》, 성균관대학교 출판부, 2008. 10, p. 396
12. 천위루·양천 지음, 하진이 옮김, 《금융으로 본 세계사》, 시그마북스, 2017, pp. 220~222
13. 니콜라스 크리스토프·쉐릴 우던, 《동쪽으로부터의 천둥: 떠오르는 아시아의 초상 Thunder From the East: Portrait of a Rising Asia》, Vintage Books
14. Stephen N. Broadberry et al., 《China, Europe and the Great Divergence: A Study in Historical National Accounting, 980-1850》, CEPR Discussion Paper, 2017
15. 유성운, 〈산업혁명 500년 전 영국보다 잘 살았던 송나라, 왜 망했나〉, 《중앙일보》, 2018. 7. 29.
16. Carl Trocki, 《Opium, Empire and the Global Political Economy》, Routledge, 1999, p. 91
17. 유발 하라리 지음, 조현욱 옮김, 《사피엔스》, 김영사, 2015, pp. 401~402
18. 김경준, 《위대한 기업, 로마에서 배운다》, 원앤원북스, 2007

제2장 세계 3대 전략서와 경영전략 모델

1. 1) 〈손자병법〉, 나무위키
   2) 이현서, 《손자병법》, 청아출판사, 2014
2. 화산 지음, 이인호 옮김, 《화산의 온전하게 통하는 손자병법》, 뿌리와 이파리, 2016
3. 1) 로렌스 프리드먼 지음, 이경식 옮김, 《전략의 역사 1》, 비즈니스북스, 2014
   2) 스즈키 히로키 지음, 김대일 옮김, 《전략의 교실》, 다산북스, 2015
4. 로렌스 프리드먼 지음, 이경식 옮김, 위와 동일, p. 200
5. 스즈키 히로키 지음, 김대일 옮김, 위와 동일, pp. 72~73
6. 카를 폰 클라우제비츠 지음, 정토웅 옮김, 《전쟁론》, 지식을 만드는 지식, 2011
7. 허만 S. 네이피어 외 지음, 김원호 옮김, 《위대한 장군들의 경영전략》, 시아출판사, 2002, pp. 12~16

8. 송병락, 《전략의 신》, 쌤앤파커스, 2015, pp. 39~42
9. 〈미야모토 무사시〉, 《해외저자사전》, 교보문고, 네이버 지식백과, 2014
10. Robert Greene, 《The 33 Strategies of War》, Penguin Books, 2007
11. Robert Greene, 위와 동일, pp. 18~21
12. 미야모토 무사시 지음, 박화 옮김, 《미야모토 무사시의 오륜서》, 원앤원북스, 2017
13. 미타니 고지 지음, 김정환 옮김, 《경영전략 논쟁사》, 엔트리, 2013
14. 미타니 고지 지음, 김정환 옮김, 위와 동일
15. 〈크게 성공한 기업일수록 '한방에 훅'… 실패하는 이유 – 크리스텐슨 교수 인터뷰〉, 《dongA.com》, 2018. 11. 6.
16. 김남희, 〈죄수의 딜레마〉, 《심리학용어사전》, 네이버 지식백과, 2014. 4.
17. 로렌스 프리드먼 지음, 이경식 옮김, 위와 동일, pp. 670~671

제3장 대륙지정학과 해양지정학 그리고 한국의 지정학

1. H. J. Mackinder, 〈역사의 지리적 중심축 The geographical pivot of history〉, 《The Geographical Journal, 1904》, pp. 421~437
2. Colin S. Gray & Geoffrey Sloan, 《Geopolitics, geography and strategy》, Frank Cass, 1999, pp. 15~38
3. Mark R. Polelle, 《Raising Cartographic Consciousness》, Lexington Books, 1999, p. 57
4. 조지프 나이, 〈시진핑의 마르코 폴로 전략〉, 《한국일보》, 2017. 6. 18.
5. 조지 F. 케넌 지음, 유강은 옮김, 《조지 케넌의 미국 외교 50년》, 가람기획, 2013, pp. 332~336
6. 김재철·박춘호·이정환·홍승용 엮음, 《신해양시대 신국부론》, 나남, 2008, p. 533
7. Alfred T. Mahan, 《The Influence of Sea Power upon History, 1660-1783》, Sampson Low, Marston & Co., 1892
8. 이장훈, 〈머핸 제독 인도·태평양서 부활?〉, 《주간조선》 2482호, 2017. 11. 13.
9. 김용구, 《세계외교사》, 서울대학교 출판부, 2006
10. 김태웅, 《세계 속의 한국사》, 태학사, 2009, pp. 361~363
11. 《高宗實錄》 권19, 고종 19년 8월 5일
12. 《황성신보 皇城新報》, 광무 2년 11월 5일
13. 김재철·박춘호·이정환·홍승용 엮음, 위와 동일, pp. 33~66
14. 요한 셸렌, 《생존형태로서의 국가》, 1916
15. 이어령·정형모, 《이어령의 지의 최전선》, arte, 2016
16. 이어령·정형모, 위와 동일
17. 마이클 그린, 〈한국은 대륙 국가일까 아니면 해양 국가일까〉, 《중앙일보》, 2014. 6. 11.

제4장 세계사를 바꾼 대항해·운하·해저터널

1. 최진석, 《탁월한 사유의 시선》, 21세기북스, 2017
2. 최진석, 〈무모한 여정 끝에 더 높은 세상이 있다〉, 《대전일보》, 2017. 4. 24.

3. Stephen Weir, 《History's Worst Decisions》, Pier 9, 2008
4. J. R. Hale, 《Renaissance Exploration》, Norton and Company, Inc., 1968, p. 40
5. 맹성렬, 〈과대평가된 영웅들, 콜럼버스와 다 가마(2) - 무모했던 항해자들〉, 《all that mystery》, 네이버 지식백과, 2014
6. 로빈 한부리 테니슨 지음, 이병렬 옮김, 《위대한 탐험가들 Great Explorers》, 21세기북스, 2010, pp. 16~40
7. Suez Canal Authority, http://www.suezcanal.gov.eg
8. 〈수에즈 운하〉, 두산백과
9. 손주영, 《이집트역사 다이제스트 100》, 가람기획, 2009
10. Stephen Weir, 위와 동일, pp. 167~171
11. 정치학대사전편찬위원회, 〈콘스탄티노플조약〉, 《21세기 정치학대사전》, 한국사전연구사
12. Suez Canal Authority, 위와 동일
13. 박경덕, 〈'육지판 모세의 기적' 수에즈 운하〉, 《중앙일보》, 2018. 1. 30.
14. 이강혁, 《라틴아메리카역사 다이제스트 100》, 가람기획, 2008
15. 한지은 지음, (사)대한지리학회 편찬, 〈파나마 운하〉, 《세계지명사전 중남미편: 인문지명》, ㈜푸른길, 2014
16. 〈美 앞마당까지 파고든 中 '일대일로'... 美, 브라질과 손잡고 반격〉, 《서울신문》, 2019. 1. 7.
17. 〈니카라과 운하〉, 나무위키

제5장 역사를 바꾼 세계 해전과 승전장군의 책략

1. James Holmes, 〈Top Five Naval Battles of All Time〉, 《The National Interest》, 2014. 10. 1.
2. 김상근, 〈'땅의 도시' 아테네 살린 '그리스 이순신' 그도 돈과 명예에서 자유롭진 못했다〉, 《동아비즈니스리뷰》, 160호, 2014. 9.
3. 정토웅, 《세계전쟁사 다이제스트 100》, 가람기획, 2010
4. 김상근, 위와 동일
5. 정토웅, 위와 동일
6. 박광용, 《역사를 전환시킨 해전과 해양개척인물》, 해상왕장보고기념사업회, 2008, pp. 105~107
7. 이강혁, 《스페인역사 다이제스트 100》, 가람기획, 2012
8. Serpil Atamaz Hazar, 〈Review of Confrontation at Lepanto: Christendom vs. Islam〉, 《The Historian 70.1》, 2008, p. 163
9. John Keegan, 《A History Of Warfare》, Vintage, 1993
10. John Keegan, 위와 동일
11. Paul K. Davis, 《100 Decisive Battles: From Ancient Times to the Present》, Oxford University Press, 2001
12. 박광용, 위와 동일, pp. 224~225

13. 나오연 편찬, 《거북선을 만든 과학자 체암 나대용 장군》, 세창문화사, 2015
14. 《이충무공행록》
15. 사토 데쓰타로, 세키코세이, 오가사와라 나가나리 지음, 김해경 옮김, 《이순신 홀로 조선을 구하다》, 가갸날, 2019
16. 1) 김태훈, 《그러나 이순신이 있었다》, 일상이상, 2014
    2) 박종평, 《이순신, 지금 우리가 원하는》, 꿈결, 2017
    3) 박광용, 위와 동일, pp. 198~199
    4) 제장명, 《이순신 파워 인맥, 이순신을 만든 사람들》, 행복한 미래, 2018
    5) 이부경, 《위기의 리더십 난중일기 코드로 풀다》, 드림엔터, 2012
17. 박종평, 위와 동일
18. 제장명, 위와 동일
19. 〈트라팔가르 해전〉, 나무위키

제6장 바다 너머를 경영한 나라

1. 스즈키 히로키 지음, 김대일 옮김, 《전략의 교실》, 다산북스, 2015
2. 파사 보즈 지음, 박승범 옮김, 《전략의 기술》, 매일경제신문사, 2003
3. Plutarch, 《Lives, Vol. VII》, Harvard University Press, 1919, p. 668
4. 스즈키 히로키 지음, 김대일 옮김, 위와 동일, pp. 42~60
5. 가토 히사다케 외 지음, 이신철 옮김, 《헤겔사전》, 도서출판b, 2009
6. 〈Fort Benning〉, Wikipedia
7. 'George C. Marshall : Soldier of Peace', Mark A. Stoler, Youtube - GCMarshallFoundation, 2017. 10. 20.
8. 시오노 나나미 지음, 한성례 옮김, 《또 하나의 로마인 이야기》, 부엔리브로, 2007, pp. 136~162
9. 시오노 나나미, 한성례 옮김, 위와 동일, p. 131
10. J. H. Rose, 《The Mediterranean in the Ancient Times》, Cambridge: Cambridge University Press, 1933, p. 100, pp. 145~146.
11. 마키아벨리 지음, 이동진 옮김, 《군주론과 로마사 평론》, 해누리, 2010
12. 스츠키 히로키 지음, 김대일 옮김, 위와 동일
13. 무라타 료헤이 지음, 이주하 옮김, 《바다가 일본의 미래다》, 청어, 2008, p. 107
14. 〈바이킹〉, 위키백과
15. 천위루·양천 지음, 하진이 옮김, 《금융으로 본 세계사》, 시그마북스, 2014, p. 83
16. A.P. 몰러-머스크 그룹 홈페이지
17. 〈성장위주 기업에서 성과위주 기업으로.. 뼈깎는 체질개선 '머스크맨', 정상에 서다〉, 《동아비즈니스리뷰》, 165호, 2014. 11, pp. 52~59
18. 《동아비즈니스리뷰》, 위와 동일
19. 1) 김경준, 〈스웨덴 명문가는 왜 후계자를 海士에 입학시킬까?〉, 《조선일보》, 2018. 7. 17.

2) 〈"Esse Non Videri", 존재하되 드러내지 않는다〉,《월간 시이오앤》, 2019. 3. 25.
20. 마르코 폴로 지음, 김호동 옮김,《마르코 폴로의 동방견문록》, 사계절, 2000
21. 마르코 폴로 지음, 김호동 옮김, 위와 동일
22. 시오노 나나미 지음, 정도영 옮김,《바다의 도시 이야기 상》, 한길사, 1996

제7장 천하의 바다를 양분한 포르투갈과 스페인

1. 미야자키 마사카츠 지음, 이근우 옮김,《해도의 세계사》, 어문학사, 2017
2. 〈바스코 다 가마〉, 네이버 지식백과
3. 김상근,《세계지도의 역사와 한반도의 발견》, 살림출판사, 2004
4. 이주영,〈콜럼버스의 위대한 항해〉,《미국사》, 미래엔, 2009
5. 천위루·양천 지음, 하진이 옮김,《금융으로 본 세계사》, 시그마북스, 2017, p. 126
6. 미야자키 마사카츠 지음, 이근우 옮김,《해도의 세계사》, 어문학사, 2017
7. 미야자키 마사카츠 지음, 이근우 옮김, 위와 동일
8. 윤경철,《대단한 지구여행》, 푸른길, 2011
9. John Noble Wilford,《The Mapmakers: the Story of the Great Pioneers in Cartography-from Antiquity to the Space Age》, Alfred A Knopf, 2000, p. 21, 76
10. 잭 첼로너 편집, 이사빈 외 옮김,《죽기 전에 꼭 알아야 할 세상을 바꾼 발명품 1001》, 마로니에 북스, 2010
11. Edmund S. Morgan,〈Columbus' Confusion About the New World〉,《Smithsonian Magazine》, 2009
12. 이주영, 위와 동일
13. 맹성렬,〈과대평가된 영웅들, 콜럼버스와 다 가마(2) - 무모했던 항해자들〉,《all that mystery》, 네이버 지식백과, 2014
14. 맹성렬, 위와 동일
15. 윤경철, 위와 동일
16. 유종선,《미국사 다이제스트 100》, 가람기획, 2012
17. 천위루·양천 지음, 하진이 옮김, 위와 동일, pp. 134~135
18. 그레그 스타인메츠 지음, 노승영 옮김,《자본가의 탄생》, 부키, 2018, pp. 9~15
19. 그레그 스타인메츠 지음, 노승영 옮김, 위와 동일
20. 그레그 스타인메츠 지음, 노승영 옮김, 위와 동일, pp. 127~129
21. 그레그 스타인메츠 지음, 노승영 옮김, 위와 동일, p. 317
22. 천위루·양천 지음, 하진이 옮김, 위와 동일, pp. 137~139
23. 함규진,《조약의 세계사》, 미래의 창, 2014
24. 함규진, 위와 동일

제8장 동방무역과 금융으로 해양패권 이룬 네덜란드

1. 유발 하라리 지음, 조현욱 옮김,《사피엔스》, 김영사, 2015, pp. 450~451
2. Stephen Weir,《History's Worst Decisions》, Pier 9, 2008, pp. 60~63
3. 아오키 에이치 지음, 최재수 옮김,《시 파워의 세계사 1》, 한국해사문제연구소, 1995
4. 우야마 다쿠에이 지음, 오세웅 옮김,《너무 재밌어서 잠 못 드는 세계사》, 생각의 길, 2016

표 참고

표 1.1. 아시아 경제와 서유럽·미국 경제 비교(GDP, % 점유율) / 자료: Nicolas D. Kristof & Sheryl WuDunn,《Thunder from the East: Portrait of a Rising Asia》, Vintage Books, N. Y., 2000

표 1.2. 중국과 영국 GDP 수준 비교(1990년 미국 달러 가치 기준) / 자료: Stephen Broadberry *et al*.,《China, Europe and the Great Divergence : A Study in Historical National Accounting, 980-1850》, CEPR Discussion Paper, 2017

표 6.1. 컨테이너 선박 대형화 추이 / 자료: KMI,〈동향분석〉, 각 연도

표 8.1. 1780년대 유럽 각국의 선박보유량 / 자료: 우야마 다쿠에이 지음, 오세웅 옮김,《너무 재밌어서 잠 못 드는 세계사》, 생각의 길, 2016, p. 201

그림 참고

그림 4.1. 페르디낭 드 레셉스(1805~1894) / 자료: www.wikipedia.org
그림 4.2. 수에즈 운하 개통 후 항로의 변화 / 자료: EnCyber.com
그림 4.4. 제2 파나마 운하 건설에 따른 운하능력과 항로시간 / 자료: 파나마 운하청
그림 4.6. 중국과 태국의 크라 운하 계획 / 자료: 연합뉴스 2015. 5. 19.
그림 4.7. 지브롤터 해협 / 자료: doopedia.co.kr
그림 5.1. 김형구,《한산대첩》, 1975 / 자료: dh.aks.ac.kr/Edu
그림 6.2. 마르코 폴로의 여행경로 / 자료: EnCyber.com
그림 7.1. 바스코 다 가마의 인도 항로 탐험 항적 / 자료: EnCyber.com
그림 7.4. 마젤란의 세계 일주 항로 항적 / 자료: EnCyber.com
그림 7.5. 토르데시야스 조약에 따른 스페인과 포르투갈 바다 관할 / 자료: EnCyber.com

INDEX

ㄱ

가격혁명	3, 30, 302
개화교서	115
갤리언	181
거대한 체스 판	99
게오르크 헤겔	38
결정적 해전 선정 기준	166
경쟁전략	81
고대 7대 불가사의	151
고토 신페이	119
공자	21
구변편	56
구지편	58, 194
국가 경쟁력 우위	83
국가의 지위	38
국부론	330
군주론	244
군형편	53
궤도	49
그로티우스	319
김성길	193
김위찬	25, 26
김홍집	113, 115

ㄴ

나대용	209
나세르	136
나일 해전	214
나폴레옹	18, 155, 213
난중일기	194
내수외양정책	112
네덜란드 병	338
네카우	132
넬슨	7, 41, 167
노르만 왕국	247
노스	41
니카라과 운하	147
니코마코스	225
니코스 카잔차키스	228
니콜라스 스파이크만	5, 108
니콜라스 코라스	18
니콜라스 크리스토프	32
니콜로 마키아벨리	20, 285

ㄷ

다니엘 오르테가	150
다리우스	132
다오렌전략	107
대니얼 카너먼	19
데번포트	37
델타프로젝트	334
도고 헤이하치로	205
도요토미 히데요시	192
도쿠가와 이에야스	204
돈키호테	179
돈 후안	177
돔 페드루	282
동방견문록	124, 263
동인도회사	125, 319
동쪽으로부터의 천둥	32
두아르트 파셰쿠 페레이라	281
드라카르	245
드 레셉스	7, 41, 131, 215
드와이트 D. 아이젠하워	77
디즈레일리	135

ㄹ

라울 발렌베리	260
라이프니츠	132
라퐁텐	241
란체스터 법칙	93
레오니다스	170
레이프 에이릭손	247
레콩키스타	275, 284
레판토 해전	174
로널드 레이건	87
로버트 액설로드	92
로버트 피츠로이	37
로빈 한부리 테니슨	126
롱 테일	89

루돌프 예링	240
루스티첼로	264
루이 14세	41, 132, 326
루이스 데 산탄헬	288
루이 알렉산드르 베르티	68
루이 앙투안	127
류형	209
르네 마보안	25, 26
리비우스	237
리시포스	227
리지웨이	232
리처드 에렌버그	304
리키니우스·섹스티우스법	234
림랜드이론	108

ㅁ

마가렛 대처	156
마그나카르타	248
마누엘 1세	279
마르코 폴로	34, 124, 263
마르쿠스 발렌베리 시니어	258
마르쿠스 아우렐리우스	241
마이클 그린	120
마이클 포터	81, 82, 83
마이클 한델	69
마젤란 해양책략	298
마지스트라토 알레 아콰	270
마크 스톨러	232
마크 웨인 클라크	232
마타시치로 요시오카와	70
마틴 발트제뮐러	283
막시밀리안 1세	302
만국사	115
만국 수에즈 해양운하회사	134, 138
만리장성	4
말라카 해협	152
머스크그룹	250
머스크 라인	249, 251, 253
메디나 시도니아	183, 184, 190
메릴 플로드	90
메이플라워	37
모공편	52

모세프로젝트	262
몸젠	43
무함마드 사이드 파샤	134
문명과 바다	278
물질문명과 자본주의	315
미야모토 무사시	70
미에자 아카데미	223
미힐 더 라위터르	327
밀티아데스	168

ㅂ

바르톨로메오 펠레스토렐로	288
바르톨로뮤 디아스	275, 279, 281, 306
바세나르 협약	337
바스코 다 가마	36, 275, 279
바스코 발보아	292
바실 헨리 리델 하트	17
바이킹	245
박정희	8, 42
발렌베리 가문	257
발트해	4
배홍립	209
베네치아	261, 267
벤저민 디즈레일리	7, 135, 137
보스턴 컨설팅그룹	78
봉쇄 정책의 아버지	100
뷰자데	21
브래들리	232
블록 내셔널리즘	119
블루오션 시프트	26
블루오션 전략	25
비글호	37
비아르니 헤리올프손	247
빅토리아	41
빌 게이츠	27
빌럼 빔 코크	339
빌렘 바렌츠	318
빌 클린튼	18

ㅅ

사라고사 조약	310
사사키 고지로	71

INDEX 351

사카모토 료마	7, 41
사피엔스	36
삭승필망	62
산타마리아	37
산타페 협약	287
살라미스 해전	50, 167, 170, 189
삼총사 작전	137
샘 월튼	94
생득권	167
생존형태로서의 국가	118
서희	209
선거이	209
선승후전	62
세계물류성과지수	335
세르반테스	179
셀림 2세	176
소련 국가행위의 근원	100
소크라테스	226
손무	47
손자병법	47
손정의	27
수에즈 운하 책략	41, 131
술탄 슬레이만 1세	175
쉐릴 우던	32
쉬시도 바이켄과	71
스키피오 아프리카누스	237, 239
스테픈 브로드베리	34
스톡홀름 엔스킬다은행	257
스티브 잡스	27
스틸웰	232
스펜서 존슨	15
승자독식	27
승자의 저주	328
시계편	49
시어도어 루스벨트	38, 41 102, 112
시오노 나나미	24, 269
신경준	123
신웨이	150
심장부이론	97, 98, 99
쑹훙빙	24
쓰시마 해전	205

ㅇ

아놀드 토인비	28, 42
아놀드 피터 몰러	250
아드리아 해	4
아르마다 함대	187
아르킬로쿠스	226
아리스토텔레스	223
아메리고 베스푸치	283, 292
아벌 얀손 타스만	128, 323
아시아의 문제	107
아시아 패러독스	111
아시아 회귀 정책	107
아우구스투스	223, 234
아우타르키	118
아테나	169
알레산드로 파르네세 디 파르마	187
알렉산더	168, 223
알렉산드르 6세	308
알 만수르	132
알바로 데 바산	183, 190
알베르 매튜파비에르	155
알프레드 마셜	316
알프레드 세이어 마한	5, 8, 41, 97, 102
알프레드 챈들러	17
암보이나 사건	125
압둘 팟타흐 시시	138
앙드레 오스카 발렌베리	257
앙리 조미니	64, 68
애덤 스미스	34, 35, 330
애빌린 역설	19
앤소니 에덴	136, 137
앤소프 매트릭스	74, 85
앨버트 험프리	74
앰 폼 드 가몽	155
야곱 메이르	323
야코프 푸거	302
얀 피터스존 쿤	325
얀 호이헨 반 린스호텐	323
어영담	209
에드먼드 모건	290
에드워드 루트워크	16
에드워드 셰퍼드 크리지	165

에리크	247
에밀 샬크	119
엔리코 단돌로	269
엔히크	41, 124, 273, 275
엘리자베스 1세	311
엠마누엘 로이체	18
영·불 해협터널	155
예나	64
오가사와라 나가나리	206
오륜서	70
오사칠계	49
오스만 제국	175
와키사카 야스하루	195
왕실 칭호법	135
왕자의 마을	277
왕징	150
외제니 드 몽티조	133
요크	329
요한 드 비트	7, 327
요한 셀렌	118
용간편	61
운하	129, 130
운하공정책략	147
울루치 알리	178
월터 롤리	41
위대한 탐험가들	126
위트레흐트조약	159
윈스턴 처칠	136
윌리엄 노르망디	247
윌리엄 샤우텐	323
윌리엄 크롬웰	31
유럽제국주의 시대	297
유럽중심주의	30
유로터널	155, 156
유발 하라리	3, 37
유방	41
유비	41
유성룡	192, 209
육도삼략	47
육상실크로드	4
윤경철	289
율리우스 카이사르	43
이고르 앤소프	17, 85
이매뉴얼 월러스틴	324
이맹기	18
이븐 마지드	280
이사벨 1세 여왕	7, 41, 158, 284
이성계	41
이순신	7, 41, 167, 191
이승만	8, 41
이억기	209
이원익	209
이최응	114
일본제국 해상권력사 강의	206

ㅈ

자공	21
자본주의 세계체제	324
자크 앙투안 기베르	22
작전편	51
잘랄 루딘 루미	23
장량	41
장문의 전문	100
장미전쟁	186
장자	123
장 폴 사르트르	15
적응 Adaptive전략	74
전술의 요점	68
전쟁론	64
전쟁술	64
전쟁에서의 보병	232
전쟁의 대가들	69
정도전	41
정언신	209
정운	209
정주영	8
정탁	209
제갈량	41
제국해군사론	206
제만춘	209
제임스 블라우트	30
제임스 쿡	127
제임스 홈즈	166
제프 베조스	27
제해권의 가격	165

조선책략	113
조지 마설	231, 233
조지 산타야나	15
조지 알렉산더 발라드	197
조지 워싱턴	18
조지 케넌	100, 101
조지 패튼	232
조지프 니덤	32
조지프 슘페터	25
조지 해거먼	205
조지 해밀턴	7
존 F. 덜레스	111
존 M. 헤이	144
존 셀던	320
존 저비스	7, 41, 212
존 케인즈	332
존 키건	165, 180
존 키이	329
존 헤이	38
존 호크쇼	155
존 호킨스	186, 187
죄수의 딜레마 모형	90
주경철	278
주앙 2세	279, 287, 306
줄리어스 시저	18
중용	230
중화 마하니즘	106
쥬다지 Zyderzee 간척사업	334
즈비그뉴 브레진스키	99
지구구체설	287, 290
지동설	37
지브롤터	157
지오바니 롬바르디	161
지정학	111
지형편	57
진화론	37

ㅊ

찰스 2세	326
찰스다윈	37
찰스 킨들버거	332
찰스 하워드	186

창조적 파괴	25
책략	15, 16, 17
천측항법	295
첫 번째 펭귄	19
쳐널	155
최남선	116
추측항법	295

ㅋ

카	6, 39
카라크	181
카를로스 1세	182, 298, 302
카를로스 5세	142
카를 폰 클라우제비츠	22, 68
칼레 해전	61, 181, 191
칼리스테네스	227
칼 하우스호퍼	104, 118
콘스탄티노플 조약	138
콜라스 스파이크만	104
콜럼버스	7, 37, 41, 126, 285, 287, 289
콜베르	41
퀸투스 파비우스 막시무스	239
크나르	245
크누트 아가손 발렌베리	257
크라 운하	152
크롬웰	41, 326
크리스 앤더슨	89
크리스텐슨	87
크세르크세스 1세	171
클라우제비츠	17, 64, 165
클레이튼 크리스텐슨	25, 87, 231

ㅌ

타리크	158
탁신 친나왓	153
태공망	41
태서신사	116
태평양의 지정학	118
테미스토클레스	7, 41, 50, 166, 167, 168
테오프라스토스	227
토르데시야스 조약	282, 306, 308, 310
토르핀 칼세프니	247

토마스 프리드먼	23
토스카넬리	289
트라팔가르	159, 197
트라팔가르 해전	189
트리플-E급	254
팃포탯	92

ㅍ

파괴적 혁신	25, 87
파나마 운하 책략	140
파비우스의 승리	235
파사 보즈	229
파오로 토스카넬리	291
파킨슨의 법칙	43
팍스 로마나	234
팍스 헬레니즘	228
판옥선	196
페드로 알바레스 카브랄	281
페드루	276
페르난도 2세	158, 284
페르낭 브로델	315
페르디난드 마젤란	126, 275
페르디낭 드 레셉스	130, 132, 134, 142
페리클레스	173
펠로폰네소스 전쟁	173
펠리파	288
펠리페 2세	176, 299, 303
폐쇄해론	320
포린 어페어즈	100
포세이돈	169
포시도니우스	289
포에니 전쟁	158, 235
포트 베닝 아카데미	232
포트폴리오 기획	78
폴 케네디	24
프란시스코 프랑코	160
프란체스코 리바넬로	288
프란체스코 피넬리	288
프랑수와 미테랑	156
프랜시스 드레이크	127, 167, 190
프레더릭 노스	31
프렐류드 기업	81
프리드리히 라첼	117, 118
프톨레마이오스	289, 290
프톨레미	132
플라톤	226
플루타르코스	174
피로스	234
피로스의 승리	235, 239
피에르 데 빌뇌브	217
피우스 5세	176
피츠로이	37
피터 머스크 몰러	250
필리포스 2세	134, 174, 225
필리프 뷔노 바리야	144

ㅎ

하멜	322
하멜표류기	322
하워드	167, 188
하인츠 웨이리치	75
한국해양사	116
한니발	158, 215, 236
한산대첩	191
해양력	103, 104
해양력에 대한 미국인의 이해 : 현재와 미래	105
해양실크로드	4
해양자유론	319
해에게서 소년에게	116
해저터널	155
핼포드 매킨더	5, 97, 104
행군편	56
헐버트	202
헤이-뷔노 바리야 조약	144
헤일 J.R.Hale	126
헨드릭하멜	322
헨리 8세	186
헨슬로	37
헬레니즘	228
헬레스폰토스	168
협력의 진화	92
호레이쇼 넬슨	205, 210
호메로스	227
호세 로드리게스 사페테로	161

홍승용	103
홍영식	115
홍콩니카라과 운하개발	150
화공전	188
화산	62
황윤길	193
황준헌	113
후안 카를로스 국왕	161

B

BCG매트릭스	80

G

GE & 맥킨지 매트릭스	80

S

Sea Power이론	102

해양책략 1
OCEAN STRATAGEM

한국해양수산개발원 학술총서 8

초판 발행 2019년 12월 10일
초판 1쇄   2019년 12월 10일
초판 2쇄   2019년 12월 31일

지은이   홍승용
총괄기획 장영태(한국해양수산개발원)
펴낸이   한수흥
펴낸곳   효민디앤피
출판등록 1998년 9월 11일(제3-329호)
주소   부산광역시 부산진구 신천대로102번길 17
전화   051-807-5100
팩스   051-807-0846

ⓒ 홍승용, 2019
ISBN 979-11-90481-06-9
값 15,000원

본 저작물은 저작권법에 의하여 보호받는 저작물이므로 무단복제, 복사 및 전송을 할 수 없습니다.